李 鹏 / 著

北京工业大学出版社

出版缘起

珠宝之美让人魂牵梦萦,珠宝承载的财富更是价可倾城。虽然只有方寸之小,却可以让世界为之疯狂。有人为它鞠躬尽瘁,有人为它一掷千金;男人用它博佳人一笑,女人用它衬托自己的光彩。然而,又有谁能知道这些曾经深藏在大山之中、时常令人无法明辨的原石,在变成光芒万丈、璀璨无比的完美宝石的过程中,历经了多少艰辛与磨难,经受过多少次精心打磨与雕琢?这些原本并不起眼的矿石和金属,借助设计师灵动的设计和能工巧匠的精雕细琢,将自己最灿烂的一面展现于世间,向世人诉说浴火重生的坚韧和自豪。这个既伟大又神奇的蜕变过程恰如人生的蛰伏起落后的成功,让每个人都不禁心生感慨。

大多数人习惯用金钱来衡量一件珠宝的价值,然而世上没有一座天平能够称出绝对公平的"价值"的重量。当我们以为 D 色无瑕级美钻就是世间的极品时,专家会告诉我们同等克拉的"鸽血钻"更为稀世难求;当我们感叹卡地亚猎豹胸针那慑人心魄的优雅魅力时,又会被散发着高贵气息的梵克雅宝项链深深吸引……世间总是有太多美好的东西,以超乎我们想象的方式存在着,并且一而再、再而三地试探着人类欲望的极限。

正如生命的意义超越了生命本身一样，珠宝的意义同样远远超越了珠宝本身。它不仅仅是奢侈品，更是一门美的艺术。人们之所以钟情于梵克雅宝、宝格丽等诸多珠宝品牌，主要因其天马行空的创意，作品宛若天成，既不失其或自然轻柔或高贵优雅的特色，又将尊贵典雅的传世风格表现得淋漓尽致。无论是薄如蝉翼的胸针，还是栩栩如生的蝴蝶造型，或是冰清玉洁的雪花设计，每件饰物都体现着珠宝设计师的思想与创意。可以说，一件完美的珠宝作品之所以能带给人们心灵上的享受，是艺术在施展它的魔法，而非宝石本身。

除此之外，珠宝因其独有的个性更承载了其他物品不能承载的意义。比如一个未婚女子在收到爱人送给她的蒂芙尼钻戒时所体会的幸福感，是任何东西都无法替代的；除了蒂芙尼蓝色的小盒子会令女人欣喜若狂外，朱红色烫金边并印着"Raymond C.Yard"字样的小盒子同样会令她们神魂颠倒。在每一个特殊的日子里，美国人早已习惯了挑选一件精巧婉约的雷蒙德·雅德珠宝来见证自己的幸福，因为在他们心中，雷蒙德·雅德珠宝一直关注人们的生活。

虽然一件上好的珠宝还可以被当成收藏与投资的对象，但金钱并不是衡量珠宝价值的最终标尺。只有摆脱物质性的虚浮，用心去欣赏每一件珠宝背后设计师的用心、所诉说的故事，你才能够真正享受到它们带来的愉悦。如果你以一颗朴素的心去观其形，抚其身，去体会匠人们的巧思和技艺，或去了解一下拥有者跟这些美丽物件的故事，分享其美丽，就会为你的生活增添更多的情趣。也许我们每个人都应该听听卡地亚设计总监皮埃尔·雷纳的建议："不管你有没有足够的金钱拥有卡地亚珠宝，欣赏总能给人带来乐趣。因为享受往往跟金钱的关系并不大，它来自对物件的观赏和体会，来自对美专心投注后有所发现而带来的愉悦，来自在平常之物中发现了美所带来的欣喜。"

面对世间无数珍宝，无论是能凭借一己之力珍藏拥有，还是只能顶礼膜拜、欣赏感叹，我们都应懂得，那些凝结于瑰丽珠宝之中的人类智慧、才情与爱，才是世间最珍贵的宝物。

目录

024 | 蒂芙尼
最优雅的爱情信物

如果说卡地亚是珠宝界的皇帝，那么蒂芙尼无疑是珠宝界的皇后。蒂芙尼以爱与美、罗曼蒂克与梦想为主题而风靡了近两个世纪，它以柔软纤细的感性之美满足了世界上所有女性的幻想和欲望。蒂芙尼的每一款经典设计，都让本无生命的宝石充满了如诗般的灵动飘逸之美。

042 | 梵克雅宝
珠宝王国的童话大师

梵克雅宝承载着欧洲18世纪贵族生活的高贵神韵，它以一贯高贵典雅的传世风格，在百年间打造出无数美妙绝伦且历久弥新的惊世之作，为所有酷爱珠宝的人留下了隽永的印记。横跨将近两个世纪之久的珠宝之梦使梵克雅宝具备了童话般的梦幻气质，还有诗一般的深远意境，这100多年来它赋予了珠宝爱好者们许多梦想，并让这些梦想一一变成现实。

002 | 卡地亚
珠宝之皇

没有地域的隔阂，没有时代的界定，历经160多年的风霜雨雪，卡地亚至今仍闪耀着夺目的美丽光辉。作为"皇帝的珠宝商"，卡地亚用源于对天地万物的爱，创作出无数绝世之作。它以黄金比喻爱的光辉、以钻石代表永恒，尽情为爱讴歌，每一件作品都成为珠宝工艺的典范，并因此铸就了"珠宝之皇"的世间美名。

064 | 宝诗龙
珠宝界的蓝血贵族

有些珠宝从来就不属于中产阶级，只有财富金字塔尖上的人才有能力拥有，宝诗龙正是这样的珠宝。若硬要说其桀骜，它自有骄傲的底蕴：它是首家采用垂直立体胸像展示产品的珠宝商；第一个把钻石融入珠宝设计的品牌；首创多层次镶嵌工艺，精细到完全看不到镶嵌底座。此外，那令人永远捉摸不透的疯狂设计，更让宝诗龙成为珠宝界的"邪典"——经典不乏邪恶。

092 | 莱俪
只为艺术而存在

在勒奈·莱俪的字典里，只有"创作"，从没有"生产"。这位被誉为"现代珠宝首饰发明家"和"琉璃诗人"的伟大艺术家，凭借文艺复兴时代所推崇的典雅风格以及充满着自然韵味的灵气，向人们诠释着新艺术风格的精髓。他的作品就像铺展于春日阳光下的艺术画卷，在古典的氛围中带给人们明艳的想象，将种种喜悦涂满梦境般的色彩。

104 | 通灵
比利时不老的钻石传奇

比利时因其古老而悠久的钻石切割文化成为珠宝世界的中心，钻石在这里焕然新生，走向世界。通灵珠宝传承了比利时500多年钻石切割的精湛技艺，精选来自钻石王国的优质切工钻石，为世间喜爱珠宝的人们创造了无数惊艳传奇。

080 | 布契拉提
意大利珠宝的金色时光

如果一件高级时装不能让你仪态万方，那它绝对不够意大利；如果一把椅子不能令你叹为观止，那它肯定不是意大利设计；如果一件珠宝不能令你血脉贲张，那它一定不是纯粹的意大利珠宝。布契拉提无疑是纯粹的意大利珠宝，它继承了古罗马悠久的文明，收藏了地中海亚平宁的记忆，任由意大利人自由随性的灵感点燃，经过家族几代人灵巧双手的抚摸。它鲜明的艺术风格让世人屏住呼吸惊叹，它是如此卓而不凡，以至于抛弃了标志，仍可赢得满堂喝彩。

114 | 德米亚尼
明星的御用珠宝商

德米亚尼珠宝的性格就是意大利人的性格，平衡、艺术和自由等特质就这样矛盾而和谐地共存着。意大利的人文环境铸就了德米亚尼珠宝的独特魅力，也使它成为世界上首屈一指的珠宝品牌，深刻地影响着世界流行时尚。

126 | 海瑞温斯顿
钻石之王

当玛丽莲·梦露戴上海瑞温斯顿珠宝，两者是如此相得益彰：梦露美貌不凡，倾国倾城；海瑞温斯顿珠宝身价不菲，令人惊叹。只不过，梦露早已西去，海瑞温斯顿却仍是享誉全球的超级珠宝品牌，非但不显"人老珠黄"，反而裹挟着珠光宝气赢得了更多人的爱。

142 | 格拉夫
极品珠宝的代名词

"如果你想要最好的东西，但钱又不是你所想要的，那么你就来找格拉夫吧！"不过，不是谁都有资格能够成为格拉夫的客户，即便是世界顶级影星或球星也并不一定就能当上格拉夫的大买主，因为这些人还没有阔绰到可以拥有格拉夫的顶级珠宝。一件格拉夫珠宝不仅象征着财富，更是极品珠宝的代名词。每一件格拉夫珠宝均非同凡响，也无愧为稀世瑰宝。

158 | 雷蒙德·雅德
美国梦的珠宝符号

雷蒙德·雅德珠宝代表的是一种风骨，一种性格，一种历久弥新的温情，以及美国人对未来的信心、对生活的向往、对幸福的热切渴望。可以说，雷蒙德·雅德珠宝镌刻着美国人灵魂深处的天性——乐观向上、自由随性！

166 | 宝曼兰朵
珠宝时尚的先行者

意大利人皮诺·拉博利尼不亚于任何一位殿堂级珠宝大师，由他一手创立的宝曼兰朵珠宝，用完美的品质、出色的设计、高贵的品位，一扫意大利传统珠宝的沉闷和拘谨之风，以特有的时尚风格让世人一见倾心。

178 | 绰美
冠冕之王

假如珠宝界没有绰美，就如同一位国王没有王冠一样尊严大失。有多少深谙珠宝之道的人会不知道约瑟芬皇后加冕时所佩戴的那项月桂枝叶后冠？又有谁不知道那项被瑞典王室看成传世之宝的珍珠宝石王冠？如果没有绰美，这些珠宝历史中华丽的注脚都将化为乌有。绰美，珠宝界最负盛名的冠冕之王，凭借其卓绝的设计缔造了一个时代的华美巅峰。

194 | 杰拉德
英国王室的珠宝骑士

"当一个人厌倦了伦敦，他一定厌倦了人生。"英国文学家塞缪尔·约翰逊一语道出了伦敦无可替代的精彩。在这里，大英博物馆浓缩了人类艺术史的精华，尤其是珠宝艺术，更受到了全世界酷爱珠宝艺术的人的终极膜拜。有着将近300年历史的杰拉德便是最著名的一个品牌，这个英国王室的珠宝骑士，汲取了近三个世纪泰晤士河畔的奢华风情，而今又将传统与现代相融合的极致之美挥洒自如，在时光流转中，不断书写着令世人惊叹不已的珠宝传奇。

202 | 麦兰瑞
王后的珠宝商

有人说，上帝疼爱法国，赐给了它世界上最好的珠宝。作为世界上最古老的珠宝世家，麦兰瑞既承袭了法国式的经典、优雅与精致的艺术格调，同时又成就了它迥异的设计风格，并赢得了从玛丽·德·美第奇到欧仁妮皇后的青睐。麦兰瑞珠宝方寸之间的璀璨早已超越了珠宝本身，血脉中传承着独一无二的贵族基因，彰显着法兰西民族特有的文化气质。

214 | 香奈儿
时尚教母的珠宝帝国

时尚教母可可·香奈儿用"以最小的体积凝聚最大的价值"的珠宝设计理念，给了20世纪初期那个最黑暗的时代一个最美丽的答案，她创造了具有示范意义的"香奈儿"式生活方式，并引导女性用全新形象来面对世界。

226 | 宝格丽
地中海珠宝艺术的集大成者

希腊和罗马古典主义的结合，加上意大利精湛的制造艺术，造就了宝格丽珠宝的独特风格。它的色彩搭配华丽脱俗，交替演绎着时尚与典雅之风。无论是身份尊贵的王室贵族，还是风头正劲的各界名流，佩戴宝格丽珠宝已然成为品位的象征。

252 | 马顿世家
最纯粹的法兰西艺术珠宝

在法国巴黎，有这样一个古老的珠宝家族，它被视为"法兰西活着的物质文化遗产"；这个家族掌握最古老的珠宝加工技艺，代表着法国珠宝制作的至高技艺；这个家族低调独行，只为追求最纯粹的珠宝艺术而存在。它就是被人誉为"法国珠宝最高精神"的马顿世家。

260 | 伯爵
雕刻时间的珠宝艺术家

从伯爵表上知晓时间，就是在欣赏一件至尊之宝。近130年来，伯爵像一位才华横溢的艺术家，为平凡的计时穿上华贵的珠宝盛装，令时间分分秒秒都行走得如此优雅，而出自伯爵的奢华珠宝也因此被赋予了永恒的寓意。

240 | 乔治杰生
丹麦的银色之光

因为特殊的地理位置，地处北欧的丹麦是个阳光并不充足的国家，这使得丹麦人异常偏爱哪怕在微弱的灯光下也能散发出淡淡光芒的银器。乔治杰生品牌的创始人对银也异常偏爱，他曾说过："银是最好的材质。银，美丽的光辉就像丹麦初夏时皎洁的月光，尤其是沾上水珠的银制品，仿佛就是迷蒙而充满魔力的雾。"

272 | 万宝龙
勃朗峰的永恒之光

万宝龙从来都不只是一个书写工具生产商那么简单，贵金属和钻石都被运用在万宝龙顶级书写工具上，金质的笔尖，镶嵌着4810颗精致切割钻石的"皇家"系列，都早已证明了万宝龙在贵金属和宝石加工上的娴熟工艺。所以，当万宝龙一鸣惊人地推出万宝龙星形切割钻石的时候，一切显得是那么的顺其自然。

282 | 梦宝星
珠宝界的色彩巨匠

梦宝星是法国珠宝的完美典范，更是珠宝界的艺术大师。它所有的作品不但带有对珠宝艺术最古老的诠释，也展现了对奢华格调的热爱与表达。100多年来，梦宝星心怀对珠宝的虔敬之情，开启了一种现代主义的新风格。它就像一本书，以宝石做字，优雅而含蓄。

294 | 迪奥
童话世界里的魔法师

迪奥，一个代表法国时尚界顶级荣誉的品牌，它的背后是风起云涌的博弈和千帆过尽的智慧。迪奥初涉珠宝领域，又该拥有怎样的风格和优雅？维克多·卡斯特兰给出了最完美的答案——以奇花异果的珠宝造型，姹紫嫣红的颜色，令人联想起超现实主义大师达利作品中的迷幻气质。

306 | 莫内塔
彩色钻石的惊艳传奇

自创立之时，莫内塔便定位于服务欧洲上流社会，接受首饰的预约及定制。莫内塔首饰设计中心为客户提供独立创意，让莫内塔每一款首饰都极其自然地体现奢华，彰显尊贵，但又绝不夸耀。经过一个多世纪的传承和发展，"一对一定制服务"及"唯一·传世"已经成为莫内塔珠宝的服务精髓和品牌核心，深受各界名流的钟爱和追捧。

316 | H.史登
巴西宝石之王

提起巴西，你一定会想到足球、桑巴舞、咖啡，但千万别忘了还有H.史登。作为世界顶级珠宝品牌，H.史登的作品有着巴西特有的热情与绚烂，将女性的柔美、高贵与优雅展现得淋漓尽致。史登，这个巴西最有声望的珠宝商的姓氏，在德语里有"星辰"的意思，经过半个多世纪的发展，H.史登已经成为珠宝界最耀眼的一颗明星，以无可比拟的光芒点缀着同样闪光的生命。

326 | 御木本
珍珠之王

如果说爱迪生用电灯照亮了全世界，那么，御木本幸吉则用珍珠照亮了女人的脖颈。他将变幻莫测的海洋变成一个珍珠的宝库，为女人的美丽开拓出一方白色的温床。

338 | 附录一
珠宝赏鉴辞典

356 | 附录二
七大珠宝品牌部分产品收藏购买参考价格

没有地域的隔阂，没有时代的界定，历经160多年的风霜雨雪，卡地亚至今仍闪耀着夺目的美丽光辉。作为"皇帝的珠宝商"，卡地亚用源于对天地万物的爱，创作出无数绝世之作。它以黄金比喻爱的光辉、以钻石代表永恒，尽情为爱讴歌，每一件作品都成为珠宝工艺的典范，并因此铸就了"珠宝之皇"的世间美名。

Cartier
珠宝之皇
卡地亚

历史篇 LISHIPIAN

160多年的历史赋予了卡地亚独特的文化内涵，为瑰丽无比、巧夺天工的珠宝、钟表历史写下辉煌的篇章，光芒不可逼视。被赞誉为"皇帝的珠宝商，珠宝商的皇帝"的卡地亚以其非凡的创意和完美的工艺为人类创制出许多精美绝伦、无可比拟的旷世杰作，并成为全球时尚人士的奢华梦想。

被人誉为20世纪现代艺术鬼才的尚·考克多在拍摄《美女与野兽》时，为使电影中扮演"美女"的影星若瑟蒂·黛流下的眼泪能像钻石一样散发出动人的光彩，曾经一度利用假钻石来展现这个美丽的画面。然而，这些逼真的假钻石并未打动这位艺术大师，反而令尚·考克多大失所望，他愤怒地说："假钻石永远不会发光，只有真正的钻石才会熠熠

全新卡地亚"猎豹"系列珠宝在秉承了卡地亚一贯的含蓄高雅、雍容华贵的传统风格的同时,更增添了几许野性难驯的韵味,令人爱不释手。

生辉"。为此,尚·考克多不惜重金聘请卡地亚珠宝大师为其制作了一颗颗货真价实的"钻石眼泪",这些经由卡地亚大师之手精心设计和切割的钻石闪耀着璀璨光芒,经由若瑟蒂·黛的经典演绎,在银幕中营造出了梦幻般的奇境。最终这部《美女与野兽》获得了巨大成功,而尚·考克多却把全部功劳归于卡地亚,正如他后来所说:"卡地亚就像难以捉摸的魔术师,以一线阳光穿起摇曳皎洁的月光"。

卡地亚在19世纪中叶已是闻名遐迩的珠宝金银首饰制造名家,其创始人路易·弗朗索瓦·卡地亚是当时颇受皇室权贵赏识的金饰工艺家。1847年,年仅29岁的路易·弗朗索瓦·卡地亚接手了他的师傅在巴黎蒙道格尔大街29号的珠宝店。同时注册了自己的商标——以自己名字的缩写字母L和C环绕组成的一个菱形标志。卡地亚的传奇故事由此开始。

19世纪中叶,整个法国的商业活动日渐奢华和昌盛,当时的巴黎充满了浮华气象,舞会盛宴接连不断。在这种奢华的风气下,卡地亚如鱼得水。

与此同时，路易·弗朗索瓦·卡地亚凭借精湛的珠宝加工技艺得到了拿破仑堂妹马蒂尔德公主的青睐，而这使卡地亚在当时法国皇室及贵族中更加风靡。1859年，卡地亚迁往巴黎最时尚的中心地区——意大利大街9号，这引起欧仁妮皇后的注意，也让路易·弗朗索瓦·卡地亚与当时著名时装设计师查理·沃斯结为好友。

路易·弗朗索瓦·卡地亚为了让家族事业能够代代相传，将手艺传授给了自己的儿子阿尔弗雷德·卡地亚，并让他以合伙人的身份参与业务，最后将事业完全交给他经营，这也成了卡地亚家族式经营的传统。

19世纪末期，巴黎的和平街犹如一个磁石，吸引了形形色色的新兴商业，它与旺多姆广场一起形成巴黎奢华的时尚中心，堪称巴黎最美丽的街道。当时卡地亚在意大利大街的总店显得有些过时了，不能迎合时尚要求。于是卡地亚珠宝公司在1899年作出了一个重要决定，将公司迁至巴黎的高级商业中心和平街13号，直至今天再未迁址。

为了实现梦想，阿尔弗雷德·卡地亚将卡地亚的国际管理权委托给了他的三个儿子：路易·卡地亚负责巴黎的业务；雅克·卡地亚负责伦敦的业务；皮埃尔·卡地亚则去了纽约开展业务。当时的卡地亚已成为世界上最著名的珠宝商，英国王室特意向卡地亚订购27顶王冠做加冕之用，在1901年登基的爱德华七世更赞誉卡地亚为"皇帝的珠宝商，珠宝商的皇帝"。

卡地亚鹦鹉胸针

卡地亚高级珠宝项链和耳环

卡地亚不仅在英国取得了巨大成功，在大洋彼岸的美国也获得了前所未有的成就。1909年，卡地亚的第三代传人之一皮埃尔·卡地亚刚移居纽约时，一眼就看中了位于第五大道著名的洛克菲勒中心对面的一栋私人豪宅，这是一栋1905年建造的地标性建筑，被看作象征着大都会高雅品位的建筑范本，其建造商就是当时大名鼎鼎的莫顿·普兰特集团，为纽约银行家普兰特先生的私人豪宅。

皮埃尔·卡地亚决定选择此地作为卡地亚在纽约、美国乃至西半球发展的基点，开拓一番大业。但莫顿·普兰特集团一直无意出让此楼，若干年过去了，此时的卡地亚伦敦专卖店在皮埃尔的弟弟雅克·卡地亚手中早已生意兴隆，而针对第五大道653号的改造图纸仍一直静静躺在卡地亚公司的资料室里，变为皮埃尔本人的一个梦想。直到1917年，皮埃尔从一次偶然的机会中了解到普兰特先生的夫人酷爱珍珠，这是个天赐良机。日后他以一条当时价值100万美金的双串珍珠项链外加100万现金艰难地从莫顿·普兰特集团那里换来这栋大楼，自此这栋大楼终于成为卡地亚纽约专卖店。在近90年的时光里，这栋建筑不仅见证了纽约的成长，还成为卡地亚创造一个个传奇的起点。今天，我们完全可以说，卡地亚的传奇与经典都是源自那条绝美璀璨的珍珠项链。

经过三代传人的不懈努力，今天的卡地亚已经发展成为世界上最受推崇的珠宝商，从1904年到1939年，卡地亚陆续获颁15张委任状，正式成为不少王室的特约珠宝商。其中包括英国国王爱德华七世，西班牙国王阿方索十三世，葡萄牙国王卡罗斯一世，俄罗斯沙皇尼可拉斯二世，希腊国王乔治一世……除了这些皇室成员之外，卡地亚的名人册中不乏社会名流、电影明星、歌手等，如好莱坞默片时代的一线巨星葛洛莉娅·斯旺森，之后的美国女影星伊丽莎白·泰勒、墨西哥女星玛丽亚·菲利克斯、与温莎公爵夫人共同享有"世界最佳着装女人"称号的影星黛丝·法罗斯夫人等。如今的卡地亚犹如一位客串的演艺明星，时常在广阔的舞台上扮演着自己的角色。在精美的卡地亚红色盒子内的丝绸衬托下的卡地亚珠宝是如此夺目，在人们眼中又是如此光芒四射，这个充满魔力的品牌，将人们带入到一个快乐炫目的多彩世界。

卡地亚与世界各国王室的传奇，流淌着穿越时空的美丽，承载着生生不息的梦想。事实上，无论是悠远的过去，还是现在，卡地亚一向善于从各国文化中汲取精华，赋精妙工艺于五色斑斓的奇珍异宝，雕琢出令世人艳羡称绝的惊鸿之作。回顾这段与皇家携手的百年旅程，关于卡地亚的故事，有着太多值得回味的精彩片断。

早在1872年，卡地亚就创作出了以黄金和绿松石打造的印度风格耳环。1879年，卡地亚领风气之先，把六个精致的印度珐琅片状饰物镶饰在五股珍珠项链之上，首次将传统的印度饰物变成了时尚的西方珠宝佳作。1884年，独具匠心的卡地亚将印度的金币和珐琅纽扣变成项链上的精巧吊坠。而在1900年的世界博览会上，卡地亚首次展出了一条印度风格珍品项链：两颗凸圆形祖母绿，别出心裁地

1910年，比利时阿尔贝一世王后伊丽莎白参加丈夫的登基典礼时，佩戴了一顶叶状涡卷造型的卡地亚头冠，每一片叶子都是由钻石镶嵌而成，在叶子与叶子的空隙间，还镶有大颗的圆形钻石，当然最令人瞩目的还是头冠正中间那颗 5.84 克拉的枕形钻石。

采用了印度传统的宝石雕刻工艺，更具创意的是，卡地亚还用引领当时珠宝潮流的铂金作为底座，完美地衬托出宝石的风采。浓郁印度气息和现代巴黎风格的结合，令这条项链成为世博会上最受瞩目的作品。

或许正是这件作品的精妙之处吸引了英国王室的注意，1901 年，英国亚历山德拉王后在白金汉宫召见了雅克·卡地亚，并委托他设计一条项链，用来搭配印度总督夫人送来的三套礼服。在构思过程中，这位来自巴黎的设计师考虑到王后以往佩戴的项链都过于厚重，就创造性地为她打造了一条轻盈而优雅的印度风格项链。亚历山德拉王后被这条由 71 颗珍珠、12 颗圆形红宝石和 94 颗圆形祖母绿组成的项链深深吸引了，以至于在之后的皇宫盛宴中频频佩戴。这次的委托不仅让卡地亚博得了英国王室的赞许，更令卡地亚再一次引领了英国珠宝设计与消费的潮流。英王爱德华七世登基前夕，卡地亚收到了至少 27 顶冠冕的订单。1904 年，这位年轻的国王成为第一位委任卡地亚担任王室御用珠宝商的君主。他盛赞卡地亚为"皇帝的珠宝商，珠宝商的皇帝"，很快，这一理念被融入卡地亚令人惊叹的创作中，并一直延续至今。

1910 年，卡地亚又为比利时伊丽莎白王后设计制作了一款以涡形造型和王室桂冠为主题图案的冠冕。作为世界上第一个用铂金搭配钻石的珠宝商，卡地亚将这些象征性的图案表现得出神入化，营造出非常轻盈而又极具女性化的装饰特色，并且充分显现出宝石的璀璨。卡地亚为欧洲皇室定制的诸款冠冕，均完美展现了卡地亚极致精湛的珠宝工艺。

当卡地亚珠宝开始在西方社会流行时，颇爱前往欧洲旅游的印度王室贵族，也同样为西方优雅的时尚风格着迷。在卡地亚的伦敦分店，雅克·卡地亚就经常要接待众多印度贵宾，为其推荐或定制独特的钟表或珠宝作品。

随着与尊贵印度宾客的频繁接触，这位充满冒险精神的年轻人逐渐不再满足于只在华丽的店铺中等待。1911 年，雅克·卡地亚怀揣着探寻未知的好奇之心来到了印度，卡地亚的"印度发现之旅"正式起航。一路上，雅克途经德里、孟买、加尔各答……不断从印度文明吸取灵感，而闻讯而来的印度大君们也争先恐后地向其订购作品；与此同时，雅克·卡地亚孜孜不倦地搜寻着当地的珍稀宝石及古董珠宝，并将其运回伦敦工作室，进行设计或重新整饰。

1919 年，卡地亚在孟买成立了分公司，专门为印度王室贵族打造珠宝、腕表与配饰精品。接下来的 25 年，富可敌国的印度大君们纷纷将传家宝交予卡地亚设计或重新整饰，他们与卡地亚之间的故事为这段"印度发现之旅"增添了无数令人回味的瞬间。

印度巴罗达邦的大君萨亚·吉茏三世是一位非常挑剔的君王，但对卡地亚有一种难以名状

的情感，他不仅盛情邀请雅克参观华丽的宫殿，更委托卡地亚帮他整饰所有的珍藏。年轻的雅克不负众望，以惊人的创造力和精湛的工艺获得了这位大君的充分信任和赏识。或许是这份王室的宠爱招致了太多嫉妒，印度本地的珠宝工匠们为了保持自己的地位，竟然联合起来挑拨雅克与大君之间的关系。即便如此，雅克仍然全心尽力地为萨亚·吉莞三世毫无保留地展示着自己的才华。

这期间，卡地亚始终用心解读着印度，提炼出其悠久文化与传统工艺的精髓，并巧妙结合西方先进的镶嵌技术和现代风格，创作出众多流芳百世的惊世之作。在这些珍品中，不得不提到被誉为珠宝史上"梦幻珠宝之作"的作品——帕蒂亚拉项链。1925 年，印度帕蒂亚拉土邦主布平达尔·辛格爵士亲自带着一个箱子来见雅克·卡地亚。当人们将匣盖打开时，一颗稀世黄钻和大量 18 克拉的璀璨钻石展现在众人眼前，在场之人无不惊叹。为了在自己的登基典礼上显示无尽的财富与无上的权力，布平达尔·辛格爵士要求卡地亚将这些总重量接近 1000 克拉的 2930 颗钻石定制成一条独特的项链。而卡地亚整整花费了三年的心血，终于将这条让全球叹为观止的传奇项链打造出来：7 颗 18 克拉至 73 克拉不等的白色巨钻，依次镶嵌在 5 条极其奢华而又充满艺术感的白金长链上，项链中央，则镶嵌着那颗重达 234.69 克拉

卡地亚珠宝腕表

2011年全新卡地亚高级珠宝项链

的巨型黄钻。此外，项链还镶嵌了一颗18克拉的浅咖啡色钻石和两颗总重29.58克拉的红宝石，让整个作品更加光彩四溢，被奉为印度风格珠宝最辉煌的经典。

在诸多王室成员的眼中，卡地亚的作品有着多元的魅力和深厚的底蕴，不仅是身份与财富的象征，也是爱情的最佳载体。许多王室成员为了博得红颜欢心，纷纷邀请卡地亚为其打造爱情信物。1934年，阿迦汗三世就订购了一款卡地亚钻石莲花铂金后冠送给爱妻安德烈王妃作为礼物。1957年，阿康克王子也为挚爱的妮娜王妃献上了一套卡地亚美洲豹珠宝，包括两只手镯、一只夹式胸针和一只褶裥饰针。其中那巧夺天工的手镯，上面的每只豹头都可以拆下来作为耳环佩戴，或嵌在晚装手袋上当把手用。

1956年，卡地亚珠宝又成为摩纳哥亲王雷尼尔三世与奥斯卡影后格蕾丝·凯利爱情的见证者，当地中海岸边的盛大婚礼如期举行时，格蕾丝·凯利佩戴着卡地亚华贵的项链与镶嵌着红宝石和钻石的铂金皇冠，成为20世纪最美丽的风景。10多年后，好莱坞女星伊丽莎白·泰勒出现在凯利王妃40岁的生日舞会上，泰勒佩戴着影星理查德·伯顿送给她的重达69.42克拉的钻石。它是有史以来第一颗售价超过100万美元的钻石，被命名为"泰勒－伯顿"。卡地亚纽约工作室将它制作为一串铂金钻石项链，梨形切割的钻石如瀑布般流泻铺陈。那是伊丽莎白·泰勒首次佩戴"泰勒－伯顿"钻石出现在公众场合，当时动用了五位保镖护卫。"泰勒－伯

　　顿"钻石在舞会上显示出无与伦比的光芒，立即成为时尚界和演艺圈里的焦点话题，也成为泰勒与理查德·伯顿那场非凡情史的重要见证。

　　但在卡地亚名人录上，最忠实的拥趸和最富传奇色彩的拥有者则非温莎公爵莫属。曾经有人这样评论不爱江山爱美人的温莎公爵和辛普森夫人的爱情："他送给她的定情信物是一枚镶有红宝石和蓝宝石的卡地亚图章戒指和大英帝国的江山。"在他们浪漫的一生中，卡地亚一直是他们相互传递爱情的信物。

　　卡地亚独有的皇家之高贵气度、本真的奢华血脉，不仅吸引了众多皇室成员的青睐，随着好莱坞影业的发展，卡地亚也成为众多导演、制片人

理想的合作伙伴。他们希望通过其欧洲皇室珠宝供应商的背景，来提升影片的定位。卡地亚由此创造了一个神韵独具的影视神话。

在好莱坞影业发展初期，有人曾拿卡地亚与好莱坞电影做过这样的比喻："如果好莱坞没有卡地亚会逊色不少，完全可以说是卡地亚赋予了好莱坞电影神奇的效果。"事实也是如此，1974年，著名导演杰克·克莱顿拍摄的《了不起的盖茨比》就是一例巧妙使用珠宝而取得重大成功的著名典范。故事描写了一位富豪的神秘住宅中总是夜夜笙歌，但富豪却心事满腹，仿佛一直都在追求一个无法达成的梦想。当时媒体曾纷纷议论制片人花费在珠宝上的惊人费用：女明星米亚·法罗和洛伊丝·奇利斯所佩戴的58件珠宝（戒指、项链、耳环、吊坠等）都是货真价实的卡地亚首饰，相传他们总共花费了90万美元（要知道当时的90万美元可是一笔不小的数目）！新闻记者们甚至还说，所有来自纽波特及附近地区的富豪们都积极扮演临时演员，争取参加晚会片段的拍摄。他们坐着自己的劳斯莱斯抵达现场，贵妇名媛们都佩戴着自己的卡地亚珠宝。影片中璀璨的卡地亚珠宝征服了当时的所有观众，并重新掀起了卡地亚曾于20世纪20年代兴起的艺术装饰风潮。

其实早在1926年，当影视业刚刚兴起时，卡地亚就开始了它与明星们的故事。那一年，卡地亚在古装电影《酋长的儿子》中首次登上银幕，片中当红男演员鲁道夫·瓦伦蒂诺手腕上佩戴的就是他本人珍爱的卡地亚腕表。随着好莱坞影视业的发展，推出的影片也越来越专业与精致，许多制片人开始致

温莎公爵夫人佩戴过的卡地亚 1947 年制作的绿松石和紫水晶项链

力于提升影片的气质和品位,而卡地亚作为所有当时欧洲皇室的珠宝供应商,便成为他们积极想要争取的理想合作伙伴。许多影片都期望有它来参与,而众多明星都希望能有机会佩戴卡地亚的珠宝为自己增添光彩,在由乔治·丘克导演的《火之女》和《待到重逢时》中,卡地亚就使美丽的女主角们更加迷人可爱。而另一个经典例子是在《救生艇》中,被困在大海中的女主角塔卢拉·班克黑德"极不情愿"地将她的卡地亚钻石手链作为鱼饵扔进了大海的场景,也令观众记忆犹新。

1952 年,罗伯特·斯蒂文森在拍摄电影《拉斯维加斯的故事》时,新闻媒体刊登了这样一则消息:"世界著名珠宝品牌卡地亚将一条镶有 500 颗钻石、重达 200 克拉的项链,借给 R.K.O. 制片公司使用。女主角简·拉塞尔将佩戴它,而这条项链在电影中起着至关重要的作用。"同样的,早在 20 世纪 50 年代也流传过类似的传闻,让大众积极地关注影视名人对卡地亚的爱戴:当红女星玛琳·黛德丽在卡地亚定制了几套珠宝,用于搭配法国时装大师克里斯蒂安·迪奥为她在希区柯克导演的《欲海惊魂》中专门设计的高级服装,她希望佩戴卡地亚珠宝能让她的演出更加出神入化。

我们可以在许多描绘上流社会的影片中，找到卡地亚的身影。好莱坞的神话，金发美女玛丽莲·梦露就是卡地亚的忠实追随者，那些经典绝伦的卡地亚珠宝为她的表演增色不少。在1959年比利·怀德导演的著名喜剧《热情似火》中，男主角将一条卡地亚手链送给她作为定情之物；而在电影《绅士喜爱金发女郎》中，女人味十足的梦露充满激情地演唱"卡地亚……"，向银幕前的观众毫不吝惜地展示了她对卡地亚的喜爱之情。

对明星们而言，卡地亚不仅象征着珍贵，更代表了品位和美誉。1972年，在《警察》中与有"冰美人"之称的法国影星凯瑟琳·德纳芙一道出演的阿兰·德隆，偶然得知他所珍爱的卡地亚"Tank"表也同时是他最崇拜的导演让-皮埃尔·梅尔维尔的至爱，这令他万分骄傲。著名女演员葛洛丽亚·斯旺森的辉煌演艺生涯更是始终与卡地亚相伴，从早期电影《充分谅解》（1933年）一直到她在1950年比利·怀德导演的《日落大道》重返演艺圈，她的手腕上一直闪耀着由白金、水晶石和钻石制作的卡地亚手镯。

卡地亚每一件华美的珠宝杰作，不仅凝聚着卡地亚的悠久传统和不凡工艺，其背后往往还凝聚着珠宝设计师们对艺术、生活和自然的独到见解，而这也让每件卡地亚珠宝成为了独一无二的世间珍品。卡地亚用一件件绝世之作向人们诉说着：世事皆在变幻，花落花开、潮涨潮落，唯有永不枯竭的创意，才能将古老文明的印记化为永恒。

曾几何时，地位显赫的皇室贵族们对卡地亚珠宝的追捧为整个珠宝行业带来了繁荣，卡地亚的珠宝大师也因此成为皇室的宠儿。可以说，卡地亚的成功绝离不开一大批天才设计师，如顶尖工匠夏尔·雅科、珠宝设计师让娜·图桑、制表匠莫里斯·库埃和埃德蒙·耶热等人。他们不仅赋予了卡地亚以外形，更赋予了卡地亚以灵魂。其中，珠宝设计

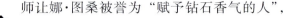

栩栩如生的卡地亚鸟形胸针

师让娜·图桑被誉为"赋予钻石香气的人"，是卡地亚一位可敬的事业伙伴。身为可可·香奈儿的好友，这位后来被昵称为"美洲豹"的杰出女设计师，在20年的时间里掌握着卡地亚设计方面的主导权。让娜·图桑的作品不仅是古典与现代精神的完美融合，还具有独特的风格。她一向乐于尝试新的想法，在她的领导下，卡地亚的技术部门成功地推出一系列发明，如扣环、可以随时组合的活动式胸针等，帮助卡地亚在现代珠宝配件领域中崭露头角。

一直以来，卡地亚都保留着特别定制的传统，通过独特款式的定制，让很多人的梦想变成现实。一个个关于特别定制的故事成就了卡地亚的一段段传奇。如果你对市面上众多设计雷同的珠宝首饰心感厌烦，想拥有一款独一无二的珠宝首饰，那么卡地亚无疑是你最好的选择。卡地亚的每一位珠宝设计师都是值得你信任的，他们具备严格的职业操守，不管面对什么样的客户，都会严格地遵循这样一个准则：永不复制！对于卡地亚的珠宝设计师们来说，这样做不仅是对客户的尊重，同时也是对自己的尊重。正如阿尔弗雷德·卡地亚当年所说的那样："卡地亚不是珠宝商，而是艺术家。"事实上，自开展私人定制服务之日起，卡地亚就从未重复生产过已有的款式。卡地亚每一件珠宝杰作都是独一无二的，不仅凝聚着卡地亚的悠久传统和不凡工艺，其背后往往还凝聚着珠宝设计师们对艺术、生活和自然的深刻理解。

更为可贵的是，卡地亚的每一位珠宝设计师都享有充分的设计自由，只要能够折射出卡地亚的精神，任何设计皆有可能。无论是气势磅礴的河流、飞羽翔天的鸟儿，还是娇艳欲滴的花朵、凌气逼人的猎豹，这些闪烁着灵性之美的题材都赋予了卡地亚珠宝大师创作的无限源泉。有时候，设计师也会让客户参与到设计中来，无论是客户某种心仪的颜色，还是一个幸运数字、一种钟爱的动物……都可以作为设计元素。墨西哥电影明星玛利亚·菲利克斯就曾委托卡地亚以鳄鱼为原型制作出有史以来最大型的动物形象珠宝。为了这条项链的设计，她甚至将活生生的小鳄鱼带进了卡地亚珠宝店，供珠宝设计师们参考。正是玛利亚·菲利克斯的积极参与，使得卡地亚这条形如两只鳄鱼相互依偎的高级珠宝项链在日后被奉为经典，也成为表现玛利亚·菲利克斯神秘之美的不朽风格符号。

在卡地亚的工作坊内，珠宝师、镶嵌师、抛光师、钟表师、铸造师济济一堂。在巴黎，没有一家珠宝工作室像卡地亚这样，能够汇集各工种的工匠在同一工作室中工作，这个特点足以提升制作的速度，也能够让卡地亚保有最高级别的商业秘密。并且，卡地亚为了坚持其一贯的卓越品质，所有设计师都毕业于法国艺术学校，而且大多数工艺师都具有 20 年

卡地亚龙形胸针，龙身怀抱着一颗总重 37.07 克拉的珍贵蛋白石，其色泽似孔雀羽毛般深浓、绚丽而多彩，衬托出拥有者至高无上的尊崇地位。

以上的工作经验。每一件卡地亚高级珠宝,都宛若艺术珍品,凝结着智慧、时光、激情和专注,从设计到最后的完成要花费整个团队几个月甚至是几年的心血,每一过程都要力求完美。

一件卡地亚高级珠宝的诞生,其过程是相当繁复的:珠宝师们首先筛选宝石,他们必须要从400颗以上的宝石中挑选出最光彩动人、色泽浑然一致者。手工镶嵌则是极费时间的工序,考验珠宝匠的眼力、手力和拿捏能力,因为这些珍贵的宝石,一旦使力不当,就可能在镶嵌过程中损坏。卡地亚的珠宝设计师自始至终都会参与宝石制作的每个步骤。每一件作品,都凝聚了珠宝工匠、宝石镶嵌师、模具师、抛光师、切割匠的共同努力和心血。卡地亚的珠宝,从最初的设计到最终的成品,每个细节都体现了这个国际顶级品牌追求完美的精神,是160多年无数专家智慧和技术的结晶。

卡地亚是雄心和远见造就的。回顾卡地亚的百年发展史,几个含义类似的词汇频频出现:创新、革新、先锋、先驱、潮流制造者……这些词和"经典"一样,已成为卡地亚不可磨灭的烙印。而这位先行者在攀登过一座座高峰之后,并未有任何懈怠,仍在突破自我的创新之路上领航前行,继续演绎着卡地亚品牌延续一个多世纪的有关高贵与奢华的传奇故事。

卡地亚的皇家血统曾经使其成为上流社会的象征,成为区分富有阶层与普通大众的特殊标志。卡地亚最初以创新的彩色宝石饰物名噪皇室,深获欧洲各国皇室的赞许。今天,作为顶级的珠宝品牌,卡地亚的真正价值已经不仅仅是象征着身份、地位和权势,在历经了160多年的洗礼后,仍能始终如一地坚持至真、至善、至美的艺术追求,这种精神才是卡地亚最可贵的价值。

卡地亚花形胸针和由黄金、铂金、紫水晶、绿松石和钻石打造的卡地亚精美项链。

"卡地亚是雄心和远见造就的。"卡地亚的传承总监皮埃尔·雷纳用这样一句话来形容卡地亚的精神。的确如此,在对品牌自己的历史和风格珍视和钻研的同时,永远保持对未来的完全开放和对当下潮流的高度敏感,这才是卡地亚长盛不衰的秘密。

时代特色结合传统工艺神韵,是卡地亚高级珠宝系列一直追求的最高境界。正如卡地亚形象、风格及传承总监皮埃尔·雷纳所说:"我们的工作并不是要刻板地继承,卡地亚不同时代之所以有着不同的特色,正是因为品牌能进行持续不断的自我更新,我们现在要做的就是对当下保持敏感,要创作出对现在有意义的、跟现在息息相关的、当代人渴望的作品。"

许多人都视卡地亚为奢侈品品牌,不过,皮埃尔·雷纳却不这么看,他说:"不要把卡地亚的产品称为奢侈品,我觉得它们只是美丽的物件而已"。此言不虚。尽管卡地亚珠宝的价值不菲,拥有者也非富即贵,但如果未能以一颗平常心对待，仅仅以标价来衡量这些凝聚了天地精华的宝石，那么对于能工巧匠们对之所投入的时间、精力和激情而言，其价值也得不到充分的体现。相反，如果你以一颗朴素的心去观其形，抚其身，去体会匠人们的巧思和手艺，抑或去了解一下相关拥有者跟这些美丽物件的故事，分享其美丽，倒会为你的生活增添了一些情趣。也许我们每个人都应该听取皮埃尔·雷纳的建议，不管我们有没有足够的金钱拥有卡地亚珠宝，欣赏总能给人带来乐趣。因为享受往往跟金钱的关系并不大，它来自对物件的观赏和体会，来自对美专心投注后有所发现而带来的愉悦，来自在平常之物中发现了美所带来的欣喜。

经验老到的珠宝投资者一般都会到拍卖行找寻具有投资价值的珍品，因为通常罕见的、价值不菲又极具升值潜力的珠宝或宝石都会通过此渠道流通。珠宝鉴赏家和拍卖专家都认为，最好也是最保险的投资级珠宝或宝石通常是指那些成色出众、罕见的宝石，各种稀有的彩钻，或是出自名家之手抑或是大牌公司巅峰时期出品的绝世之作。而卡地亚便是国际珠宝拍卖市场上的常客，卡地亚的一些古董级珠宝经常是拍卖市场上的主角，其中温莎公爵夫妇曾经拥有的殿堂级卡地亚珠宝都价值不菲。温莎公爵夫人是公认的潮流先驱，其慑人的优雅魅力至今为人称道。这些神奇珠宝见证了这对爱侣生活中的重要事件，具有艺术品和历史文物的双重价值，正如有人所说："它

卡地亚高级珠宝铂金彩宝项链，设计师以铂金材质为基底，放置了1颗重达31.88克拉的梨形切割绿柱石、7颗绿宝石以及2颗有色蓝宝石，再用金绿玉珠围绕串起，将珠宝的雍容华贵之气完全展现出来。

们记录了最伟大的爱情"。

　　1936年12月，继位不到一年的英国国王爱德华八世，为了跟离异了两次的美国平民女子沃利斯·辛普森夫人结婚，毅然宣布退位。爱德华八世的弟弟乔治六世继位后，授予他温莎公爵的头衔。温莎公爵送给辛普森夫人的订婚戒指是一款卡地亚祖母绿铂金戒指。而结婚时，他们互相交换的是一对卡地亚铂金对戒。与此同时，温莎公爵还向卡地亚定制了四款首饰，分别是猎豹胸针、BIB（用于搭配正装或礼服的珍贵饰品）项链、老虎长柄眼镜和鸭子头胸针。结婚后，温莎公爵夫人又收到了一个装有57件卡地亚首饰的珠宝盒。为温莎公爵夫妇设计这些精美首饰的就是前文提到过的杰出的女艺术家让娜·图桑，她开创了以动物为设计主题的珠宝首饰设计先河，并让温莎公爵夫人成为第一位佩戴动物造型珠宝的代表人物。

　　温莎公爵夫妇一生拥有无数件珠宝，在公爵夫人去世以后，1987年苏富比拍卖行在瑞士日内瓦举行了一场举世瞩目的温莎公爵夫人珠宝拍卖会，那次拍卖会上共展出温莎公爵夫人生前拥有的306件稀世珍宝，期望总估价能拍到500万英镑，再将拍卖所得用于慈善事业。结果当晚无数大腕、明星慕名前往，还有许多人通过卫星直播参与拍卖，最后那场拍卖的成交总额超过了3000万英镑，创下了单一收藏家的珠宝珍藏拍卖纪录。据称，查尔斯王子当年看上一枚羽毛胸针，但他的出价低于伊丽莎白·泰勒的40万英镑，最终饮恨而归。10多年后，苏富比在伦敦再度拍卖公爵夫人珍藏的20件珍稀珠宝，总估价约300万英镑。那次再度亮相的20件珍宝是由一位沙特阿拉伯富商于1987年拍得的。苏富比拍卖行欧洲及中东珠宝部主席大卫·本纳特表示，这系列顶级珠宝的女主人一生充满传奇，因此，这些卡地亚珠宝极具收藏价值和巨大的升值空间。

猎豹一直是卡地亚的传奇象征，在其发展中扮演着图腾般的角色。它仿佛道明了女人的心思——想征服我吗？并不容易！

如今，温莎公爵夫妇的这批卡地亚珠宝在世界拍卖市场上的价格一骑绝尘，2010年12月12日，苏富比拍卖行在伦敦举办的温莎公爵夫妇藏品拍卖会上，拍卖了温莎公爵夫妇二人所珍藏的许多珠宝，这些珠宝首饰的品牌大都以卡地亚为主。卡地亚珠宝是温莎公爵夫妇真挚不渝的爱情的见证，每一件都是精美绝伦的瑰宝，在满载奢华与高贵之气的同时又不失优雅。这些艺术品展示了卡地亚珠宝的品牌理念、精湛的做工以及巧夺天工的制作工艺。当天拍卖的高潮是一个卡地亚猎豹手镯以高达450万英镑的价格成交，这个数字创下了手镯拍卖价格纪录。除此之外，这次拍卖会上的其他卡地亚珠宝，如镶有红宝石、蓝宝石、祖母绿和钻石的火烈鸟造型胸针，也以170万英镑卖出，远远超出估价。

温莎公爵夫妇的爱情故事是为世人所知晓并津津乐道的，卡地亚珠宝是他们爱情的信物。一个国王为了心爱的女人而放弃了整座江山，甘为平民，这是多少女人所梦寐以求的爱情。在熟知温莎公爵夫妇爱情传奇以及了解卡地亚历史的人看来，卡地亚珠宝的真正价值远不止于此，如此高价既是对卡地亚珠宝的欣赏和喜爱，或许更多的是对于公爵夫妇真挚情感的赞叹。

温莎公爵夫人的火烈鸟胸针

如果说卡地亚是珠宝界的皇帝，那么蒂芙尼无疑是珠宝界的皇后。蒂芙尼以爱与美、罗曼蒂克与梦想为主题而风靡了近两个世纪，它以柔软纤细的感性之美满足了世界上所有女性的幻想和欲望。蒂芙尼的每一款经典设计，都让本无生命的宝石充满了如诗般的灵动飘逸之美。

TIFFANY & CO.
最优雅的爱情信物
蒂芙尼

历史篇 LISHIPIAN

没有财富是从天而降的，从一个小小的文具精品店发展到今天世界上最大的珠宝公司之一，"经典"已经成为蒂芙尼的代名词，因为有太多的人以佩戴蒂芙尼的首饰为荣，这份荣誉是与历史共同沉淀而发展至今的。在漫长的岁月里，蒂芙尼这个珠宝品牌逐渐成为地位与财富的象征，尽管如此，蒂芙尼并未因为追逐利益而抛弃艺术，蒂芙尼有句话至今美名远扬："我们靠艺术赚钱，但艺术价值永存。"

一个人们通宵热舞后的清晨，曼哈顿街头空无一人，一辆出租车静静地驶来。在十字路口处，一位女士缓缓地走下车——靓丽而苗条，穿着黑色晚礼服，戴着大号太阳镜，脖子上戴着珍珠项链，手里拿着一个咖啡碟和一块小面包。在大理石路面的走廊上，她漫不经心地从一扇橱窗前踱过，她的动作仍带有昨夜华尔兹舞步般的轻盈。那一刹那，在亨利·曼西尼的《月亮河》背景音乐的衬托下，走在曼哈顿街头的奥黛丽·赫本，与令人无比渴望的蒂芙尼专卖店，绝妙地融为一体……

《蒂芙尼的早餐》的上映让蒂芙尼更加"名副其实"。通过电影影像，蒂芙尼优雅精致的珠宝首饰、淡蓝色装潢的高雅专卖店，不单是一个品牌的符号，更成为具有情感象征的图腾。可以说，这部电影将蒂芙尼的高雅风格表达得淋漓尽致。但我们又不得不承认，是奥黛丽·赫本让蒂芙尼专卖店变成了一个梦幻之地，一个汇聚了人们所能找到的有关"梦想"、"永恒"和"经典"等所有美好字眼的地方。在人们的心中，蒂芙尼与奥黛丽·赫本牢牢地联系在一起，无论你说起其中的哪一个，人们都会在第一时间想起另一个。如今美人已逝，蒂芙尼却依然散发着永恒的魅力。正如 1987 年奥黛丽·赫本写给已经 150 岁的蒂芙尼的那句话所描述的那样："我带着爱，也带着嫉妒，祝您生日快乐。经过了 150 年，您依然没有皱纹，因为经典可以永恒。"

19 世纪 30 年代，纽约正处于一个蓬勃发展的时代，一个崇尚奢华品位的时代，一个让充满理想的新贵们热血沸腾的时代。1837 年的纽约，亦成为查尔斯·路易斯·蒂芙尼和约翰·扬这两个年仅 25 岁的年轻人大展拳脚的舞台，在前者父亲的资助下，他们开办了一家经营文具和工艺品的小店。所有人都没有想到，曾经简陋的小商店几经变迁，最后成为美国首屈一指的高档珠宝商店——蒂芙尼珠宝首饰公司，其实力堪与欧洲各大珠宝品牌一争高下，名声仅次于巴黎的著名珠宝品牌卡地亚。

蒂芙尼的崛起离不开查尔斯·路易斯·蒂芙尼天才般的经商智慧，首创全部商品"不还价"的经销方式，将美国穿越大西洋的破损更换下来的电缆截成小段作为历史纪念品出售等，都为其赚取了大量财富。蒂芙尼真正走进珠宝界是在 1848 年，当时的法国国王路易·菲利普被迫退位，查尔斯·

蒂芙尼的珠宝首饰常以动物为主题，色彩丰富。

路易斯·蒂芙尼从逃亡的皇室贵族手中购得多件珍贵宝石。这项收购行动使蒂芙尼声名大噪,查尔斯·路易斯·蒂芙尼也被纽约媒体誉为"钻石之王"。

为了让自己能够搜罗更多的欧洲贵族珠宝,以满足美国新晋富豪的需求,查尔斯·路易斯·蒂芙尼于1850年在法国巴黎开设了蒂芙尼分店。从19世纪中叶到20世纪初近50年的时间里,蒂芙尼收购了大量欧洲各国皇室的珠宝,到了1887年,顾客追捧皇室珠宝的热潮达到高峰,当时蒂芙尼公司已购得近三分之一的法国皇室珠宝。在这些珠宝中,以欧仁妮皇后那颗珍贵的黄色巨钻最为著名。当查尔斯·路易斯·蒂芙尼买下它之后立即举办了一场展示会,吸引了成千上万名的参观者,这些来自世界各地的人为一睹这件稀世珍宝的风采蜂拥来到纽约,而这又为蒂芙尼额外赚取了十几亿美元的巨额财富。

当时的中央太平洋铁路公司总裁利兰·斯坦福特就曾向蒂芙尼珠宝首饰公司购买了大部分西班牙王室的珍宝。其中美国出版业巨子约瑟夫·普利策的夫人就购得欧仁妮皇后四行巨钻镶嵌的项链;纽约社交界名媛卡罗林·阿斯特则珍藏了欧仁妮皇后大量名贵的钻石配饰。

1902年,被人誉为"钻石之王"的查尔斯·路易斯·蒂芙尼逝世,他的一生充满了传奇,回想65年前由他开创的蒂芙尼精品店开业第一天的营业额仅为4.98美元,而到了1902年,查尔斯·路易斯·蒂芙尼不仅留下了3500万美元的巨额遗产,还创造了一个令世界瞩目的珠宝帝国。

查尔斯·路易斯·蒂芙尼逝世后,蒂芙尼珠宝公司由其儿子路易斯·康福特·蒂芙尼掌管。路易斯·康福特·蒂芙尼虽不具备父亲独有的销售魄力,但同样富有创造精神。蒂芙尼的首饰设计工艺在他的手里得到了发扬光大。1882年,路易斯·康福特·蒂芙尼应切斯特·艾伦·阿瑟总统的邀请重新装饰白宫,从此确立了其作为美国首席设计师的地位。1900年,他在艺术及工艺创新运动中始终处于世界潮流的最前端。这位著名的艺术家创造了从工艺卓越的玻璃制品,到五彩缤纷的蒂芙尼"Favrile"玻璃器具,乃至以美洲植物、花卉为原型饰以珐琅和绘画的珠宝玉石等一系列独特非凡的设计。

当时蒂芙尼所提倡的设计思想,与植根于宗教仪式格调的欧洲设计美学截然不同,摆脱了维多利亚时代矫揉造作的华丽,而是在产品中倾注了

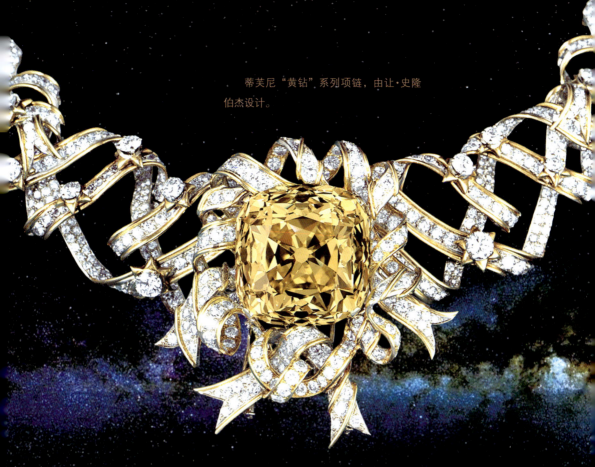

蒂芙尼"黄钻"系列项链,由让·史隆伯杰设计。

简约、和谐和明朗的高雅格调。在最初的银制盘子和刀叉等餐具,以及随后的珠宝产品中,这些风格已成为蒂芙尼设计风格永恒的特征。这些非凡的风格让全世界形成了一种全新的"蒂芙尼风尚",从而也铸就了蒂芙尼卓越优雅的时尚品位缔造者的地位。20世纪初期,蒂芙尼已经吸引了23个皇室家庭的光顾,包括英国维多利亚女王、俄国沙皇、波斯国王、巴西国王,以及丹麦、比利时、希腊的国王。多年来,为世界所有的国家元首设计不同的物品也成为让蒂芙尼最引以为荣的经历。

第二次世界大战之后,蒂芙尼迎来了一个发展黄金期。1961年,根据楚门·卡波特小说改编,由奥黛丽·赫本主演的电影《蒂芙尼的早餐》风靡全球,成为美国电影中的经典之作,而蒂芙尼在片中的出现,令这家世界级珠宝名店的高贵气质享誉全球。有人说,奥黛丽·赫本出席首映记者会时佩戴的巨型黄钻项链便是前文提到过的那颗著名的蒂芙尼黄钻。

两个世纪以来，蒂芙尼树立了良好的国际声誉，见证着人们生命中每个重要时刻，无论是梦想成真，抑或幸运降临，或是奖赏自己，蒂芙尼总能帮人们捕捉每一份感觉，留住完美回忆。每一份被独特鲜明的蒂芙尼蓝色礼盒承载的礼品都象征着蒂芙尼的经典传承和无上品质。

从光辉灿烂的19世纪90年代起，美国的阿斯特家族、范德比尔特家族及摩根家族的名门淑女都为恒久美丽的蒂芙尼钻饰所倾倒。同时来自戏剧界、运动界、欧洲皇室的名流贵族甚至是好莱坞电影界的明星，亦视蒂芙尼钻饰为无价瑰宝。

在珠宝界，人们习惯将卡地亚比喻成"珠宝之皇"，而把蒂芙尼比喻成"珠宝之后"。这两支珠宝界的奇葩都凭借精湛的手工艺和设计，赢得了世界各地尊贵人士的欢迎。与卡地亚的客户相比，蒂芙尼的客户丝毫不逊色。从美国第一夫人到摩纳哥王妃，从华尔街大亨到工业巨子，从好莱坞明星到世界各地的爱情至上者，都对蒂芙尼情有独钟。回顾蒂芙尼的历史，美国社会的许多杰出名流都是该公司的常客。例如，J.P.摩根订购过金银制品；莉莲·罗素的崇拜者们为她定购了一辆纯银自行车；内战时期，林肯总统为夫人玛丽·托德·林肯购买了一条细粒珍珠项链，供其在总统就职晚宴上佩戴；富兰克林·罗斯福总统夫人的订婚戒指也出自蒂芙尼——这枚钻戒中间是一颗硕大的主钻，戒圈以黄金制成，在戒圈上方，还有左右两排细小的钻石，众星捧月般围着主钻。

从19世纪20年代的奢华风格到30年代的现代主义，以及随后四五十年代的流线型款式，蒂芙尼始终准确地把握着时代精髓。正因如此，蒂芙尼的银器装点于白宫餐桌上，蒂芙尼的珠宝点缀于杰奎琳·肯尼迪·奥纳西斯、贝比·佩利和黛安娜·维兰德等世界魅力女性们的服饰间。

著名珠宝设计师让·史隆伯杰以其独特的珠宝设计风格闻名于世。1956年，蒂芙尼总裁沃尔特·霍文先生邀请史隆伯杰加盟蒂芙尼。自那时起，史隆伯杰那自然华美的珠宝设计始终是蒂芙尼公司的骄傲。在其众多设计之中，当属伊丽莎白·泰勒的那枚海豚胸针最为著名。伊丽莎白·泰勒被看作是美国电影史上最具有好莱坞色彩的人物，素有"好莱坞常青树"、"世界头号美人"之称。她酷爱收藏和佩戴珠宝首饰，堪称"美国最有实力的私人收藏家"。如今伊丽莎白·泰勒已经逝去，唯一留下的是曾与她的美貌相互辉映的璀璨夺目的珠宝饰品，这些比任何甜言蜜语都来得实在——不会消失，不会背叛，不会变得面目全非。对她来说，这些声名赫赫的珠宝就是她一生美貌与爱情的证明，注视着这些美丽的珠宝饰品，总能唤起许多动人回忆。

不论是当年意气风发的豆蔻佳人，还是经过时间雕刻后的耄耋老人，不论是在电影中、在生活中还是参加活动，泰勒都会佩戴着自己那些各式各样漂亮、光鲜夺目的珠宝，而即使是在为好友迈克尔·杰克逊送行的下葬仪式上，她也不忘戴上自己的耳环与项链，正如梦露所说的，"钻石是女人最好的朋友。"提到她的收藏品时，泰勒感到自己非常幸运，因为自己能够成为这些珠宝的"守护者"。她说："我是它们的守护者，没有一个人能够像我一样从它们身上感受到如此大的快乐。对于我来说，

蒂芙尼"黄钻"系列项链，由铂金及18K金镶嵌3颗黄钻制作。

蒂芙尼"黄钻"系列，以铂金及18K金为底座，白钻与黄钻互相映衬。

它们每一件的含义都意味深长。最要紧的是，这些珠宝的重要性是体现在情感与精神上的。我知道，我想要与别人分享我的收藏，是为了让他们也获得一丝这些美丽造物曾带给我的喜悦与激动。我希望它们的风采与魔力能传递给他人，被爱着却不被占有，因为我们都不过是'美'暂时的看管人。同时我也希望在将来，他人会以分享的方式好好照顾这些珠宝——但这'将来'不要来得太早！"

伊丽莎白·泰勒一生中遇到的两位爱人，一个是迈克·托德，另一个是理查德·伯顿。前者死于飞机失事，两人的甜蜜岁月仅持续了13个月。大约在10年后，泰勒遇到了另一段让她刻骨铭心的爱情，她与理查德·伯顿是好莱坞最戏剧化的一对情侣了。自1963年在《埃及艳后》的片场相遇后，两人就写下了史上最公开、最轰轰烈烈的一场婚外情。理查德·伯顿甚至在日记中大胆吐露："她是一位令人狂野的女人，她的美丽远远超过了任何情色书刊中的梦想……泰勒永远是我一夜情的幻想对象。"

他们于1964年结婚，10年之后分手，1975年二度结婚，不到4个月又宣告离婚。两人分分合合、藕断丝连了22年，互相吸引又互相折磨，直到1984年理查德·伯顿去世为止。而在结婚之前，1962年理查德·伯顿向蒂芙尼定制了一枚海豚胸针，该胸针的设计师就是当时大名鼎鼎的让·史隆伯杰，理查德·伯顿在泰勒当时主演的电影《巫山风雨夜》首映礼上当众送给她，这一典雅高贵的首饰成为理查德·伯顿与伊丽莎白·泰勒爱情的信物。

让·史隆伯杰痴迷于传统工艺，奇幻的珐琅彩在他眼中充满魔力。他运用这一工艺，在红、绿、蓝、玫瑰和白色的点缀下制作了一款手镯，这款作品也是杰奎琳·肯尼迪的最爱。我们时常会在一些照片中看到杰奎琳·肯尼迪佩戴这款手镯，以至于该作品被称做"杰姬（Jackie，杰奎琳的昵称）的手镯"，在苛求完美的时尚界，这款产品畅销至今。

除了伊丽莎白·泰勒、杰奎琳·肯尼迪之外，社交名媛C.Z.格斯特、芭比·佩利和邦尼·麦伦，都是蒂芙尼的忠实拥趸。她们的热情支持以及蒂芙尼品牌的自由精神，充盈在史隆伯杰的产品世界里，在他任职的30年里，蒂芙尼度过了它最值得纪念的一段时光。

蒂芙尼的光辉传统与华丽的钻石密不可分，正是它们令蒂芙尼在国际上声名鹊起，也正是它们奠定了蒂芙尼作为钻石权威和顶级珠宝品牌的独特地位。蒂芙尼所有的珠宝作品传承了其一贯追求卓越品质的传统，堪称完美典范，其独特的设计风格完全凌驾于潮流之上，因此每一件作品都有着永恒的魅力，世界各国的博物馆和收藏家都把蒂芙尼的大师级作品视为收藏之宝。

1867年巴黎世界博览会上，作为银器制作商的蒂芙尼因其精湛的银器制造工艺首次荣获国际赞誉，这也是有史以来美国设计公司第一次受到外国评审团如此高度的评价和赞赏。不仅如此，蒂芙尼公司银器工作室还创办了美国第一所设计学校。正如一位观察家评论的那样，它是"促进艺术发展的教室"。蒂芙尼工作室一直鼓励学徒们仔细观察、描绘自然，为此工作室总监爱德华·摩尔还搜集了大量素描和艺术品供学徒们研究学习。

19世纪70年代，蒂芙尼公司已成为美国首屈一指的珠宝、钟表乃至豪华餐具、个人和家居饰品的制造商。为保障顾客利益，蒂芙尼公司自设了设备先进的钻石鉴定室。它由国际标准组织（ISO）的独立品质系统审评员定期审核，此举在珠宝零售界无人可及，其宗旨是确保钻石能够符合蒂芙尼的严格鉴定准则。蒂芙尼钻石鉴定室拥有一支专业可靠的钻石鉴定师队伍，每位鉴定师都持有宝石鉴定学文凭，并拥有丰富的宝石鉴定经验。出任蒂芙尼宝石鉴定师之前，每位学员都必须通过严格的考核。

蒂芙尼在业界秉持最严格的钻石评级制度，其鉴定项目包括切工、颜色、净度、克拉重量及宝石风采。通常只有极少数的钻石能够通过审查，被认定为合格。如果某颗钻石的品质介于两个等级之间，蒂芙尼宝石鉴定师会自动将它评为较低那一级。

蒂芙尼钻石的切工始终追求极致华美。一颗钻石通过公司鉴定后，工匠会仔细研究这颗钻石的天然形态，然后精心切割，着力展现它的自然之美，甚至不惜牺牲钻石的体积。只有这样，每颗钻石才能完美地展现其璀璨光华，每一次镶嵌都是为钻石本身量身定制，没有哪颗宝石是为了"削足适履"而进行切割。蒂芙尼认为，让钻石散发美丽璀璨的光芒比追求钻石的体积更重要。

钻石的颜色分级是评估钻石品质的关键因素，但时常被人误导。因为理想的订婚钻戒应该是无色的，换句话说，就是通透的、完全不着色或近乎无色的钻石才最受推崇。蒂芙尼钻石鉴定室以专业鉴定用的"比色石"来评估每颗钻石的颜色分级，精确的颜色分级标准最高为D（无色），最低为Z（淡黄色），而只有颜色分级达到I级以上的钻石才会被蒂芙尼采用，那些不符合这一严格标准的钻石将被退还给供应商。

钻石的价值还取决于其净度，它会直接影响钻石的售价和闪耀度。实际上，所有钻石都含有细微物质，即杂质和瑕疵。当钻石在十倍放大镜下

蒂芙尼全新 2010 至 2011 年度"Blue Book"系列作品的手工艺再现了自然奇迹,该系列作品更是珠宝界的艺术珍品。它们从久负盛名的蒂芙尼蓝色礼盒中华丽现身,令全世界为之倾倒。

也找不到内部杂质(云状物、羽状纹或针点杂质)或表面瑕疵(刮痕、白点或小缺口)时,它便可被冠为"全美钻"之名。但由于完美无瑕的钻石极其罕有,因此其价值不菲。所有宝石等级的钻石都可以依据业内标准获得净度评级。但是蒂芙尼钻石专家对于其他许多珠宝商能够接受的缺陷坚决予以拒绝。他们对钻石有着更为严格的净度标准,以求得到更加华美的钻石:任何对钻石进行加热处理、颜色调校或加入其他物质的行为,蒂芙尼都不会接受;蒂芙尼钻石在被镶嵌之前和之后都会经过严格的检验;根据蒂芙尼的独有标准,任何已镶嵌钻石的净度不可被评为 FL(即前文所说的全美)级,原因是镶爪会阻碍鉴定师的视线,令其无法全面检验该钻石,因此将其评为全美级会令人质疑。

所有钻石均以克拉为重量单位,1 克拉相当于 0.2 克。蒂芙尼钻石鉴定室量度钻石的精确度达千分之一克拉。但钻石不能单纯以克拉重量来评估价值。两颗相同重量的钻石,可能因品质的区别而价格相差甚大。每颗蒂芙尼钻石都不是只追求尺寸大小,而且以求在光亮度、色散光度及闪光度之间取得完美平衡,以达到最佳程度的璀璨效果。

蒂芙尼超越常规的"4C"标准,额外增加了一些重要的钻石品质鉴定准则,包括切工准确度、对称度和抛光度,并将其统称为"宝石风采"。无论是个别还是综合而言,这些额外的准则都会对钻石的亮光、色散光度、闪光度及整体外貌有一定影响。

每个蒂芙尼钻石的镶嵌都是度身设计:根据每颗钻石的大小及形状,独立构思其镶嵌方式;只托镶钻石的腰围,使光线在钻石中进出自如;镶爪的厚度恰到好处,既能稳稳地固定钻石,又不损其美态。每一款蒂芙尼钻戒的背后都凝结了超过八代人的丰富经验,确保每一位收到蒂芙尼钻戒的女性每次细细品味都会感到由衷地陶醉。蒂芙尼令她们明白,这不仅仅是一件首饰,而是能够世代相传的瑰丽之宝。

蒂芙尼珠宝就在这样的严格标准下传奇般地诞生。无论是钻戒、耳环还是项链,均赢得世界各地大批忠实的粉丝。

自从将欧洲区专卖店开设在巴黎旺多姆广场之后,蒂芙尼曾为多个国家的国家元首量身定做各式珠宝。过去的两个世纪以来,已有23个国家的皇室成员成为蒂芙尼公司的顾客。极佳的时尚特性让蒂芙尼在明星中广受欢迎,作为与卡地亚、梵克雅宝齐名的珠宝品牌,蒂芙尼一直深受全世界珠宝投资商的青睐。它巨大的升值潜力也让一些珠宝投资商不惜重金收购它的限量版珠宝。

在欧洲,投资珠宝而产生的资产被叫作隐性资产,意指珠宝不被列入财产统计。其实,大多数富豪收藏顶级珠宝主要有两个原因:一是因为产量稀少,孤品的升值潜力无穷;二是在个人财富的统计

蒂芙尼设计师让·史隆伯杰设计的"Fleurage"钻石项链,整体设计风格华丽优雅且自然流畅。花和叶的设计十分独特,可以旋转活动。

蒂芙尼海蓝宝石胸针,以109.73克拉的海蓝宝石配以铂金镶钻蝴蝶结制成,光芒四射,是蒂芙尼彩色宝石的经典之作。

中，珠宝等奢侈品多作为隐性资产而不被公布，是比较安全的私人财产。

那么，我们该如何去鉴赏这些稀有的珠宝以及它们的价值所在？可以肯定的是，珠宝唯高端品牌独尊。作为隐性资产，珠宝商一方面因为原料的缺失而减少产量，另一方面也在刻意限量生产某些产品以提升价值。

历经新艺术流派时期、装饰艺术流派时期，直至今天的现代典雅风格，蒂芙尼设计的珠宝一直都是世界各地博物馆的至爱珍藏。每年在世界各地的拍卖会上，蒂芙尼钻饰都令人趋之若鹜。在蒂芙尼众多珠宝作品中，蒂芙尼的黄钻系列最引人注目。

蒂芙尼创造的最大一次轰动是购买了一颗珍稀昂贵的黄钻，这颗黄钻经过能工巧匠的精心雕琢，成为后来著名的"蒂芙尼黄钻"。1877年，这颗黄钻在被开采出矿时重约287.42克拉，后切割成128.54克拉、大约1平方英寸（6.45平方厘米）的独特枕形钻石。一个世纪之后，这颗价值连城的黄钻被永久陈列在纽约蒂芙尼第五大道旗舰店中。这颗美国有史以来最大的钻石不仅成就了蒂芙尼公司在钻石方面的权威声望，也昭示了蒂芙尼销售的钻石拥有无上的品质与绝美的设计。正是这枚惊世骇俗的"蒂芙尼黄钻"为蒂芙尼黄钻珠宝系列的制作赋予了无穷灵感。

2010年3月7日，在洛杉矶举行的奥斯卡颁奖典礼上，奥斯卡奖项得主、著名影星凯特·温斯莱特就佩戴着蒂芙尼特别为她定制的一条黄钻项链，这条项链的价值高达250万美元，项链的吊坠由3颗罕见的花式黄钻构成，长方形的13.09克拉的黄钻

蒂芙尼石上鸟胸针

及两颗大约 6 克拉的黄钻都是世界上最抢手的宝石，远远超过了其他珠宝品牌的黄钻质量。这条迷人的黄钻项链由 642 颗明亮的圆形切割的白色钻石精致围绕，并由蒂芙尼工匠手工精心雕琢。此外，凯特·温斯莱特佩戴的 10 克拉的花式黄钻耳环以及黄钻手链都价值不菲。

如果你想把阳光"戴"在身旁，蒂芙尼的黄钻系列绝对不会让你失望，这些美丽的黄钻如阳光般纯净的色泽会让你感受到和阳光为伴的快乐，同时体验着至臻至美、稀世罕有的黄钻所绽放出的极致美感与璀璨光华。

除了黄钻，蒂芙尼其他钻饰的价格也都一路飙升。2010 年 12 月 9 日，纽约苏富比拍卖行在香港举办了一场拍卖会，其中蒂芙尼出品的 27.19 克拉方形切割 D 色内部无瑕钻石吊坠连铂金镶钻项链，因具有绝佳的打磨及对称度，有着完美无瑕的净度，被估价为 320 万至 380 万美元；另外一枚 54.20 克拉方形鲜彩黄钻石指环，估价为 250 万至 400 万美元；还有一枚镶嵌 10.46 克拉椭圆形淡粉红钻石的指环，钻石内部无瑕，配以古典切割并以古印度风格镶嵌于铂金指环上，别具韵味，并获古柏林证书鉴定为代表印度戈尔康达古矿之超凡品质，估价为 140 万至 160 万美元。

在珠宝界，还有一类珠宝作品深受投资者，尤其是女性投资者的青睐，它们并不是首饰，仅是一种用珠宝制作的玩具。自古以来，女人一直无法抗拒玩具和珠宝的魅力，而将两者结合成"珠宝玩具"并发扬到极致的，莫过于 18 世纪法兰西帝国的末代皇后、奥地利帝国公主玛丽·安托瓦内特。曾

经代表了波旁王朝最梦幻的生活,她将毕生精力都投向了华美的衣饰、另类的发型、名贵的珠宝。法国宫廷的首饰工坊一方面要设计极奢的珠宝来搭配她别出心裁的华丽服装和发型,另一方面,还要绞尽脑汁设计各种新奇有趣、造型生动的首饰来博得年轻皇后的欢心。在当时,这种类型的首饰曾经被称为玛丽皇后的"珠宝玩具",她常常一个人在房间里摆弄这些充满童趣却极度奢华的首饰,从中寻找乐趣,去逃避她所要面对的现实。正因如此,她也成为历史上最热衷于珠宝玩具的女人。

蒂芙尼也有类似的作品问世,在香港苏富比 2010 春季珠宝拍卖会上,一枚由蒂芙尼公司设计的珐琅彩配钻石甲虫造型别针和一枚梵克雅宝钻石蜜蜂造型别针,两件作品的总估价原为 5 万至 7 万港元,最终竟然以超过预估价两倍的价格——15 万港元成交。与梵克雅宝、卡地亚相比,蒂芙尼昆虫类造型的珠宝比较少见,因此未来升值的可能性极大。

梵克雅宝承载着欧洲18世纪贵族生活的高贵神韵，它以一贯高贵典雅的传世风格，在百年间打造出无数美妙绝伦且历久弥新的惊世之作，为所有酷爱珠宝的人留下了隽永的印记。横跨将近两个世纪之久的珠宝之梦使梵克雅宝具备了童话般的梦幻气质，还有诗一般的深远意境，这100多年来它赋予了珠宝爱好者们许多梦想，并让这些梦想一一变成现实。

Van Cleef & Arpels
珠宝王国的童话大师
梵克雅宝

历史篇 LISHIPIAN

　　法国旺多姆广场是法国精神的缩影，这里孕育了无数举世瞩目的具有艺术气质的奢侈品品牌，坐落在这里的梵克雅宝便是其中之一。这个世界上最著名的珠宝品牌凭借其超凡的专业智慧，令人折服的鉴宝眼光，从世界的各个角落收集各种极品宝石，从宇宙自然中获得设计灵感，再加上一丝不苟、精益求精的创作精神，以及鬼斧神工的镶嵌工艺，这就使得梵克雅宝的珠宝作品一问世便声名显赫。

　　1961年2月的一个上午，一位衣着邋遢的老人站在纽约第五大道的梵克雅宝专卖店的橱窗前，他被橱窗内摆放的珠宝深深地吸引住了。他看得太入神了，以至于没有发现从店内走出来的员工。当梵梵克雅宝 Ice Crystals 高级坝链，以涅瓦河冰层开裂结冰的景象为设计灵感，晶莹剔透。此件作品的中间是一颗原产自巴西的重达 12.36 克拉的帕拉伊巴碧玺，下面镶嵌了一颗原产地为莫桑比克的 4.86 克拉椭圆形切割绿色碧玺，旁边由白金、圆钻、蓝宝石、椭圆形切割海蓝宝石镶嵌，最外侧由白色珍珠、碧玺交相辉映，轻盈华美。

Van Cleef & Arpels

以芭蕾舞蹈为主题的"Ballet Précieux"珠宝系列中姿态各异的芭蕾舞者胸针

克雅宝专卖店的员工正想打发这位老人离橱窗远一点时，店内的老板克劳德·雅宝无意中向窗外望了一眼，不由大吃一惊，急忙走出店外。因为他一眼便认出了这位老人不是别人，正是著名的新古典主义芭蕾编舞大师乔治·巴兰钦。克劳德一个箭步走上前去，向乔治·巴兰钦打招呼："我认识您，您是伟大的编舞大师巴兰钦先生"。此时的巴兰钦望着克劳德，露出微笑，显然他也认出了克劳德，"我也认识您，您是制作出这些美丽珠宝的克劳德·雅宝先生"。这场宛如电影情节的邂逅意外开启了两人之间的友谊之门，并给日后两人的合作带来了契机。

出于对艺术与珠宝制作的狂热,两位艺术家在各自的领域都获得了常人难以企及的声望,乔治·巴兰钦以《珠宝》为名创作了一出芭蕾舞剧,在纽约及芝加哥首度公演,随后在世界各地演出。而克劳德·雅宝根据该剧创作出首个以芭蕾舞蹈为主题的 "Ballet Précieux" 珠宝系列,赢得了世界范围的青睐。在芭蕾系列中以姿态各异的芭蕾舞者胸针最引人注目,首度以 360 度环绕视角诠释观众从不同角度看到的舞者,除了正面立像,还可见到自其上方、背面,或跳跃、旋转中的芭蕾舞者,观赏全系列胸针的经验仿佛亲临剧院观赏一场精彩的芭蕾舞剧。梵克雅宝的芭蕾系列颂扬芭蕾舞的优雅轻扬,巧妙地捕捉和演绎了舞者婀娜曼妙的舞姿以及灯光与舞影交织的动态诗意。

一百多年来,梵克雅宝一直致力于改良珠宝的外观,以增加光泽与明亮度,呈现宝石天然原始的感觉,提升其价值与魅力,他们避免用粗劣不精致的镶嵌方式造成珠宝的破坏。关于梵克雅宝的故事,始于一段浪漫的爱情。1896 年,两个移民家庭的年轻人喜结良缘,一个是来自宝石世家的少女艾斯特尔·雅宝,一个是阿姆斯特丹钻石商的儿子阿尔弗莱德·梵克。阿尔弗莱德·梵克与艾斯特尔·雅宝自童年时起就生长在珠宝钻石业家庭中,两人有着相近的家庭背影和相配的特质:艾斯特尔·雅宝与兄弟们通晓关于宝石的奥秘,而阿尔弗莱德·梵克从小就耳濡目染,从父亲与自身的研究中掌握了贵重珠宝的制作艺术。这段传奇的旷世姻缘奠定了一个伟大品牌的诞生。

对珍贵珠宝满怀热忱、敢于接受挑战的特质令

梵克雅宝"传奇舞会"系列之黑白舞会胸针

年轻的阿尔弗莱德·梵克与妻子的兄弟查尔斯·雅宝合作成立了一家旨在"珠宝设计与销售"的珠宝公司。随着另一位家族成员朱利安·雅宝的加入，于 1906 年，他们以"梵克雅宝"（Van Cleef & Arpels）作为营业登记之名，在法国巴黎旺多姆广场开设了第一家精品店。

在当时，法国旺多姆广场是流行时尚的发源地，由于巴黎成功主办了多个世界博览会以及慕巴黎之名而来的游客令旅游业迅速发展的原因，种种因素都使旺多姆广场所处的右岸邻近地区日益繁荣起来，广场亦渐渐成为许多知名企业竞相开设店铺的地方，其主要的顾客群除了当地尊贵的名人雅士外，还有来自世界各地的游客。久而久之旺多姆广场成了"法国气质"的象征，并以其独特的优雅、简洁与古典氛围著称。阿尔弗莱德·梵克之所以把店铺选在这里也正是看中了这一点，梵克雅宝被视为旺多姆广场珠宝界的先驱者之一，这种成就应归功于创立者的直觉，以及坚持实践两个家族梦想的韧劲。20 世纪初开始，法国名流贵胄的视线不仅仅只停留在旺多姆广场上，度假的时尚风潮席卷了整个欧陆，流行的话题也离不开法国南部的海滨风情。梵

梵克雅宝"传奇舞会"系列之普鲁斯特舞会 Cantatrice 胸针

克雅宝瞄准了市场走向，在 1909 年至 1935 年间大胆地在多个时尚的海滨度假热点地区和温泉度假胜地开设分店。1939 年，梵克雅宝作出了关键的决定——在大西洋彼岸的美国纽约设立办事处，随即进驻纽约第五街 744 号。时至今日，梵克雅宝位于纽约的店址依然未变。

梵克雅宝的创始人经常游历世界各地，搜寻世间珍稀宝石。第二代传人克劳德·雅宝和皮尔·雅宝更是经常涉足印度。自 20 世纪 20 年代起，充满异国魅力的印度美学一直影响着梵克雅宝品牌的高级珠宝系列创作。例如诞生于 1974 年创作的 "Panka" 项链，这串悬垂而下的奢华项链以黄金镶嵌圆形和椭圆形圆拱绿松石，并缀以圆形切割钻石，以宝石的搭配和项链造型演绎神秘的印度风尚。到了 20 世纪末期，梵克雅宝的珠宝设计风格几乎囊括了埃及、印度、中国等多种元素，无论是埃及法老王的奇迹、印度神祇的灵性、佛陀的玄奥还是中国装饰艺术的曼妙……都被完美地融合到梵克雅宝珠宝设计中，同时也衍生了无数个系列。无论是项链、头冠、耳环，还是手镯、戒指，都印证了梵克雅宝对遥远国度的美学认知与理解。从巴比伦鹫狮神兽，印度绿宝石项链，

梵克雅宝"传奇舞会"系列之普鲁斯特舞会 Rosemonde 胸针以及东方舞会舞者胸针，Rosemonde 取自小说《追忆似水年华》中的人物。

埃及象形文字手镯，日本传统吉祥配饰以及珊瑚佛像胸针到彩漆化妆箱，梵克雅宝将浩瀚庄严的古代文化和对宇宙探索的热忱完美融合。

第二次世界大战后，梵克雅宝趁着万象更新的好时机，于1974年再将珠宝王国的版图拓展到日本。进入20世纪80年代后，梵克雅宝继续向世界各地拓展业务，相继在香港（1982年）、伦敦（1983年及1995年）、首尔（1990年）、莫斯科（1997年）、迈阿密鲍利港（2000年）和芝加哥（2001年）等地开设了自己的精品店。

一百多年前，梵克雅宝以旺多姆广场的立柱作为图腾设计，隐隐透露出对自我定位的高度期许，也似乎提醒世人永远不要忘记品牌当初在此萌芽的创业故事。

梵克雅宝一直都是皇族、明星的最爱。英国温莎公爵夫人的首饰套装、埃及公主的大婚珠宝、摩纳哥王室的御用珠宝、泰国皇后的颈饰、伊朗王后的冕冠、印度大君的项链，无一不体现着梵克雅宝溢于言表的优雅。

自梵克雅宝珠宝专卖店在法国旺多姆广场开业之日起，就备受世界各国皇室贵族和名媛雅士的推崇与喜爱，尤其在那些皇室贵族的订婚仪式或结婚典礼的盛事中，我们都可以捕捉到梵克雅宝的芳踪。看一看梵克雅宝的客户，就足以令你目瞪口呆了：摩纳哥王妃格蕾丝·凯利、英国温莎公爵、埃及国王的女儿法丽雅、伊朗王储雷查·帕拉菲等等。

皇室成员是世间最特殊的一群人，而珠宝是对他们身份最璀璨的一种点缀。对于皇室婚姻来说，似乎谁拥有了最多的珠宝，就拥有了最多的爱情和美丽。1955年，也就是好莱坞著名女演员格蕾丝·凯利与摩纳哥亲王雷尼尔三世结婚的前一年，摩纳

梵克雅宝星座套装白羊胸针，动感十足的设计使白羊充满了跃跃欲试的张力。该胸针由白金、钻石、黄金、黄色及橙色蓝宝石、马达加斯加石榴石等镶嵌而成，搭配巧妙，强调了作品的蓬勃活力。

哥公国就委托梵克雅宝创作一套订婚珠宝，包括三圈项链、手镯、耳环及一枚指环。这是一套由珍珠和钻石搭配而成的珠宝，温婉却耀眼。三个月后，梵克雅宝被摩纳哥封为"摩纳哥王室指定珠宝商"。格蕾丝王妃也经常佩戴梵克雅宝珠宝，例如"Alhambra"与"Roses de No.l"系列。20年后，梵克雅宝再次在摩纳哥王室婚礼上大放异彩。1978年，在女儿卡罗琳与菲利普·贾纳的婚宴中，格蕾丝王妃佩戴了一顶镶有17颗梨形钻石的铂金王冠。这顶同时可转换为项链的王冠，如今已成为梵克雅宝专属收藏之一。

1931年，在一场花园聚会中结识威尔士王子爱德华时，沃利斯·辛普森（Wallis Simpson）已是伦敦一名富商的妻子。当时的她无法预想到七年后自己会成为温莎公爵夫人，爱德华八世选择放弃王位成为温莎公爵，并与她共结连理。温莎公爵曾馈赠她多件梵克雅宝的珠宝，其中包括公爵夫人在婚礼上佩戴的一件铂金蓝宝石手镯，还有特别为庆祝她40岁生日的生

梵克雅宝星座套装狮子
胸针，由黄金、黄钻、白金、钻石、
蓝宝石、一颗 3.09 克拉椭圆形切割红宝石制成。

日礼物——一条圈状刻有"My Wallis from her David, 19.06.36"甜蜜字样的红宝石钻石项链，这条项链后被命名为"My Wallis（我的沃利斯）"。此外，还有一只由红宝石与钻石镶成的手镯及一个"Feuille de Houx"别针。此外还有两件由梨形绿宝石、钻石镶成的别针与手镯。

在梵克雅宝的拥趸中，伊朗王储雷查·帕拉菲可谓独树一帜，他三次婚姻，三次都选择梵克雅宝为其定做婚礼用珠宝。20 世纪 30 年代，埃及法雅德国王的女儿、有着"尼罗河公主"美誉的法丽雅，成为全世界媒体关注的焦点。这位拥有一双迷人的绿色眼睛的美人即将嫁给伊朗王储雷查·帕拉菲。1939 年，这场世纪婚礼成为当年全球报纸的头版新闻。当时的梵克雅宝就为法丽雅公主制作了一顶婚礼用的王冠，以及项链与耳环等首饰。在婚礼前，梵克雅宝曾 24 次前往德黑兰与公主商讨设计细节。不过遗憾的是，这段婚姻只维持至 1949 年便结束了。

两年后，雷查·帕拉菲王储结识了另一位美丽的年轻女子索拉雅·爱斯范迪雅里·巴第雅里，她被冠以许多美誉，诸如"爱斯巴翰玫瑰"、"绿眸女歌唱家"与"波斯艾娃·嘉娜"。两人一见钟情，并决定于 1950 年举行婚礼。就在婚礼前几天，索拉雅生病了。于是，索拉雅每天醒来时都会发现雷查·帕拉菲王储送来的一件珠宝，例如镶嵌白金、红宝石与钻石的梵克雅宝"珍爱之鸟"胸针。自 1951 年婚后到 1958 年婚姻结束，雷查·帕拉菲赠送了索拉雅大量梵克雅宝制作的珠宝，例如"Camélia"别针与耳环、"Cordes"手镯与耳环、一件黄金钻石化妆盒、一只以绿叶为创作灵感的"Secret"手表……但这场童话般的婚姻最后仍因索拉雅无法生育而以离婚收场。其后，索拉雅被称为"泪眼公主"，她所拥有的珠宝亦于 2002 年在拍卖会上被卖出。

1967 年 10 月 26 日，各国王室成员与来自全球各地的领导人齐聚德黑兰的格拉斯坦王宫，庆祝雷查·帕拉菲王储迎娶其第三任妻子法拉·迪巴。在王位继承人诞生后，法拉更获封为第一任伊朗神圣女王。在这场婚礼前夕，全球许多知名珠宝商早已展开竞赛，纷纷送出自家的珠宝设计图，期盼获得准王妃法拉的青睐。最终法拉王妃选择了梵克雅宝继承人皮尔·雅宝的设计。

为制作这项超级奢华的王冠，皮尔·雅宝在德黑兰中央银行的地下室里足足工作了六个月的时间，整个王冠总共镶嵌了 1541 颗珍贵的宝石。如

梵克雅宝"珍爱之鸟"胸针

梵克雅宝星座套装金牛胸针,轻灵飘逸的线条刻画出金牛的热情与坚毅,动感十足。梵克雅宝以祖母绿雕刻摆动的吊坠,营造出胸针轻盈灵动之感。

今这顶王冠已经成为伊朗的国宝,且永远都不能被带离伊朗。除此之外,皮尔·雅宝还为伊朗其他的王室成员制作了大量珠宝首饰,梵克雅宝的这段历史被传为佳话。

梵克雅宝的另一位重要贵宾西敏公爵雨果·理查德·阿瑟·格罗斯维纳是当时公认的最富有的人之一。他的优雅品位,对香奈儿女士也产生了极大影响。他酷爱珠宝,尤其是纯净的钻石。他一生赠送给香奈儿女士的珠宝不计其数,如由钻石与五颗缅甸红宝石镶成的流苏手镯,还有一条可转换成手镯的铂金蓝宝石链子,这些都是梵克雅宝的惊世之作。

20世纪初期,欧洲的珠宝设计风格引起全世界的瞩目,许多印度大君、女王及公主纷纷邀请梵克雅宝用他们私人珍藏的宝石作为素材,打造独一无二的珠宝配饰。这些富有的印度王族们包括著名的印朵大君、坎布萨拉大君。坎布萨拉大君十分向往法国文化,甚至不惜重金兴建了一座仿造凡尔赛宫的城堡。20世纪20年代到50年代中期,坎布萨拉大君向梵克雅宝购买了许多珠宝,其中包括一只漆上珐琅极富装饰艺术风格的皮夹,还有一只祖母绿切割的蓝宝石戒指。

巴洛达的女王王斯塔·迪维,以及其丈夫都是当时印度王室最知名的成员。他们俩先后要求梵克雅宝为其打造珠宝首饰。自1943年开始,梵克雅

梵克雅宝"传奇舞会"系列之世纪舞会 Notte Azzurra 胸针及"传奇舞会"系列之东方舞会 Kingfisher 项链。

梵克雅宝"传奇舞会"系列之东方舞会 Fleurs Mysterieuses 项链、戒指和耳环。

宝为两人定做了上百件珠宝,其中包括一只由 55.64 克拉梨形钻石镶成的别针,一条极具印度风格,由钻石、红宝石与绿宝石镶成的项链及一只手镯,一只镶有 34.77 克拉蓝宝石的铂金戒指,还有一个由黄金、钻石、红宝石、蓝宝石与绿宝石镶成的 "Eugénie and her Ladies-in-Waiting" 烟盒。

一个世纪以来,梵克雅宝以巧夺天工的精工技术,极为挑剔的宝石筛选原则,精致典雅、简洁大方的样式与完美比例的造型设计,在国际珠宝界中独树一帜。从梵克雅宝为那些王室贵族制作的珠宝来看,每一件都堪称世间珍品,每一件都诉说着一段美丽的故事。

梵克雅宝一直是美丽与优雅并重的珠宝翘楚,其瑰丽雅致的设计得到了全球众多名媛雅士的青睐。梵克雅宝珠宝曾在无数加冕典礼中担任重要角色,亦曾成为爱情奇缘的浪漫见证。

虽说梵克雅宝对富贵阶层的影响没有卡地亚那样深远，但在上流社会各种舞会、宴会中，名媛贵妇们还是都以能拥有正牌的梵克雅宝作为时髦、流行的象征。今天，梵克雅宝的璀璨珠宝被越来越多的优秀女性所宠爱，她们不约而同地选择在众多慈善晚宴、文化盛会，乃至奥斯卡颁奖台上用梵克雅宝衬托她们的风采。尤其是在好莱坞的奥斯卡颁奖典礼上，众多女星都愿意佩戴梵克雅宝珠宝来展现她们的雍容华贵与绝代风华。

好莱坞经典银幕女神玛琳·黛德丽、伊丽莎白·泰勒、艾娃·加德纳，歌剧名伶玛莉亚·克拉斯，贵族名人杰奎琳·肯尼迪、泰国王后诗丽吉，及当代巨星广末凉子、朱丽亚·罗伯茨等人，都纷纷选择梵克雅宝为她们妆点出永恒的魅力，衬托她们独特醉人的美艳风采，她们亦成为最受瞩目的梵克雅宝"亲善大使"。

希腊传奇女高音歌唱家玛莉亚·克拉斯的独特魅力和超凡歌声令世人难忘，以优雅见称的她非常善于利用时装和珠宝营造迷人风格。玛莉亚·克拉斯素爱珠宝，亦是品位超然的珠宝收藏家。玛莉亚·克拉斯最爱的珠宝品牌就是梵克雅宝，只要有时间她总不放过任何一个造访旺多姆广场梵克雅宝专卖店的机会。当她爱上希腊船王亚里士多德·奥纳西斯后，全情投入的她便为爱郎穿梭异地。奥纳西斯为表爱意亦向佳人赠送过多款梵克雅宝珍品。这位拥有一双迷人黑眸的歌剧女神每次穿上长裙搭配梵克雅宝的珠宝，总会艳惊四座。历史上，梵克雅宝曾为她特别设计过大量珠宝作品，当中包括一串以圆形钻石和珍珠镶嵌的"Lion"项链、一对钻石耳环、一串镶嵌梨形钻石的项链、一枚创作于1967年的以钻石和缅甸红宝石镶嵌的五叶花胸针。这枚著名的铂金胸针镶有椭圆枕形缅甸红宝石、圆形钻石、橄榄形钻石及长方形切割钻石。红宝石共重15.77克拉，而钻石则重16.35克拉。

芭芭拉·赫顿生于1912年，因继承了百货业巨子伍尔沃斯的丰厚遗产而成为世界上最富有的女人，她曾被人称为"亿万宝贝"。芭芭拉·赫顿一生都是人们关注的焦点，她的一生可谓充满传奇，曾先后嫁给格鲁吉亚王子、普林斯伯爵、好莱坞著名男星加里·格兰特、俄罗斯王子、丹麦的贵族。她一生收藏了大量珠宝珍品，无论是宝石的质量或设计的精巧均无出其右。其中最漂亮的当属梵克雅宝的钻石头冠。这顶头冠是她于1967年购得的，也是她最爱佩戴的藏品之一，甚至有人说她连晚上也要戴着它，以防他人一时认不出她是谁。

梵克雅宝的创作从来没有任何局限，其设计师总能撷取无穷的创作灵感，将天堂鸟、鹫狮神兽、燕子、蝴蝶、蜻蜓、蜂鸟和它们优美的翅膀、羽毛幻化为灵动的典雅珠宝，尽情展现它们翱翔空中的曼妙美态。梵克雅宝最柔美的作品之一是象征温柔母爱的"珍爱之鸟"胸针。它曾是优雅典范——伊朗索拉雅王后的珍藏，索拉雅王后雍容的美态和胜似绿宝石的深邃绿眸让世人为之倾倒。索拉雅于伊斯法罕长大，儿时常漫步于古典神秘的波斯花园，欣赏花卉和飞鸟的动人美态，她一生所收藏的大量珠宝都反映出这位王后对大自然的钟爱。索拉雅于1954年购入的"珍爱之鸟"彩色胸针，以拱形红宝石和圆形钻石勾勒出三只鸟儿栖息于黄金枝头的神态，树梢上更饰有一串蓝宝石花朵，如今这枚胸针已经成为无价之宝。

历经近百年的努力与发展，梵克雅宝现已成为国际顶级珠宝王国中最为闪亮的明珠之一。梵克雅宝与那些美丽佳人、皇室贵胄的故事已成为不朽的传奇，他们对梵克雅宝近乎疯狂的热情来自于梵克雅宝对珠宝技艺一丝不苟的精神。与梵克雅宝的诸多珍宝相比，这种对完美的恒久追求与执着更为珍贵。

品质篇
PINZHIPIAN

梵克雅宝所有的设计皆遵守品牌深远的历史价值与传承意义，寻找、探索、发明等创新精神对于梵克雅宝而言是不可或缺的。正是在这种精神的引领下，梵克雅宝创作出无数美妙绝伦且历久弥新的珠宝作品，并以此走出旺多姆广场，走向世界。

在梵克雅宝的理念中，珠宝的意义超越了珠宝本身，它不仅是奢侈品，更是伟大的艺术。人们之所以倾慕梵克雅宝，主要因其天马行空的创意，作品宛若天成，既不失自然轻柔及高贵优雅的特色，又将法国尊贵典雅的传世风格表现得淋漓尽致。

梵克雅宝源源不断的创意和灵感到底来自于哪

梵克雅宝"Zip"拉链项链和蕾丝胸针

里？可以这么说，梵克雅宝从诞生伊始，就从未停止过创新。从绘制草图的部门到最后的珠宝制作工作室，好奇心始终是贯穿其中持久不息的驱动力。梵克雅宝以多样的珠宝材质和顶级的工艺技术，融合匠心独具的设计创意，向世人展现和诠释何谓绝对的完美。特别定制一直是梵克雅宝的最大特色。通常，各界名流会对梵克雅宝说："我要参加一个活动，希望佩戴你们的项链或者戒指。"这些人通常并没有更具体的要求，他们非常信任梵克雅宝工匠的手艺，当然梵克雅宝也从来没有让他们失望过。

一百多年来，梵克雅宝从来就没放弃过任何一个可以创新的机会。1935 年，梵克雅宝百宝匣的问世，为其带来了辉煌的成就和荣耀。当查尔斯·雅宝看见佛罗伦斯·杰·古尔德的太太临出门时，匆忙地把随身物品全部扔进一个小锡盒里时，便在脑海中开始设计这款百宝匣了。查尔斯·雅宝制作的这款百宝匣以最贵重的素材和精湛的工艺（铂金、黄/白金、黑漆、隐秘式镶嵌技术）打造而成，极为奢华。类似的创新设计还有 20 世纪 30 年代末，温莎公爵夫人第一个提议以拉链为摹本创作珠宝，由此诞生了梵克雅宝最经典的"Zip"拉链项链。

梵克雅宝的创新还不止于此，它总是尝试与其他艺术形式建立千丝万缕的联系。1976年，世界著名芭蕾编舞大师乔治·巴兰钦与克劳德·雅宝联手，共同创作了三幕分别以法国音乐家福雷、俄罗斯作曲家斯特拉文斯基及俄罗斯作曲家柴可夫斯基的作品为背景音乐的梦幻唯美芭蕾舞剧——《珠宝》，来演绎红宝石、绿宝石以及钻石这三种不同韵味的人间至宝。"去看音乐，去听舞蹈"，这是巴兰钦本人的创作原则，也是他的欣赏原则。不过，面对《珠宝》这样迷人的舞台，即便是那些"看不懂音乐，听不懂舞蹈"的观众，也一定会欣然沉迷于徐徐降临的诗意之中。为了向乔治·巴兰钦致敬、向芭蕾艺术献上最为璀璨的赞美，梵克雅宝创作了闪烁华彩的"Ballet Précieux"珠宝系列，瑰丽珠宝与不朽芭蕾飘然共舞，各展风姿。

2004年，梵克雅宝将百年高级定制珠宝的优良血脉融入到珠宝时尚的新风潮中，提出"把布料变成珠宝，珠宝变成布料"的想法。梵克雅宝全新的高级定制珠宝系列，改变了珠宝佩戴的方式，也改变了女人欣赏珠宝的角度。比如蝴蝶结的装饰细节，自然是高级定制女装不可忽略的装饰重点，它同样成为梵克雅宝中极为经典的设计元素。据说，这一灵感来自于法国皇后安妮所倡导的简单主义。在梵克雅宝众多的经典设计中，以花朵作为设计主轴的"Broderie"系列，呼应着定制服装最精髓的精细刺绣绣法，并融入梵克雅宝从大自然汲取灵感的传统，以钻石、蓝宝石为花形的素材，以晶透的绿色石榴石为叶，有的含苞待放，有的傲然绽放，展现花世界的生命力。"Petillante"系列则给人们带来了强烈的视觉效果，其最大特色就是将钻石用如穿绣一般的手法串连于贵金属丝线上，灵感来自女人胸衣上的绑带花边。"Boutonniere"及"Zip"系列，更是将珠宝与服饰完美结合的代表。

梵克雅宝坚信"时间或许是易逝而善变的，但我们所处的这个世界却是坚定不移地重演着往事和历史。这是一个关于忠诚的问题，是对祖先遗产及其价值的敬仰和尊重"。梵克雅宝永远寻求创新与变化，与时代共同进步，如同佩戴它的女人一般，把娉婷的高雅气质与大自然简约清丽的纯朴完美地融为一体，款式时而雍容华贵，时而简约明快，时而端庄雅丽。没有什么是一成不变的，但是历经近一个世纪的发展，梵克雅宝将其独有的产品特征通过与众不同的设计理念注入到每件作品之中,"我们从不创作任何与从前的作品毫不相干的新产品"是梵克雅宝一直所坚持的理念与信条。

梵克雅宝的所有珠宝作品都坚持采用最为上乘的宝石和材质,加以傲然于世的镶嵌技艺、匠心独具的创新理念以及立志成为永恒经典的创作精神,因而深受青睐。无论在国际珠宝市场上,还是在珠宝拍卖会上,梵克雅宝一直炙手可热。

高级珠宝不仅仅是只供女人自我装饰或佩戴的首饰,还是艺术品、收藏品甚至是投资品。与其他奢侈品消费相比,高级珠宝投资更被视为另一种更为理智、更为时尚的生活方式。而与高级珠宝相匹配的,是人们对珠宝材质的精益求精,对制作工艺的完美苛求以及对珠宝设计要求的高度提升。

在国际珠宝拍卖会上,梵克雅宝一直就是炙手可热的珠宝品牌,以其原创设计、高品质宝石和精湛工艺最为闻名。梵克雅宝在20世纪40年代创作的"Ballerina"胸针系列直到今天仍被人们看作是经典之作,受到很多收藏家们的深爱。在2009年10月21日的佳士得拍卖会上,梵克雅宝于1942年面世的这枚"Ballerina"胸针就以4225000美元成交,一举刷新佳士得拍卖成交价的纪录,大幅超出之前80000至120000美元的估价。这一破纪录的成交价说明了梵克雅宝永恒时尚的风格依然让收藏家们心醉不已。诚如品牌继承人杰奎·雅宝所言:"一切创作都应该有标志性。"相信以破纪录成交价买下这枚胸针的买家,脑海里一定曾闪过这句名言。这枚胸针造型灵感源自著名的芭蕾舞蹈家乔治·巴兰钦创作的芭蕾舞剧《珠宝》，其舞者的梨形钻石面庞以红宝石丝带轻轻围拢，精致的钻石舞衣缀上瑰丽的红宝石和绿宝石。这件作品栩栩如生，也颂扬了处处流露美学灵感的舞蹈艺术。

我们知道梵克雅宝善于运用各种宝石为材质进行加工，红宝石是梵克雅宝的最爱。红宝石凭借强烈的生气和浓艳的色彩，不仅被称为彩色宝石之王，也被看成是永恒爱情与高贵权力的象征。受地理条件影响，世界上优质红宝石的产地不太多，且多集中在亚洲东南部。如今，在国际市场上流通交易的红宝石，大多出自缅甸、斯里兰卡和泰国。这些地方因地质形态不同，产出的红宝石也大有区别。然而，尽管这些不同色泽、质地的红宝石来自不同国家，但它们却被公认为是吉祥之物。

近年来，红宝石越来越少，上好的红宝石更为稀有。因此，红宝石的价格在宝石投资市场上也是节节攀升。据统计，天然高档红宝石在以每年20%至30%的速度增值。高端红宝石极少在市面上流通，一经发现，便被各大珠宝商或投资人士所收藏。1987年在苏富比的温莎公爵夫人珠宝拍卖会上，由梵克雅宝在1939年设计并命名为"我的沃利斯"的钻石和红宝石项链最终以390.5万瑞士法郎（约合人民币2539万元）成交。若单以价值而论，这条项链几乎增值了上百倍。当然，红宝石的价值固然不菲，但之所以能够市值倍增，也与沾了名人的名气有关。若从投资收藏的角度，判断一件

首饰是否值得投资收藏，是否拥有独一无二的天然材质，划时代突破性的制作工艺，以及对宝石生命力独具匠心的设计表现，都是衡量首饰价值的标杆。而收藏首饰也远比收藏单颗宝石更有趣味。因为，首饰的艺术魅力以及带给人的情感体验，远非简单的单颗宝石所能比拟。梵克雅宝这条钻石和红宝石项链正因为记载着温莎公爵夫妇的爱情故事而身价倍增。

在以往的拍卖会上，人们很难见到真正珍贵的珠宝，而在 2010 年 10 月 25 日香港苏富比拍卖会上，梵克雅宝的 43 件奇珍异宝成为当时最受瞩目的主角。当时所拍卖的梵克雅宝的经典珠宝作品都堪称绝世珍品，如一枚 13.43 克拉的 F 色 VS1 内部无瑕长方形钻戒，以及隐秘式镶嵌红宝石及钻石的襟针，估价皆为 15 万至 25 万美元。

在 2010 年香港苏富比瑰丽珠宝及翡翠首饰秋季拍卖会上，梵克雅宝为世人呈献了一系列稀世的绝色美钻，包括一枚 6.43 克拉鲜彩粉红钻石配钻指环、一对 21.17 克拉及 20.77 克拉鲜彩黄钻镶钻耳坠、三对分别重逾 3 克拉、5 克拉、10 克拉的八心八箭全美圆形白钻等珠宝。

彩钻不同于白钻，总能散发出奇异的光芒，一颗上好彩钻的价值远远高于白钻。那枚梵克雅宝6.43克拉鲜彩粉红钻石配钻石指环的估价约600万至700万美元。经过多年的开采，5克拉以上的彩钻已非常罕见，而这次拍卖的梵克雅宝鲜彩粉红钻重达6.43克拉，是继2006年于香港苏富比创下粉红钻世界拍卖纪录之10.04克拉鲜彩粉红钻后，出现于世界拍卖市场上的最大鲜彩粉红钻。此枚粉红钻被世界权威——美国宝石学院（GIA）评定为彩钻颜色级别中最高的鲜彩级别，开放式白金镶嵌更凸显其鲜活饱和的粉红色彩，纯正而不带紫、橙等常见杂色，高贵妩媚，极为罕有。

另一枚梵克雅宝7.54克拉克什米尔蓝宝石指环，大约出产于1938年，估价约40万至58万美元，可谓是绝无仅有的珍宝。此枚指环由著名珠宝设计师蕾妮·拉卡兹设计，为梵克雅宝所生产的仅三件以其专利隐形镶嵌法处理主石的首饰之一。由于没有外露的镶爪，隐形镶嵌之宝石仿如浮在石托之上，此镶法绝少用于主石，这枚指环为世上唯一隐形镶嵌主石的指环，对珠宝藏家可谓别具意义。指环上镶嵌的克什米尔蓝宝石显现出高贵而神秘的天鹅绒蓝色，澄明通透，镶于一圈方梯形白钻之上。此款指环曾在1971年于美国拍卖并由梵克雅宝投得，故带有纽约梵克雅宝的编号，在珠宝设计史上具有重要的意义。另外两件隐形镶嵌主石的珠宝均为手链，其中一条为温莎公爵夫人的订婚手链，也拍出了百万美元的天价。

除了钻石宝石之外，著名珠宝商上世纪生产的限量版黄金首饰也成为市场稀缺品。在2010年5月苏富比拍卖行珠宝拍卖会上，梵克雅宝1945年出品的针叶黄金钻石胸针就以68500瑞士法郎成交，比当初的买价高出了300多倍。

另外，收藏名牌商家所产的限量版首饰，也是珠宝投资市场上的一个热门领域。当然，这些限量珠宝首饰并不是谁都能染指的，除非你有足够的实力，除此之外还要有一点运气才行。若想投资限量版珠宝首饰，需查询历史资料后对号入座，确定产品外形特征与"限量"是否一样，再去竞拍。无论是卡地亚，还是梵克雅宝，每个知名珠宝商的限量版首饰都有严格的记录。在此领域中，黄金与其他珠宝，如钻石、祖母绿混镶的产品价值也十分高昂，因其代表了时代特征，有可能成倍升值。

有些珠宝从来就不属于中产阶级，只有财富金字塔尖上的人才有能力拥有，宝诗龙正是这样的珠宝。若硬要说其桀骜，它自有骄傲的底蕴：它是首家采用垂直立体胸像展示产品的珠宝商；第一个把钻石融入珠宝设计的品牌；首创多层次镶嵌工艺，精细到完全看不到镶嵌底座。此外，那令人永远捉摸不透的疯狂设计，更让宝诗龙成为珠宝界的"邪典"——经典不乏邪恶。

BOUCHERON
珠宝界的蓝血贵族
宝诗龙

宝诗龙从19世纪开始便向人们展示珠宝的精湛工艺，让人们明白宝诗龙珠宝对完美的追求，并让更多的人认识到，货真价实的高档珠宝从古至今都被世人宠爱。

1928年的夏天，法国香榭丽舍大街的一家高级酒店迎来了一群特殊的客人。为首的是一个高大英俊的印度男人，在他的身后跟着40名随从和20个非常漂亮的舞女。一行人足有60多人，竟然没带太多的行李，只有6个大箱子，被10多个衣着华贵的青壮男子保护着，不许任何人靠近它们。当时酒店的工作人员十分好奇，这些箱子里到底装的是什么。

宝诗龙白天鹅三金桥陀飞轮腕表，以 18k 白金打造表壳，鸟喙镶嵌珊瑚和玛瑙，羽翼尾端点缀蓝宝石，并在表壳上镶嵌 52 颗美钻，加上表盘上的 178 颗钻石以及天鹅翅膀上的 715 颗钻石，整只腕表"钻"光闪闪。

作为智慧的象征，宝诗龙"Crazy Hathi（疯迷大象）"系列腕表中色彩斑斓的大象图案装饰展现着对旅行的渴望，Hathi 在印度语中正是大象的意思。尊贵紫款的钻石白象身披粉红和紫罗兰色渐变的彩色宝石，映衬茄紫色的苏纪石表面，展现了印度王朝的奢华气息。

几天后，关于印度大君帕蒂亚拉访问法国的消息开始在巴黎传开了。不过，令人不解的是，这位印度大君并没有与法国政府任何官员见面，而是直接去了旺多姆广场 26 号——宝诗龙珠宝专卖店。当这位印度大君与众多随从带着那六个大箱子走进宝诗龙珠宝店后，宝诗龙的员工立即挂出"停止营业"的牌子，人们不知道里面到底发生了什么事，除了弗莱德里克·宝诗龙的儿子路易·宝诗龙。

据宝诗龙的第二代传人路易·宝诗龙回忆，印度大君帕蒂亚拉见到他时做的第一件事，就是命令手下打开带来的六个大箱子。作为珠宝世家，路易·宝诗龙见过无数奇珍异宝，但在那一刻，他还是被眼前的情景惊呆了，整整六大箱子的珠宝静静地摆在他的眼前，那些珍宝只是简单地用薄纸包裹着，除了纯白的钻石之外，还有黄钻、蓝钻，一共有 7571 颗，重达 566 克拉；另外有 1432 颗祖母绿，重 7800 克拉；蓝宝石、红宝石以及稀有的黑珍珠，更是不计其数。按照当时的流通货币计算，这些珍宝的总价值在 20 亿法郎（1 法郎约合 1.2 元人民币）左右，如今的价值更是难以估量。随后，帕蒂亚拉向路易·宝诗龙作了简短的自我介绍，并要求他在几个月的时间内为其制作上百件珠宝首饰。

为了完成帕蒂亚拉的订单，路易·宝诗龙和其他艺术家及珠宝技师们不分日夜忙碌了几个月，制作出上百款珠宝首饰。这一事件不仅轰动了整个世界，更为宝诗龙在珠宝界确立了不可动摇的地位。

其实，早在1893年宝诗龙将店铺迁往巴黎的旺多姆广场之前，宝诗龙就在欧洲各国皇室中享有极高声誉。当时的宝诗龙从来就不为中产阶级设计珠宝，它的客户大多为皇室成员。而这绝离不开弗莱德里克·宝诗龙的苦心经营。弗莱德里克·宝诗龙生于1830年，1902年逝世。在数十年的职业生涯中，他一直沉迷于珠宝事业。他从小便跟随著名的珠宝大师儒勒·蔡泽学习珠宝加工技艺，他从一个小珠宝店的学徒开始，一做就是14年。凭着与生俱来的才华和对珠宝独到的理解与品位，28岁的弗莱德里克·宝诗龙终于在巴黎高级时尚中心皇宫区大街开了第一家珠宝店。

奢华大气的宝诗龙珠宝店在开业第一天，就吸引了大量高贵的客户。当时的珠宝店一般都是将首饰简单地平放在橱窗中，供人选购。弗莱德里克·宝诗龙打破了这一传统，利用垂直立体的胸像来展示自己的作品，而且他也没有像当时的许多珠宝店那样经营老式珠宝系列，而是将水晶石、象牙、精致首饰和金色花边引入自己的创作中。那些珐琅、钻石、黄金与水晶相结合的作品，

宝诗龙马赛克流苏项链，在柔美如丝缎般的黄金网丝上精美地排布宝石。这种卓越的镶嵌新技术赋予了金属生命力与柔软的特性，被称为马赛克镶嵌。

无一不彰显着宝诗龙不拘一格的创意。从那以后,宝诗龙不断接到欧洲皇室的订单,弗莱德里克·宝诗龙的珠宝事业也日益壮大。

1893 年,弗莱德里克·宝诗龙将店铺迁入法国时尚的中心地——旺多姆广场。宝诗龙珠宝店是入主旺多姆广场的第一家珠宝店,这家店铺至今仍矗立在旺多姆广场一角。选定旺多姆广场 26 号,据说是因为该处为广场中阳光照射最充沛的角落,弗莱德里克·宝诗龙认为橱窗中展示的钻石因此能更璀璨闪耀。事实上,弗莱德里克·宝诗龙能将店铺迁至此处,是源自与他私交甚笃的卡斯蒂利欧伯爵

受 19 世纪后期自然主义思潮的影响,宝诗龙从动物身上汲取灵感,在"羽翼之花"珠宝系列中对品牌经典的问号造型项链重新加以诠释。它由珠宝摇身一变成为艺术品,蝴蝶、蜻蜓的翅膀和孔雀的羽毛排布在一起,形状、色彩与大小和谐相衬,如同花束般轻盈优雅。

夫人的赠予，而这位谜样的女子正是赋予弗莱德里克·宝诗龙创作灵感的女神。

　　生于1837年的卡斯蒂利欧原是意大利人，美貌出众，但备受争议，当年已嫁为伯爵夫人的她成为拿破仑三世的地下情妇，因而受赠旺多姆广场26号作为巴黎住所，当年华随着辉煌情史逝去时，晚年的她独居于旺多姆广场26号，终年以黑色布置起居，并将镜子以黑布掩盖，只在夜幕低垂时才现身，正因为她总是带着神秘的面具出没于黑暗中，没人看过她晚年的容貌，她也因此被称为"黑暗中的神秘女人"。卡斯蒂利欧伯爵夫人丰富而神秘的浪漫情史为弗莱德里克·宝诗龙提供了许多创作上的灵感，最终她将自己的居所赠予这位珠宝大师，为宝诗龙的历史增添了一段传奇。

　　1900年，巴黎万国博览会在埃菲尔铁塔下的塞纳河左岸战神校场上拉开帷幕，宝诗龙就是在这场万国盛会上一鸣惊人，获得了无数人的称赞。两年后，被人美誉为"珠宝界的宗师"的弗莱德里克·宝诗龙逝世，宝诗龙的珠宝事业交到了他的儿子路易·宝诗龙手中。路易·宝诗龙原本是一位土木工程师，但他承袭了父亲对宝石的挚爱，一手开拓了宝诗龙在英国和美国的市场，分别在伦敦、纽约建立分店。到了20世纪中叶，杰拉德·宝诗龙成为宝诗龙的掌门人，先后在南美洲和中东地区举办了一系列宝诗龙珠宝展览，大大提高了宝诗龙的知名度。1971年杰拉德之子阿兰·宝诗龙接掌家族事业，将宝诗龙的精品店开到日本，宝诗龙也被日本人称为"世界上最好的装饰家"。

　　宝诗龙是世界上为数不多的始终保持高级珠宝

和腕表精湛的制作工艺和传统风格的珠宝商之一。令宝诗龙深以为荣的是它百年的历史，以及百年的珠宝艺术文化。沉浸在法国巴黎这个人文荟萃，新旧艺术、文化、传统互相交替影响之地超过百年时间，使宝诗龙的每一件作品背后都累积了无数精彩故事。

宝诗龙珠宝拥有的并不只有奢华，还有充满韵味的艺术感。它的精美作品往往通过经典的挂件点缀，改变高级珠宝的演绎方式，在出位和性感之间寻找最微妙的平衡。

不论什么阶层的法国人，对奢侈品享受都有一种复杂、奇怪、说不清道不明的感情。尤其是对珠宝的热情，更是几近疯狂。但说到法国的珠宝品牌宝诗龙却令许多法国人伤心不已，因为宝诗龙从诞生的第一天起，它仅为财富金字塔尖的人服务，从来就不属于中产阶级。那些曾经奢靡度日的法国贵族，无拘无束，大胆地宣扬奢华主义，他们无一不以佩戴宝诗龙珠宝首饰为荣。尤其是那些上流社会的社交名媛，总是戴着宝诗龙珠宝现身于上流社会的沙龙。据说曾经有一位法国贵妇，在睡觉时也不肯摘下她的宝诗龙项链。

然而，宝诗龙的制作理念早已超越了"奢华"的普遍意义，宝诗龙将其作品上升为极致的艺术。他们绝不为肤浅的贵族服务，只为那些品位之士奉献最完美的作品。正因如此，宝诗龙俘虏了各个时期社会名流及皇室成员的心。1928年，宝诗龙为印度大君帕蒂亚拉制作的149款绝世珠宝，不仅具有欧洲皇室风范，还极富印度特色风情，这些珠

为向宝诗龙品牌诞生150周年致敬,英国珠宝设计师尚恩·科尼特耗费3200小时精心雕琢了"神秘一日花"项链。

宝深受帕蒂亚拉的褒奖。这一事件让宝诗龙声名大振。两年后伊朗国王立泽·沙·巴拉威带着他的奇珍异宝慕名而来，他交给路易·宝诗龙的业务是为其所有珠宝进行鉴价，其中包括全球最大的两枚粉红钻石。20年后，这位国王再次对宝诗龙委以重任，邀请宝诗龙为国王的新娘索拉雅·爱斯范迪雅里·巴第雅里打造结婚用的王冠。

除了印度及中东的君主推崇宝诗龙外，世界各地的王公贵族也都喜欢到宝诗龙搜罗超凡脱俗，甚至惊世骇俗、独一无二并可以传诸后世的珠宝。沙皇亚历山大二世及其子沙皇尼古拉二世都曾是宝诗龙的贵客。英国伊丽莎白女王特别喜爱的一顶王冠也是早年购自宝诗龙。伊丽莎白女王的孙子，王储查尔斯又将这顶王冠当作结婚礼物转赠给他的妻子——康维尔女公爵卡米拉。宝诗龙珍品的爱好者还包括温莎公爵夫人沃利斯·辛普森等许多王室成员。

此外，保加利亚、瑞典、摩纳哥和埃及的国王和王后，都曾指定宝诗龙为其制作王室珠宝。今天，在王公贵族的衣香鬓影之间，在欧美各大时尚盛会上，宝诗龙尊贵无比，耀眼夺目——约旦王后的树叶形王冠、妮可·基德曼的黄金丝带头饰以及朱利安·摩尔的祖母绿耳环等，无一不是宝诗龙的杰作。

古往今来，宝诗龙是诸多名

宝诗龙塞浦路斯胸针

流的不二之选。美国的名门望族，如阿斯特家族、范德比尔特家族和洛克菲勒家族都深爱宝诗龙的工艺珍品。玛丽·埃塞尔·伯思斯嫁入哈考特家族之前置办嫁妆时，曾向宝诗龙订购了大量珠宝首饰。婚后，她更成了宝诗龙的常客，一生中购置了许多件极其精美的冠冕、项链和手镯。

除此之外，宝诗龙对珠宝自信独特的诠释，让众多影坛巨星和知名艺术家对它在红毯的表现放心不已。从19世纪初在巴黎的夜总会里跳西班牙舞的性感尤物卡罗琳·欧特侯，剧场名旦莎拉·伯恩哈特，作家王尔德、马塞尔·普鲁斯特，到影坛巨星如葛丽泰·嘉宝、丽塔·海华丝、玛琳·黛德丽等，都是宝诗龙珠宝的拥戴者。时至今日，有多位当红女星如伊娃·朗格利亚、佩内洛普·克鲁兹、卡梅隆·迪亚茨、克里斯汀·斯科特·托马斯、瑞切尔·薇兹以及黛安·克鲁格等，都无法抵挡宝诗龙夺人心魄的诱惑。

在出位和性感之间走平衡木的宝诗龙，从来就不属于中产阶级。无论是上等黄金制成的珠宝玉带、Art Deco戒指上那令人眩晕的硕大钻石，还是热辣性感的各色宝石，宝诗龙的珠宝拥有的并不只有奢华，还有充满韵味的艺术感。

没有亲眼见过宝诗龙珠宝的人，千万不要妄加评论或给予赞美，因为你很难找到准确的词形容。在珠宝界，人们习惯将宝诗龙珠宝归结为"顶级珠宝世界中的邪典"：经典不乏邪恶。采用神秘、夸张、不对称的设计，时而是神秘小岛上的毒花，时而是钻石与彩色宝石组成的神兽，每件珠宝作品都像天工之作。它们的存在不仅仅为了佩戴，而是为记载人类把幻想变为实物的伟大过程。

古罗马时代的著名诗人奥维德在其代表作《变形记》中，曾以不同动物为篇章，讲述了罗马神话中诸神与凡人的智慧交锋。其中有一篇故事便讲述了蜘蛛的诞生：活在凡间的阿拉克妮是一位颇有野心的女艺术家，她以贫民立场改写神话，因而触怒了雅典娜，被贬为蜘蛛。至今，蜘蛛在希腊语的发音还是阿拉克妮，其寓意便是充满才华却不得施展。正是因为每一种动物在神话传说中都有不同的寓意，而在人们心中，它们也分别象征着不同的情感与人生处境，所以当宝诗龙珠宝设计师们选择用流光溢彩的珠宝，惟妙惟肖地模拟动物卧倒、站立、跳跃、捕食等精彩动态的同时，他们也间接完成了对于人类社会感性深入的描写。

当年以卡地亚为首的珠宝品牌掀起动物珠宝的设计浪潮后，诸多珠宝品牌都开始设计动物题材的作品，卡地亚以豹为主的珠宝系列以神秘著称，梵克雅宝则以唯美风格获得了珠宝爱好者的好评。至于宝诗龙的那种离奇、略带悲观没落色彩的风格，则让人捉摸不定。

宝诗龙的早期作品具有梦幻般的设计，诡异的设计灵感主要来自于两方面：女性和自然。尤其是宝诗龙对女性美的颂扬，掀起了其他珠宝品牌对"新艺术"的追随与模仿。当然，宝诗龙并不是简单地表现女性，而是创造出了丰富的蜻蜓、蜣螂（在埃及神话中，蜣螂代表太阳的使者）的变身形

宝诗龙 2012 推出的高级珠宝"梦之工匠"系列是品牌历史精华的深度浓缩，在该系列中，这款孔雀之羽项链采用的晶莹剔透的祖母绿散发出高贵奢华的光芒，与钻石的洁净璀璨相映生辉。

象，赋予它们一种隐讳的性感。

宝诗龙创造珠宝形象的方式甚至可以说是一种惊世骇俗，将优美的脖颈和发型用人们原来十分反感甚至认为危险的生物图案的首饰来点缀，如蛤蟆、蛇、蚂蚱、蝙蝠、黄蜂、猫头鹰等。就像你很难想象自然界可怕而又充满灵性的生物——蛇，成了历年来最能够代表宝诗龙的徽记。除了蛇，宝诗龙以颇具野性印象的动物为蓝本，用不同的珠宝变幻出一款款生动张扬却又让人顿生宠爱之心的动物主题系列首饰：缀满了宝石的变色龙；以红宝石、钻石以及各种宝石镶嵌出盘踞的蟒蛇；玫瑰金打造的乌龟；身上密密麻麻镶嵌着粉红蓝宝石、红宝石、钻石，光彩夺目的青蛙……所有作品无不令人惊讶。

至于植物题材，同样是类似的选择，比如黏糊糊的海藻、仙人掌、刺茎草、罂粟、覆满尖刺的松果。这个大反常规的题材版本也出现在罗伯特·德·孟德斯鸠、让·罗兰、莫里斯·梅特林克的文学作品中，当然他们也是宝诗龙的粉丝和重要顾客。

宝诗龙的珠宝设计师被人称为是"珠宝设计界的巫师"，这些人总能拥有无穷无尽的新奇创意。法国一位珠宝鉴定家曾说："我不敢想象宝诗龙的团队到底是一群什么样的人，他们那些千奇百怪的想法到底来自于哪儿？与其说这些人是珠宝设计师，不如说是一群热爱珠宝

的艺术疯子。"的确如此，在宝诗龙的创作理念中，深藏着对珍贵宝石——亦即宝诗龙所有设计之重心——的热情与奉献。从每一款珠宝作品中，都可以看到宝诗龙把它打造成顶级豪华精品的心血。在宝诗龙的旷世杰作中，纤美的花朵、闪烁的雨滴、喷溅的浪花，或是颤抖欲坠的树叶，这些源自大自然元素的创意灵感被宝诗龙工匠信手拈来，将宝石的自然美发挥得淋漓尽致。纵观宝诗龙的历史，这种对于大自然的挚爱，可以追溯到1878年弗莱德里克·宝诗龙推出的著名的"树叶项链"，这款项链用四周镶嵌的蓝宝石和钻石烘托出中央159克拉的蓝宝石，曾于巴黎万国博览会夺得大奖。从此之后，宝诗龙珠宝作品也得到了越来越多人的追捧，从法国到伦敦，欧洲所有的宫廷与著名博物馆纷纷向他索求作品，在短短几个月里，拥有一件宝诗龙作品成为每个人的梦想，在法国乃至全世界，成百上千的艺术家纷纷开始仿制宝诗龙的作品。

从旺多姆广场到万国博览会，宝诗龙是先驱，也是焦点。它是第一个把钻石运用在珠宝设计上的珠宝品牌，这个空前的发明，奠定了宝诗龙在珠宝王国的显赫地位。自那以后，宝诗龙频频将不同材质、不同颜色的珠宝和钻石混搭在一起，缔造出首饰独有的奢华气质。它还发明了著名的多层次镶嵌方式，精细到完全看不见镶嵌底座。进入宝诗龙的珠宝世界就如同进入了艺术宫殿，每一件作品都会触动你灵魂最深处的渴望。经过百年的风雨洗礼，宝诗龙依然奢华香艳，焕发出恒久的魅力。

只为财富金字塔塔尖人士服务的宝诗龙，其价格自然非普通人所能承受。一般来讲，宝诗龙普通级的钻石类珠宝都在5万美元以上，这类钻石类珠宝也屡屡在拍卖行创出天价。

宝诗龙这个法国珠宝王朝由弗莱德里克·宝诗龙于1858年创立，后陆续推出堪称世界级珍品的艺术创作，令最具品位的绅士淑女心醉神迷。一百多年来，整整四代的宝诗龙后人继承家族事业，合力让这个品牌誉满四海，即使宝诗龙于 2000 年被古驰集团收购，品牌仍坚守一贯的优良传统。宝诗龙拥有悠久历史，并且延续经典而不随波逐流。传统珠宝品牌的创新之处就在于让作品超越时间的限度，绽放隽永光芒。

宝诗龙的一位负责人在接受媒体记者专访时表示，"宝诗龙虽然没有像卡地亚那样率先占领世界珠宝市场，但宝诗龙并不需要过快地扩张速度，而是要找对正确的目标对象。我们要告诉所有人的是，宝诗龙是谁。宝诗龙的客户是金字塔尖中的精选，在欧洲，我们的客户一般均是名流，比如已故英王妃黛安娜和约旦王室等"。

如果你有足够的经济实力，可以充分享受到宝诗龙最尊贵的两种定制服务：第一类是，宝诗龙的设计师与工匠每年都会设计与制作一系列的高级珠宝，你可以从中选择心仪的款式下单定制。第二类就是，如果你有特别的想法，可以拿图纸来加工，享受宝诗龙的单独制作服务，整个过程从设计、起草图、手工制作到最后的成品完成都可全程参与，宝诗龙的设计师们会为你打造独一无二的珍品。

此外，宝诗龙的工艺标准相当苛刻，以现有的科技，镶嵌已经不再那么困难，一个熟练的工匠 1 小时可以镶嵌将近 20 颗珠宝。而宝诗龙却一直有着这样的规定：工匠每小时最多镶嵌 6 颗宝石，为的是确保质量。更值得一提的是这一规定已经实行了 150 年。

传说中变色龙具有护佑人的魔力，而变色龙形象也是宝诗龙珠宝中常见的创作符号。

宝诗龙"珍妮"系列项链的创意主题是朗姆酒蛋糕、奶油水果馅饼、黑森林蛋糕的集合展示，它由红宝石、蓝宝石、珊瑚"调制"，顶部缀有一颗钻石做鲜奶油，充满创意与巧思。

除了超群的工艺，宝诗龙所选用的宝石更是弥足珍贵。它汇集了一大群宝石专家，他们每天的工作就是坐着飞机飞来飞去，哪里有珍贵的宝石，他们就会出现在哪里。作为宝诗龙负责宝石采购的总监，特里·罗伯特从出生起似乎命中注定要永远沉浸在宝石的童话世界里。他总是在世界各地寻找宝石，在他看来，稀有材料、时间和预算的限制都是工作难题。"每块石头都是大自然的礼物，很难说我们到底需要什么样的石材。在一个完全依赖大自然的行业里，打造每件作品都是新的挑战。"他如是说。

宝诗龙透过珠宝首饰的语言，从巴黎向全世界热爱它的人传递了一个讯息：宝诗龙对完美的苛求不仅仅只来自于精湛的工艺，还有对大自然所倾注的一份特殊情感。

如果一件高级时装不能让你仪态万方，那它绝对不够意大利；如果一把椅子不能令你叹为观止，那它肯定不是意大利设计；如果一件珠宝不能令你血脉贲张，那它一定不是纯粹的意大利珠宝。布契拉提无疑是纯粹的意大利珠宝，它继承了古罗马悠久的文明，收藏了地中海亚平宁的记忆，任由意大利人自由随性的灵感点燃，经过家族几代人灵巧双手的抚摸。它鲜明的艺术风格让世人屏住呼吸惊叹，它是如此卓而不凡，以至于抛弃了标志，仍可赢得满堂喝彩。

BUCCELLATI
意大利珠宝的金色时光
布契拉提

历史篇 LISHIPIAN

文艺复兴风格的手工珠宝上,一缕缕一丝丝的黄金细密排布,宛若锦绣般柔软精巧——那些原本只在绸缎刺绣中才出现的纹案效果甚至让人怀疑黄金在我们印象中的质感。织纹雕金,这就是人们能在意大利手工珠宝品牌布契拉提的珠宝作品上看到的技艺。这个古老的家族品牌早在200多年前便已出现,经过"金艺王子"马里奥·布契拉提的不断努力,成为世界最著名的珠宝品牌之一,而它的独门工艺与风格一脉相承,精湛如初。

提起布契拉提,或许很多人并不熟悉。然而,这个来自意大利的传奇珠宝品牌,其历史甚至比欧洲某些国家的历史还要长。早在250多年前,布契拉提就已经活跃在米兰最有名的"金饰街坊",虽然当时的成就和名气还不可与现在的布契拉提相提并论,但是亚平宁浓厚的文化气息和历史积淀,注定了这个意大利传奇珠宝世家必将显赫一时。

据史料记载,布契拉提家族生产珠宝的历史可以追溯到18世纪下半叶。当时孔塔尔多·布契拉提在他位于米兰的代格瑞·奥拉飞地区的工场中开了一家手工作坊。不过,当时这家小店铺一直无人问津,所出售的金饰品也没有什么特色。真正让布契拉提崛起的是马里奥·布契拉提,他不仅将那些珠宝饰品上升到艺术品的级别,而且还为布契拉提珠宝定下了一个特定的艺术风格基础,这一风格一直被布契拉提家族世代传承。

可以说,布契拉提整整沉睡了将近200年才最终被马里奥·布契拉提唤醒。1906年,布契拉提家族中14岁的马里奥·布契拉

提拜当时米兰最负盛名的金匠贝特拉密为师，学习制作金银艺术品的技巧。作为意大利最受人崇敬的艺术家，贝特拉密家族无人不知、无人不晓。贝特拉密先生涉猎极广，从绘画到建筑无一不精。马里奥·布契拉提能够成为他的学生，可谓人生一大幸事。在贝特拉密家族精心培育之下，马里奥·布契拉提开始了他丰富多彩的学徒生涯。在此时期，马里奥·布契拉提不仅学到了精湛的金银加工技术，还培养了对诗歌与自然的热爱之情，而这使他后来的珠宝作品都呈现出浪漫的艺术气息。当艺术大师贝特拉密在1919年去世后，马里奥接管了师父的店面，并挂上"马里奥·布契拉提"的招牌。从此，布契拉提的传奇真正拉开了序幕。

马里奥·布契拉提的珠宝店开业不到数月便名声大噪，马里奥·布契拉提精湛的手艺与完美的设计吸引了无数达人高官与社会名流，当时意大利著名诗人、剧作家盖伯瑞勒·邓楠泽便将他誉为"意大利的金艺王子"。随着布契拉提珠宝店的生意越来越红火，西班牙、比利时甚至埃及等国的王室贵族都前来订购饰品，就连梵蒂冈的教皇也成了他的顾客。

这家刚刚成立不久的珠宝店之所以能够获得众多尊贵客人的青睐，完全取决于马里奥·布契拉提与众不同的雕刻技艺、高雅的设计和基于文艺复兴艺术的简洁美。作为艺术大师贝特拉密的嫡传弟子，马里奥·布契拉提掌握一种早已失传多年的雕金技巧——织纹雕金法。曾在文艺复兴时期被金

匠使用的"织纹雕金"是一种古老而传统的意大利制作工艺，但已逐渐失传，这一几近绝迹的技术被马里奥·布契拉提重新发扬光大，并赋予了新的生命力：在黄金平面上通过一些特殊的雕、琢、刨等工艺，再镶嵌上宝石，就打造出了拥有柔软质感的织布效果，并演变出多种不同的织纹来。这些精妙的"织法"在首饰界引起了巨大轰动，同时也引来了毫不客气的仿制者，然而没有一件仿制品能够如"真迹"般栩栩如生。

不仅如此，马里奥·布契拉提还在此技法的基础上不断创新，演变出更多种织纹雕金技法，如"里加托织法"、"仿麻纹理"、"花边样式"、"丝绒效果"和"雕塑雕刻法"，这些织法都需要使用特定的古老工具才能达到预期的效果，但这也给珠宝与金银制品带来了震撼人心的美感。马里奥·布契拉提通过各种织纹雕金工艺，赋予了一件件珠宝饰品高雅华丽的外观，那细腻优雅的风格不但吸引了全世界皇室的注意，同时也倾倒了众生，让人们竞相购买布契拉提珠宝。

马里奥·布契拉提的工艺与设计的确令人敬佩，当时很多著名的金艺大师都称赞他将文艺复兴时期典雅的艺术风格回馈于整个世界。他拯救并发扬了伟大的织纹雕金工艺，赋予金属细腻优美的形式与外观，其设计在当时的金艺与珠宝领域内独树一帜，改变了评论家们"寻找新的评论语汇"的初衷，转而竭尽全力描绘布契拉提珠宝的内在美。

马里奥·布契拉提用意大利最精妙的珠宝制作工艺打响了布契拉提的招牌，而真正将布契拉提带入世界顶级珠宝品牌行列的，则是他的儿子吉安马里亚·布契拉提。吉安马里亚·布契拉提成功的秘诀在于设计。他和父亲一样，最推崇文艺复兴时期"一切创作都源于自然"的艺术理念。大自然就是他的灵感源头。花草树木、虫鸟鱼兽都是其常见的创作主题，即使是看来极抽象的设计，也多半脱胎于大自然。

吉安马里亚·布契拉提还经常参考18世纪法国艺术家鲁萨里的创作，学其精髓，力求让珠宝首饰动起来、活起来，戴在脖子上、手腕上柔软舒适，毫不生硬。1973年，吉安马里亚·布契拉提在意大利创办了"意大利宝石学院"，向年轻一辈传播各种翔实的宝石知识。1981年，意大利总统颁给吉安马里亚·布契拉提"巨十字武士"勋章，以表彰他在文化艺术上的贡献。

布契拉提到现在仍然保持着家族企业的经营模式，家族成员帮助吉安马里亚·布契拉提有条不紊地打理着家族生意，吉安马里亚·布契拉提的妻子是个经营上的好手，三个儿子也正在成为父亲的帮手。最大的儿子掌管银器部；第二个儿子管理着美国和意大利的分公司,并且与父亲一起负责设计和生产;小儿子负责腕表部、市场部和品牌推广。

现在,布契拉提门店已遍布全世界,巴黎、伦敦、威尼斯、东京、洛杉矶、莫斯科、阿斯彭,各个店里陈列的不同珠宝银器都展示了卓越的工艺技巧,体现出布契拉提传承百年的完美工艺。

布契拉提珠宝展现给世人的不仅是华贵与精美,更是其中蕴藏的关于艺术的深层次思考。完全的手工制作、正宗的织纹雕金工艺、浓郁的历史气息……也许,正是因为今天的人们愈加认知到传统的重要性,这些特质才使布契拉提愈加深得人心。

纽约奢侈品研究调查机构曾经在高端消费人群中对20个顶级珠宝品牌进行了"奢侈品价值指数"调查。结果显示,布契拉提从宝诗龙、宝格丽、戴比尔斯、伯爵、蒂芙尼和梵克雅宝中胜出,与海瑞温斯顿和卡地亚分别占据前三名的位置。1981年,意大利总统授予布契拉提"巨十字武士"勋章,以表彰它将珠宝工艺发展为极致的艺术,将浪漫的艺术与娴熟的手工技艺呈现给世界,而这些也恰恰代表了文艺复兴精髓与布契拉提永恒的精致风格。

布契拉提这个创立至今已有200多年历史的意大利珠宝品牌,汇集了来自不同国家和地区、不同艺术领域的真正智慧,这些智慧又滋养着品牌的历史与今天,使布契拉提成为名副其实的珠宝艺术家族。在布契拉提的顾客中不乏显赫的皇族,罗马教皇庇护十一世与十二世就都非常青睐布契拉提的珠宝与金银器,而意大利作曲家威尔第、歌剧《蝴蝶夫人》与《图兰朵》的作者普契尼,以及被称为

"古典乐坛的传奇人物"、曾担任纽约大都会歌剧院指挥的意大利裔指挥家托斯卡尼尼等杰出的艺术家也是布契拉提珠宝店的常客。著名作家亦舒也曾专门写过一篇关于布契拉提的文章,这个拥有蜜糖般肤色,海藻似长发,面孔似意大利文艺复兴时的画中天使的女作家在文中写道:"真喜欢布契拉提设计的珠宝:白金夹黄金,小巧的宝石,异常精致的图案,纤细多姿得犹如神话中仙女佩戴的饰物,引人入胜。因有种迷茫的美丽,现实生活中罕见,镶作鬼斧神工"。

布契拉提历经三代传承,始终不变的是对品质与工艺的虔诚态度。每一代继承者在保持传统的同时,也逐渐形成自己的风格,并注入到布契拉提品牌的发展中去。布契拉提独特的风格拥有很多表达自身的方式,有时候,几代人艺术特质之间的差异也成就了品牌不断的创新尝试。对于布契拉提来说,"美丽"一词不仅能够用来形容外观,更可以表达对阶层、风格以及美好生活本身的赞叹之情。

拒绝冷冰冰的机器,反对工业化、批量化,每一件布契拉提珠宝都严格按照手工工序完成,哪怕有一次细微的失误,工作也要重来。也许正是布契拉提不愿意与商业走得太近的态度,让它赢来了渴望返璞归真的现代人的热爱:为一件精工打磨、独一无二的首饰等待数月,毫无疑问是值得的。

"工艺"是布契拉提生存与发展的基石,布契拉提的珠宝都是由经验丰富的工匠们在作坊中制作的,他们受过独特的传统技艺的培训,他们中的许多人是当时与创始者马里奥·布契拉提一起工作的手工艺人的后代。

16世纪时,蕾丝开始在意大利和比利时的纺织工厂里出现,并且迅速席卷了欧洲从宫廷到民间的女性服饰。这种优美淡雅而又不乏性感的服装面料同样也启发了米兰布契拉提金器店里的马里奥·布契拉提，如何用柔软的黄金打造出这种细腻的纹理？能不能将蕾丝的技巧应用到首饰制作中来？于是，一种全新的"织纹雕金"技艺诞生了。马里奥·布契拉提用黄金制作蕾丝，并在上面加上层叠的稀世宝石，一起构成了布契拉提诱人的神秘光芒，也造就了布契拉提家族200多年高雅、独特、富有创造力的品牌历程。布契拉提有着丰富的历史渊源，也不乏现代的时尚创造力。"黄金蕾丝"的诞生，成为布契拉提精湛工艺的代表。

多年来，布契拉提的工匠们一直忠于这个经典的设计，耐心细致地将细若蚕丝的金丝一根一根地搭在一起，这期间只要有一次细微的失误，整件作品便宣告失败，一切都要从头再来。因此，布契拉提制作每一件珠宝都要耗时多日，比如布契拉提的标志性的"织纹雕金"戒指一般需要4至6个月才能完成，制作一件大件金饰品则需要手工艺大师一整年的工时才可完成，至于手链和项链的加工甚至需要2至3年或更长的时间。有时制作一件珠宝饰品需要数十位工匠来共同完成，这些工匠严格地坚持着所有工序，包含描摹定稿、镂空穿孔、切割抛光等在内的所有制作程序，完完全全一丝不苟地由手工完成。为保证在强度和美观之间达到最佳的平衡，布契拉提始终坚持着近乎严苛的质量检验程序以确保每一件产品的完美。

除此之外，布契拉提珠宝店"有求必应"的定制服务，也可称得上是一个值得骄傲的特色。布契拉提的每件高级定做精品都从手绘图稿开始，尽量满足每一位委托人的特殊要求，以创作出极具个性的大师级精品。不过，恪守文艺复兴风格是布契拉提一直坚持的信条，布契拉提会尽可能地了解客户需求，也会细细倾听客人所想，尽可能将客人的想法转化到珠宝的设计和制作中去，但一定是在符合布契拉提风格的前提下。

都说顾客就是上帝，布契拉提是否会因客人的一些"非布契拉提"式的要求而让步？布契拉提官方给出这样的回答："如果非要让我们去做一件极简主义的珠宝，那您一定是来错地方了。"在布契拉提，你能得到的是一件符合心意的布契拉提珠宝。异域风？中国元素？也许——但总是布契拉提风格的。能够一直坚持自己的风格，做出最符合布契拉提品位的东西，才是布契拉提提供给客人的最好、最特殊的服务，这也是高端定制的真正含义所在。在布契拉提的私人定制服务中，客户能得到的除了布契拉提，还是布契拉提，绝不可能是其他任何东西。风格的烙印如此明显，使得布契拉提从来不需要在产品上打上醒目的标志——因为谁还会忘记那些独特的花纹和雕工呢？可以说，布契拉提的风格早已深深注入每一个喜爱它的人心中。布契拉提对自身风格的如此坚守，也让欣赏它的人们的热爱更加坚定不移。

当然，布契拉提绝不会在设计上故步自封，在保证整体风格一致的情况下，布契拉提的每一代传人都给布契拉提注入了新的设计理念，让你感觉它们总是一样又每一件都不一样。总之，"灵魂不变，但形状永远在变"。可以说，布契拉提的作品已经不再是珠宝，而是超越了珠宝本身，成为一个手工技艺的奇迹，更是独一无二的杰作。真正的艺术会带给人心灵上的震撼，每一件布契拉提的作品就能带给人们这种震撼，布契拉提通过不同的作品，以一贯的华丽风格向人们轻轻诉说着自己完美的品质和超乎寻常的品位。

将最优秀的工艺贯穿珠宝与金银器制作的始终，严肃的态度、高超的技艺以及精确协调的比例感使布契拉提具有独一无二的优势。布契拉提珠宝百分之百的手工打造，每件作品大约需要6位工匠合作完成，他们都拥有自己的专长，使用古老的工具。布契拉提把珠宝材质能为作品带来的审美价值放在首位，而不注重它们究竟能值多少钱。而这正是布契拉提能够传承至今的最主要原因。

当然，在世界各地广设分店的布契拉提，从未想过要给每个人设计珠宝，它只为那些与其有着相同精神与热情的人们奉献一切，因为这种精神与热情是几代人辛勤发展并传承下来的。布契拉提会继续在世界各地寻找新的发展空间，但是质量永远不会向数量作出妥协。可以说，每一件布契拉提珠宝都凝结着设计者与工匠共同的心血，布契拉提拥有人们所向往的艺术与自然的美丽片段，每一件作品都是唯一而不可替代的。

人们在布契拉提的作品上找不到"布契拉提"的标志，因为它的风格是那样明晰，以至于标志都变成了可有可无的点缀。没有人出于炫耀的目的购买布契拉提，说到这个名字的时候，人们心中往往会油然而生一种感动，一种毋庸置疑的热爱之情，以及对古老工艺的由衷赞美。

意大利没有法国的森严等级观念，没有英国的教条，务实与自由的性格使意大利人永远不缺乏灵感，在所有与设计有关的行业中他们都领先一步。意大利拥有世界上一流的手工技术，首饰制作方面也不例外，这与它优良的传统有关。长久以来，意大利传统艺术的技巧与精神，都深植在一些艺术家族之中，布契拉提即是其中的杰出代表。它追求最高品质，旨在创造艺术杰作，这种追求完美的精神不亚于文艺复兴时期的艺术爱好者。1998年佳士得拍卖公司拍卖的一件翡翠项链就是由布契拉提设计制作的。翡翠部分被设计成三角形饰板，每一个翡翠上面都刻有花卉和叶子的图案，翡翠边缘以黄金包围，再用圆钻将每个部分连接起来。整件作品结构并无复杂之处，但工艺十分精细，黄金与翡翠的结合方式颇具特色。意大利的传统雕金技艺融入翡翠之中，使得作品被赋予了生命，珠宝与艺术也在这里相遇、相通。

在现代工业汹涌大潮的影响下，越来越大的产业和越来越大的利润野心，让时尚产业变成了一部高速运转的商业机器。然而，传统的艺术精髓还保持在少数艺术家族中，布契拉提就是一个。布契拉提之所以历经数百年还坚持相较工业生产"缓慢"不少的手工制作方式，是因为后者它更接近艺术的方式。工匠手工锻造的珠宝是没有任何机器可以替代的——正如机器无法作画一样，它也无法制作出布契拉提作品的艺术感。

也正因为此，每一件布契拉提珠宝都达到了令人难以想象的价格。布契拉提珠宝在市面上鲜少见到，但是在世界各大拍卖行它却总能以最耀眼的方式登场，售价近千万欧元的布契拉提珠宝，只要买主稍一犹豫，就会被他人"抢走"。没有大张旗鼓的宣传，没有声势浩大的广告，布契拉提却总令人惊讶不已。

作为意大利著名珠宝品牌，布契拉提珠宝最大的价值在于它独一无二的文艺复兴风格。早年意大利最优秀的珠宝工匠，都是为皇室和贵族服务的。以罗马教皇为首的教廷所在地梵蒂冈位于罗马西北角的高地上，从中世纪开始就是基督教国家的中心。在西欧长达1000多年的封建时期，教会财力雄厚，权力无边，历任教皇都表现出对珠宝和金银器皿的狂热喜爱，投入大量金钱用于制作教皇与教廷专用、独一无二、无法复制的珠宝和金器银器。历任教皇所拥有的布契拉提珠宝的工艺和价值令后人叹为观止，同时它也为中上层阶级制作了无数件精美的珠宝艺术品，以满足这些人追求奢华生活的心愿。

在勒奈·莱俪的字典里，只有"创作"，从没有"生产"。这位被誉为"现代珠宝首饰发明家"和"琉璃诗人"的伟大艺术家，凭借文艺复兴时代所推崇的典雅风格以及充满着自然韵味的灵气，向人们诠释着新艺术风格的精髓。他的作品就像铺展于春日阳光下的艺术画卷，在古典的氛围中带给人们明艳的想象，将种种喜悦涂满梦境般的色彩。

LALIQUE
只为艺术而存在
莱俪

历史篇 LISHIPIAN

从珍贵的宝石，到轰动世界的珠宝艺术作品，莱俪这个法国殿堂级珠宝品牌，不但记录着一个家族奋斗的光辉历史，更是法国的工艺传统和世界各地文化水乳交融的最佳体现。在莱俪百余年的辉煌传奇中，勒奈·莱俪这位才华横溢的艺术家用他惊人的智慧和洞察力，用新艺术风格的设计赢得了全世界的赞誉。

莎拉·贝恩哈特是法国历史上最著名的歌剧演员之一，有"女神莎拉"之称。有人说她一生最大的荣耀之一就是令唯美主义剧作家奥斯卡·王尔德倾倒，并被他奉为座上宾，出演了王尔德笔下美丽癫狂的复仇女神莎乐美。这位一生被巴黎贵族簇拥的女演员对"美"具有冷静而敏锐的感觉，她厌恶

莱俪乐于探索大千世界中一切可以用于装饰的元素,比如这件具有新艺术风格的作品,四只蜻蜓围绕着的是一颗硕大的椭圆形海蓝宝石。

莱俪"海神"24K金水晶花瓶,限量199个。

昂贵庸俗的珠宝,唯独喜欢佩戴勒奈·莱俪用水晶与仿造宝石制造的首饰,还赞誉莱俪是"珠宝界的思想者"。

莱俪珠宝之所以能受到莎拉·贝恩哈特如此高的评价,在于莱俪珠宝那充满灵气的设计在当时的珠宝界掀起了一股不可阻挡的浪潮。莱俪珠宝诞生于19世纪末期,当时正值新艺术运动席卷整个欧洲。作为新艺术发源地的法国,在运动开始之初就形成了两个中心:一个是首都巴黎,另一个是南锡市。其中巴黎艺术工作室的设计范围包括家具、建筑、室内装潢、公共设施装饰、海报及珠宝设计。在这种艺术氛围中诞生的莱俪,以近乎苛刻的工艺要求与古典而不失新意的设计成为世界上颇为著名的珠宝与水晶品牌。直到今天,莱俪一直致力于珠宝、琉璃与水晶工艺的探索，并不断将新艺术风格的精髓发展到新的高度。

莱俪珠宝的崛起离不开其创始人勒奈·莱俪，他被人们称为新艺术时期最伟大的珠宝设计大师、琉璃巨匠。这位天才艺术家于1885年就已凭其独特的设计及制造方法为珠宝世界带来革命性的改变，其作品至今仍然是博物馆与收藏家趋之若鹜的艺术珍品。勒奈·莱俪并不像别人一样以自己的名字代表一种特别的风格。勒奈·莱俪出生在法兰西第二帝国时期（1852—1870），他开始手工艺生涯是在折中主义风格艺术流行的第三共和国时期（1870—1940）。在1900年，他已经成为新艺术流派最伟大的艺术家。而后来勒奈·莱俪开始向另一方向发展，几年以后他又成为装饰艺术流派的重要人物。因此他避过了与新艺术流派一起被强烈抨击的命运。勒奈·莱俪开始只是一个在"王宫"供职的珠宝工匠和设计员，很快就以出众的才华脱颖而出，于1887年开始与两位著名的巴黎珠宝商合作，一位是亨利·维维尔，一位就是弗莱德里克·宝诗龙。

在此之前，勒奈·莱俪曾在伦敦的斯顿汉学院深造，当时他酷爱绘画艺术，并逐渐形成了一种独特的自然主义风格，而这也为他从事珠宝设计工作奠定了坚实的基础。在斯顿汉学院学习期满后，勒奈·莱俪重返巴黎，此时他已经20岁了。在巴黎期间他专门从事一些设计工作，并逐渐成长为一名画家。两年后，勒奈·莱俪迎来了人生

灵蛇是魅力、智慧和富饶的象征，是伊甸园内的诱惑者，也是莱俪常用的主题。

中第一个高峰,由于他的许多设计受到了众多珠宝商的青睐,一些大牌珠宝品牌纷纷出资购买他的设计图纸,其中宝诗龙、卡地亚都是勒奈·莱俪的客户。勒奈·莱俪当时的设计充满新艺术风格的气息,给人带来耳目一新的感觉。出于对艺术的执着追求,勒奈·莱俪又学习了雕塑及铜版画,这些都对他的珠宝创作产生了很大的影响。

在1889年的世界博览会中,勒奈·莱俪展示了自己的作品,是一个小鸟歌唱家形象的胸针。他的另一件早期知名作品是一个飞翔的燕子的钻石饰品。勒奈·莱俪从小就显示出对自然的敏锐观察力,在春天的天空中飞翔的鸟儿,败落在泥土上的蓝色蝴蝶花,在夏日的阳光下温柔卷曲的野花,它们给了莱俪无限的创作灵感。在铅笔画和水彩画中,勒奈·莱俪记录下了大自然最隐秘的细节。他的灵感来源就是对我们来说再平常不过的普通花草和动物,他的乐趣是观察长着鞘翅的金龟子和弯弯的麦穗。而单纯的观察并不能满足创作,艺术家必须要结合丰富离奇的想象,才能给予自己的作品以生命和诗意。虽然那次博览会并未给勒奈·莱俪带来荣誉与声望,因为他作为宝诗龙匿名的珠宝设计师,并没有在自己的作品上署名,但却为这个年轻人定下了一个更高的目标——那就是创立自己的珠宝品牌。

四年后,勒奈·莱俪的名字开始被人知晓。1893年他参加了由装饰艺术中心组织的金艺比赛,题目是"金属酒器",并以一款名

为"蓟"的酒杯获得了第二名。法国新艺术运动时期流行将宝石镶嵌在普通基座上，勒奈·莱俪一直致力于自己设计基座，并寻求简约朴实的珠宝材质。在这个时期，他制作的象牙与牛角梳子更是被巴黎博物馆收藏。此时的勒奈·莱俪已经接管朱尔斯·蒂斯塔谱（巴黎当时著名的设计师和商人）位于巴黎的工坊多年，并开始制作自己的作品。勒奈·莱俪早期作品受新艺术运动影响，其设计具有强烈的自然及古典主义风格，他以大自然为素材，并融合了丰富的想象力，其作品因此被称为"没有时间限制的永恒经典"。

勒奈·莱俪不愧是一位神奇的魔术师，他捕捉自然的每一个精致微妙的细节用以点缀自己设计的珠宝，探寻着如何将平凡的材质塑造成灵性四溢的杰作。他将琉璃与黄金、宝石相结合，创作出美丽非凡的作品。变革性的思维、独特的艺术感，以及生动的造型运用，这一切使勒奈·莱俪一举成为新艺术风格珠宝设计的领军人物。

1912年，勒奈·莱俪在旺多姆广场上举行了一次珠宝展。其后，他逐渐将心思从珠宝领域转移到琉璃工艺领域。勒奈·莱俪49岁时于法国枫丹白露建立了一个琉璃作坊，20世纪二三十年代，他的作品激发了全世界琉璃制作者的灵感，其设计被竞相复制。尽管对琉璃工艺有着极大的热情，勒奈·莱俪并没有完全放弃珠宝设计，相反，他在珠宝领域又一次获得史无前例的成功。20世纪20年代末，勒奈·莱俪设计制作了一系列琉璃珠宝作品，继续着自然主义的主题与神话造型的风格。1935年9月，崭新的莱俪专卖店在巴黎皇家路11号成立。今日，它仍是莱俪的旗舰店。

1945年5月，珠宝艺术家与琉璃巨匠，85岁高龄的勒奈·莱俪在巴黎与世长辞。著名收藏家卡洛斯提·古尔班基安说："我痛失一位挚友，世界亦损失一位伟大的艺术家。他天赐禀赋，才华横溢，自成一派的风格在艺术史上占据超然地位。"勒奈·莱俪去世后，他的儿子马克·莱俪继承了父亲的事业。作为莱俪珠宝第二代掌舵人，马克·莱俪独爱水晶的简洁清雅，主张水晶与珠宝相结合，令莱俪走进一个全新的时代。

有人说，19世纪末法国珠宝业的复兴在很大程度上都归功于勒奈·莱俪，因为当时人们只注重宝石的奢华，而很少在意珠宝的设计与创意。作为新艺术时期充满灵气的珠宝设计师和艺术天才，勒奈·莱俪用出人意料的设计重新诠释了现代珠宝的含义。

从个人品牌创立之初，勒奈·莱俪就像巴黎一些顶级珠宝商一样，开始为名人以及艺术家制作首饰，其中就包括莱俪的早期崇拜者、法国著名歌剧演员莎拉·贝恩哈特。除此之外，莱俪的顾客很多都是世界各地的贵族，商界、政界以及影视界与艺术界的名人，还包括一些伟大的收藏家，卡洛斯提·古尔班基安就是其中一位。他是著名的美国商人、虔诚的艺术爱好者和独具慧眼的珠宝收藏家。今日，在葡萄牙里斯本的卡洛斯提·古尔班基安博物馆里展出的 100 多件莱俪珠宝作品，就是当年他亲自从勒奈·莱俪手中收购的。

　　从 1894 年开始，莱俪的作品一直在法国艺术家协会的展览中展出。1897 年布鲁塞尔万国博览会上，莱俪珠宝获得大奖；1900 年巴黎万国博览会更是赞誉勒奈·莱俪"在不同的艺术领域内均取得了成功，引发观赏与讨论的热潮"。那时勒奈·莱俪正处于创作的巅峰，他设计的金银饰物、雕塑、织锦、链坠与压印雕纸等艺术作品，引起了极大的轰动。1904 年勒奈·莱俪参加在美国圣路易斯市的展览，这使他声名远扬。勒奈·莱俪创造了全新的风格与流派，他的作品为世人所推崇、仿效，甚至抄袭。

　　1905 年，莱俪入驻法国旺多姆广场，开业当日便向人们展示了勒奈·莱俪经典绝伦的珠宝及琉璃工艺品，同年，勒奈·莱俪的珠宝作品出现在比利时列日市装饰艺术博览会上，并获得大奖。

　　从那以后，天才的艺术家勒奈·莱俪创造了许多鲜为人知的经典之作，他不仅是珠宝设计的佼佼者，还是革新琉璃艺术的先驱。比如当年他亲自为自己的住所设计及打造了两扇琉璃大门，树立了他设计事业新的里程碑，把他过往对饰品的研究及经验，延续到 20 世纪琉璃艺术工业中，并使作品占据了举足轻重的地位。奥斯卡最佳女配角得主，好莱坞影星雪莉·琼斯非常喜欢收藏莱俪水晶制品。

她说:"我住进第一间属于自己的公寓时,环境不允许我有任何挑剔,但我坚持要拥有最漂亮的玻璃杯,哪怕只是用来喝牛奶。大概15年后,有人送给我一件莱俪水晶的天使雕塑,我瞬间就爱上了它。现在,我已经收藏了75件莱俪水晶作品,但我从未估算过它们的价值。事实上,这些宝贝都不是我亲自去买的,而是我的丈夫、儿子和朋友们送给我的礼物。"

作为法国最优良的手工匠,勒奈·莱俪善于将珍贵的宝石与水晶相结合,其作品色彩纷呈、造型多变、大气典雅,每一件莱俪珠宝都代表了纯手工技艺的新成就。可以说,在莱俪的世界里,珠宝工匠的地位永远不能被机器所取代,也正是凭借这种传承至今的创作原则和精湛手工技艺,莱俪为世人奉献出无数的珠宝艺术精品。

作为20世纪艺术革命的反传统艺术家,勒奈·莱俪的珠宝作品远远超越了小型艺术的手工艺和装饰艺术概念。法国新艺术运动主要栋梁之一的艾米勒·葛莱称勒奈·莱俪为现代珠宝首饰发明家。在1880年,勒奈·莱俪作为兼职设计师为大珠宝商工作而进入这个行业。他的原创设计很快便得到当时珠宝首饰设计家阿尔冯斯·富奎的赏识。在1885年,勒奈·莱俪接受了珠宝商朱尔斯·蒂斯塔谱的提案,接手了他的工场,随后几年便全情投入到珠宝设计工作中。

1890年,勒奈·莱俪遇到后来成为他妻子的奥古斯汀·埃利斯勒夫。她的父亲和兄长都是法国著名的雕塑家罗丹的助手,他们的雕塑创作启发了勒奈·莱俪在珠宝设计上的灵感。勒奈·莱俪不常采用当时镶嵌时惯用的传统物料,如白金、钻石、花环和蝴蝶

结等，相反他喜欢采用凿刻金、珐琅、半宝石、蛋白石和月亮石，以及令所有人都意想不到的材料，如牛角、象牙和琉璃。

在勒奈·莱俪早期的珠宝作品中，其中一个独特的设计元素是以女性为主题。他将女子形象塑造成神话中的角色：一半人身，一半兽身，神秘莫测，为珠宝赋予了一种仿佛与生俱来的美艳。他创作的作品形象变化万千，一会儿蜕变成金龟子、蜻蜓或孔雀，一会儿融入草木、花卉形态等。同时，他深受大自然的启发，在植物公园中寻找异国品种的植物，把朴实的气质复制在绘稿中。他还利用不同颜色的珐琅模仿一系列各种形状和颜色的花卉，如蝴蝶花、蓟、铃兰、银莲花、玫瑰、兰花等，而动物系列则有昆虫、爬虫类及雀鸟等。

尽管珠宝设计天才勒奈·莱俪在下半生将他的创作热情从珠宝设计转向到水晶琉璃创作，但作为新艺术运动的一代宗师，他同样促进了琉璃技术及商业应用的革新，摸索出一整套用来创作华贵典雅的装饰用琉璃制品的工艺方法：他发明了为复杂的琉璃上色、切割和雕刻的技术，同时

勒奈·莱俪的设计之一——灵蛇项链。从20世纪之初，他便开始勾勒此项链，但从未完成它。现在在莱俪高级珠宝店内展示的这条灵蛇项链或许能反映勒奈·莱俪创作的初衷。

在手艺高超的琉璃工匠的支持下，开始了香水瓶、花瓶等高级玻璃装饰品的设计。门窗、喷泉、纪念碑、小教堂、枝形吊灯……它们在这位艺术大师手下变得活灵活现，人们所熟知的"香水瓶之父"的名声也由此而来。

莱俪珠宝最值得人钦佩的是它一直坚持手工制作的传统，每一个步骤都由技术高度娴熟的珠宝制造师按部就班完成，一旦发现作品有小瑕疵，立即重来。一个世纪以来，莱俪已经开发出多条不同的产品线，包括水晶摆件、香水、餐具、玻璃制品、陶瓷制品等，每一件都是蕴藏创作者设计精神的独一无二的纯手工制品。

勒奈·莱俪去世之后，其家族第二代成员开始将水晶、琉璃工艺作为主要发展方向，更为难得的是，莱俪还将其广泛运用到珠宝设计之中。时至今日，莱俪珠宝通过三代努力，已经成为世界上最古老、最著名的集珠宝、水晶、琉璃于一体的时尚品牌之一，它已经不仅是产品，而是代表着一种优雅、高贵的生活态度。

勒奈·莱俪早年的珠宝作品几乎全部被皇室贵族、私人收藏家和博物馆珍藏，包括他曾制作的一枚双蜻蜓胸针，由黄金、珐琅、钻石、黄水晶制成，就被法国博物馆一直珍藏至今，而普通人只能在书本上才能欣赏得到这些巧夺天工的作品。

勒奈·莱俪设计的珠宝作品在珠宝界享有极高的声誉，一直被人们评价为"珠宝史上最完美的艺术品"。每当勒奈·莱俪的作品出现在各大展览上或拍卖会时，全世界的珠宝爱好者、收藏家都会蜂拥而至，一睹这位艺术大师作品的风采。

勒奈·莱俪的珠宝因其梦幻般的设计和精湛的工艺，而成为永不过时的经典。他善于利用各种材质来衬托宝石的美感，宝石的雕刻工艺也变得越来越复杂。他喜欢发掘各种材质的无尽潜力，比如缟玛瑙、碧玺、玛瑙石、蛋白石。在这些材质中，勒奈·莱俪最痴迷于蛋白石，蛋白石也叫月亮石。蛋白石可以在其玻璃状的体内产生出一种彩虹状效果，中世纪时期人们用它来消除食物中的毒性。他还使用动物身体材料，比如象牙和犀角或者牛角，这种材料之前从未在珍贵珠宝制作中使用过。这些都为勒奈·莱俪的创作提供了极大的发挥空间，也使其作品呈现出一种无法言状的美感。

1912年，勒奈·莱俪在他的珠宝店中举行了最后一次个人珠宝展，此后这位伟大艺术家将全部身心都投入到琉璃创作之中，勒奈·莱俪的珠宝作品也因此成为世间绝品。对于勒奈·莱俪来说，设计珠宝已再没有意义，他要探索更陌生的领域。于是，勒奈·莱俪那些充满艺术美感的水晶与琉璃艺术品，甚至是限量版的香水瓶，也都成为全球收藏家的至爱珍品。

这款超凡脱俗的香水瓶由莱俪巴黎工作室设计，运用丰富的想像力，将灵蛇的魅惑极致地融入其中。

比利时因其古老而悠久的钻石切割文化成为珠宝世界的中心，钻石在这里焕然新生，走向世界。通灵珠宝传承了比利时 500 多年钻石切割的精湛技艺，精选来自钻石王国的优质切工钻石，为世间喜爱珠宝的人们创造了无数惊艳传奇。

比利时不老的钻石传奇

通灵

比利时 500 多年的钻石文化传统让全世界的顾客认识到了钻石的极致华美，而通灵珠宝要向所有人表明的是：值得珍藏的比利时优质切工钻石，就在通灵。

在欧洲的城市版图上，画家鲁本斯的故乡安特卫普不是最有名的城市，这座城市被人们所熟知，是因为它有一个称号——"钻石之都"。有人曾经这样形容：在比利时安特卫普的大街上，走着两种人：买到钻石的人和还没有买到钻石的人。让安特卫普人骄傲的不单是城市 500 多年的钻石切割历史，还有这里还集中了全世界众多著名的珠宝公司，通灵珠宝正是其中之一。作为柏林电影节指定珠宝商，它已成为欧洲最受瞩目的珠宝品牌。

由"蓝色火焰"切工钻石镶嵌的通灵耳环

早在 16 世纪，安特卫普钻石工匠的切割技术就享誉欧洲，就连当时的法王弗朗索瓦一世都经常从安特卫普订购钻石饰物。珠宝界有个名词"安特卫普切工"也是由此而来。500 多年来，安特卫普一直以"切工精湛"著称。如今，城里大部分居民仍然从事着与钻石相关的工作。

15 世纪初，布鲁塞尔的经济环境吸引了很多精于经商的欧洲人来此做贸易，起初的钻石生意就是意大利人在此兴起的，钻石多卖给欧洲皇室贵族。古板的经济环境以及地理位置的差距，令布鲁塞尔反而为另一个兄弟城市安特卫普提供了无限机会。安特卫普是一个重要的港口城市，交通便利，更重要的是它拥有相对宽松的法律环境，政府积极降低税率，吸引商人。除了钻石之外，当时中国的丝绸、瓷器等也是经过这里进入欧洲上流社会的，由此安特卫普成为奢侈品的集散地。随着钻石业在此不断发展，当地政府也不断颁布法令，净化市场环境，保护钻石贸易。据史料记载，1447 年，针对假冒伪劣的产品，政府规定"制作、加工假冒钻石及红、蓝、绿宝石者，将被没收所有非法所得，举报者还将获得奖励"。如今，安特卫普的钻石进出口享受免税的优惠政策，安特卫普拥有四座世界上最大的钻石交易中心，全球约 80%的钻石原石和 50%已经过加工的钻石在此交易。

通灵的合作伙伴 EDT（Eurostar Diamond Traders N.V）是全球最大的国际钻石切割贸易机构，而且不少世界顶级钻石切割师都被其收到麾下，可谓传承了比利时550年钻石切割手艺。在这里，如果想成为一名专业的钻石切割师，至少需要经过6至10年的学习，同时还要具备高尚的职业操守和良好的信誉。这也保证了通灵公司送往全世界的钻石，都是经过了一流的钻石切割师了精确计算而切割而成，并拥有几近完美的火彩。

今天的通灵公司之所以获得如此巨大的声誉，完全依赖一个人，他就是通灵珠宝公司的首席珠宝设计师安德烈·拉瑟里。安德烈·拉瑟里就是为珠宝而生的，被人誉为"触摸灵魂的大师"。安德烈·拉瑟里长期为欧洲皇室及著名影星设计珠宝，不仅如此，他还是意大利瓦伦萨珠宝组织协会主席、都灵工程和珠宝技术大学董事。

安德烈·拉瑟里出生在意大利米兰郊区的古城瓦伦萨，这里被称为世界时尚之都，是全球最前卫的流行首饰的集中地。安德烈·拉瑟里祖上三代都从事宝石生意，是意大利著名的珠宝世家。到了他父亲这一代，家族生意不断壮大，成为欧洲首屈一指的珠宝公司，但是安德烈·拉瑟里的兴趣更偏向珠宝设计，并很早就表现出惊人的艺术天赋。15岁时，他设计出一款流星吊坠，这款吊坠被推向市场后，一年内就在欧洲市场售出4000多套，从此他开始了职业珠宝设计生涯。如今，安德烈·拉瑟里已经成为国际知名的珠宝设计大师，各界名流，如影星尼古拉斯·凯奇等都是他的忠实顾客。

安德烈·拉瑟里能够在每一个看似平常的事物中找寻到创作的灵感。他认为，人们选择珠宝，往往看重的是珠宝被赋予的某种情感，他们既要装扮亮丽的外表，更需要通过珠宝表达这种情感。他喜欢通过作品来强化主题，记录那些他看到的或者亲身经历的人生特别时刻。为此，他说："每一件珠宝是一件艺术品，更是一种情感的凝聚，它值得你为自己，更为下一代珍藏"。这与通灵品牌的设计理念也不谋而合。

自从出任通灵全球首席设计顾问之后，安德烈·拉瑟里赋予了通灵珠宝更加灵动的生命力。为了纪念与妻子坚贞永恒的爱情，他精心设计了"穿越时空的爱"系列钻戒，两颗出自共生亿年的同一钻坯的钻石，经过层层严密打磨工序及特殊切割制成"穿越时空的爱"系列钻戒，被赋予了"今生今世永不变心"的永恒主题，这一系列成为他牵手通灵后的力作之一。

安德烈·拉瑟里总是记得儿时母亲告诉他的那句箴言："人们要的不是

那些夸张的玩意，而是经典的。"因此，他和他的通灵公司始终让每一道工艺和设计都尽可能地炉火纯青。"我们的钻石无可挑剔，在通灵顶级珠宝坊，从构思、设计、镶石……每一款珠宝都由拥有15年以上丰富技能和经验的珠宝制造大师完成"。安德烈·拉瑟里，这位珠宝灵魂的镌刻者，已经与通灵一起成为珠宝时尚的风向标。

通灵珠宝作为柏林电影节指定珠宝商、全球领先钻石切割贸易机构EDT紧密的战略合作伙伴，一直致力于比利时优质切工钻石的推广，为无数钟爱它们的人提供"为自己，更为下一代珍藏"的传世珠宝。

在欧洲，通灵一直为比利时王室、名流们定制珠宝钻饰，在王室贵族中享有巨大声誉。如今，通灵珠宝还作为比利时王室的国礼赠送给来访的使者。比如在2009年，中国代表团访问比利时，比利时王储将一枚2克拉的"蓝色火焰"切工钻石，作为礼物赠送给中国政府，祝贺新中国成立60周年，钻石台面上刻有一面中国国旗以及"1949—2009"字样。

越是奢华的东西越讲究血统，钻石也是如此。只有顶级的产地与工艺，才能保证钻石无与伦比的佩戴效果和值得潜心收藏的财富价值。2005年通灵与EDT成为战略合作伙伴，这为通灵品牌在国际舞台荣耀绽放提供了坚实基础。作为全球最大的国际钻石切割贸易机构，EDT每年都切割超过200万克拉的优质钻石，在国际珠宝界影响力极为巨大。在双方合作中，EDT为通灵提供了强大的资金支持和优质的钻石，而通灵则把世界领先的比利时钻石文化带到了全世界，引领了全世界珠宝的时尚潮流。

如果说与EDT的合作为通灵提供了强大的钻石资源支持，那么通灵与柏林电影节及众多国际顶级影星的合作，则确立了其国际知名珠宝品牌的形象。2009年，通灵首次在柏林电影节上闪耀亮相，之后连续三年都成为柏林电影节指定珠宝商。柏林电影节对指定珠宝商的要求非常严格，设计水平、工艺细节、品牌影响力等都要反复考虑，却对通灵珠宝极为青睐。为了更完美地传递出珠宝的灵性与生命，通灵首席珠宝设计师安德烈·拉瑟里亲临柏林红毯第一线，为诸多明星当起了贴身珠宝顾问。谈到那次经历，安德烈·拉瑟里对国际巨星章子怡的印象记忆犹新。当时章子怡佩戴着一套通灵红毯系列——"夏娃之梦"亮相红毯，惊艳四座。这套以黑白色为主题色的钻饰极尽奢华。安德烈·拉瑟里别出心裁地在首饰的弧线位及线条上营造了一些"不经意的连接"，以精湛的镶嵌工艺，把这些网状或带扣的设计接驳及镶嵌位完全隐藏，将章子怡时尚高贵的气质表露无遗。之后，在"Shooting Stars"颁奖礼上，章子怡再度以"花样年华"系列首饰将温柔与明丽绽放出去，闪耀全场。第60届柏林电影节，成龙还特别为"龙女郎"林鹏选择了由安德烈·拉瑟里量身定制的"缠绵洛可可"和"爱情华尔兹"两套通灵珠宝，完美展现出林鹏艳丽而纤弱柔和的女性古典美。

"钻石恒久远，一颗永流传"，这是垄断了全球钻石矿源的钻石行业规则制定者戴比尔斯的一句经典广告语，而"为自己，更为下一代珍藏"则是通灵的品牌精神。通灵通过钻石向人们传达，有些东西是可以传承的，它寄托的不只是一种情感，还是一种文化。如今，只要有通灵的地方，你就能明显地看见这一打动人心的广告语。

通灵珠宝之于女人，是一种无法替代的璀璨年华，不随时间的流逝而衰退，也不随生命的终结而消失。每一件通灵珠宝都有充满灵性的璀璨光芒和永恒的生命，其中倾注了比利时珠宝设计者的思想，融入了佩戴者的品位。

在钻石的美丽被正式发掘的几百年间，比利时

切工钻石一直受到疯狂的追捧。1465年英格兰王妃加冕礼的钻石是由一名叫格兰德·范·拉伊的布鲁塞尔人加工的。具有传奇色彩的查理王就曾经拥有一颗名为"Sancy-Diamond"的钻石,他在1477年作战时佩戴,作为护身符,这颗护身符就是他特别要求在比利时切割的,后来被法国买走,作为镶嵌皇冠之用。

经过500多年的历练,比利时钻石切割的方式越来越繁复,难度越来越高,钻石的光芒也越来越璀璨。最早的钻石切工桌式切割法主要流行于14世纪,通过这种切割法切割出来的宝石造型简单,毫无立体感,因此很快就被盾状切割法所取代。到了16世纪,玫瑰切割法首先在安特卫普流行起来,并成为当时珠宝制作界经常使用的切割技法。17世纪下半叶,宝石切割法不断发展,多面切割法的出现可以将一颗钻石切出32个面,让钻石呈现出璀璨的光芒。不过到了18世纪，只有玫瑰切割法、而多面切割法被完全保留下来，其他的宝石切割法均被时代所淘汰。19世纪，一些珠宝师在多面切割法基础上衍生出异形花式切割法。历史上这些宝石切割法一直发展至今，统称为通灵在全球推广的"安特卫普切工"，并成为钻石切工行业的标准。

今天的安特卫普有80%的居民从事钻石生产及相关行业，这里云集了1500家钻石贸易公司和4间钻石交易所，数百家钻石切割工作间和数万名钻石加工技师，当然，当今世界顶级的钻石也大多集中于此。全球80%的原石就是在这里经过切割、打磨，由不起眼的石头变成璀璨的美钻，再流向世界各地的。通灵珠宝公司便是这座"钻石之都"中最著名的珠宝商。

要想成为通灵珠宝公司的珠宝设计师并非易事，正如前面所说的，通灵珠宝公司一名专业的钻石切割师，至少要经过6至10年的专业学习。比如通灵全球运营总监贝尔纳德·范·普尔就曾在比利时著名的安特卫普钻石制造学院深造数年，在那里，他接受了系统的钻石知识的培训，包括钻石贸易、切工、镶嵌等。安特卫普设置了全世界最成熟的钻石专业培训课程，早在第一次世界大战时，这种系统的钻石培训课程就已经在比利时出现。1911年11月，第一所专业学校在安特卫普一些钻石商的支持下开学，传授学生完善、具有实际操作意义的课程，课上用的教学工具都是真钻，对学生有着严格的考核流程。直到今天，每年仍有来自世界各地的人到安特卫普接受钻石的专业知识培训。

通灵珠宝公司的合作伙伴EDT总部培训师和国际权威钻石机构HRD（比利时钻石高阶层会议）的专家，为通灵珠宝公司培训了数千位出色的专业宝石切割大师，为通灵珠宝走上国际舞台奠定了坚实的基础。

500多年的历史沉淀，不仅让今天的安特卫普成为国际公认的"钻石之都"，也培育出了像通灵珠宝这样的世界顶级珠宝品牌。今天，来自全世界酷爱珠宝的人们都慕名来到安特卫普，不惜重金购买通灵珠宝钻饰，这绝对是对比利时顶级珠宝品牌通灵的最高膜拜。与此同时，通灵珠宝也通过一种特有的方式向全世界展现自己的魅力——把500多年沉淀的璀璨魅力带到世界各地，如钻石般发出耀眼光芒。

到底该用什么样的词汇来形容通灵珠宝的顶级之作——"蓝色火焰"钻石,也许真的要好好思考一番。作为比利时安特卫普钻石切割技法500多年的艺术结晶,"蓝色火焰"钻石以动人心魄的璀璨光芒,征服了所有酷爱通灵珠宝的人。

作为珠宝之王,钻石之所以受人追捧,不仅因为它具有高昂的价值,更缘于它所含的丰富情感与文化寄托。人们往往以"高贵"、"奢华"、"经典"等词语来表达对钻石的欣赏,而到底该用什么样的词汇来形容通灵珠宝顶级"蓝色火焰"钻石呢?

一颗钻石从最初的切割设计到被打磨成为光彩夺目的成品,要历经千百次的雕琢。切工、净度、色度以及珠宝设计,从不同角度影响着珠宝的气质。在钻石切割方面,通灵珠宝公司的设计师们从未放弃过探索与创新,他们以惊人的智慧与执着,不断将钻石切割技艺推向新的巅峰。2009年1月29日,钻石切工发展史书写了新的篇章——89切面"蓝色火焰"切工钻石诞生。这是钻石切工革命性突破,是比利时安特卫普钻石切割技师为人类奉献的完美杰作。

在"蓝色火焰"钻石诞生之前,国际普通流通的钻石大都由57面切割法切割而成,而"蓝色火焰"钻石则是由创世纪的89面切割技术切割而成。可以说,这几乎是宝石切割的极限,稍有不慎,便前功尽弃。通灵珠宝公司的珠宝切割大师们将钻石角度比例和棱边的对称性充分协调,使钻石充分释放各角度射入的光芒。在聚光灯的直射下,整颗钻石通体散发动人心魄的璀璨光芒,仿佛蓝色的火焰在其间燃烧。因此,人们将其命名为"蓝色火焰"。"蓝色火焰"钻石的诞生具有革命性的意义,因此从诞生那一刻起它就为无数名流钟爱珍藏。安特卫普市市长兼文化部长菲利普·海伦就是一位对钻石有着近乎痴迷感情的绅士。他有一枚家族传承的钻石胸针,那是他母亲在弥留之际亲手交给他太太的传家宝。为了纪念母亲,他希望为这枚胸针配上一款合适的耳环,传给自己的孩子。该选择什么样的钻石,采用怎样的设计,才能打造出一副与母亲的胸针完美匹配的钻石耳环呢?

直到当他看到精致绝伦的通灵"蓝色火焰"切工钻饰,这一困扰迎刃而解。这对耳环由"蓝色火焰"切工钻石镶嵌而成,造型典雅大气、时尚华贵,从设计到工艺都与那件家族传承的胸针实现了完美的配搭。

为了体现"蓝色火焰"钻石的独特魅力,通灵的全球首席设计顾问安德烈·拉瑟里倾力打造了数十套红毯系列奢华珠宝。这些珠宝采用"蓝色火焰"切工钻石镶嵌,拥有无与伦比的奢华魅力,受到国际影星章子怡、柏林电影节影后贝吉特·米尼克美尔等众多国际影星的追捧。当这些大腕巨星佩戴通灵钻饰,出现在柏林、戛纳等国际电影节的红毯上,展示比利时钻石文化的独特魅力时,全世界的影迷为之倾倒,并深深为之折服。当然,想要购买通灵珠宝公司的"蓝色火焰"钻戒或项链,首先你要付得起高昂的费用,一般来讲,一枚"蓝色火焰"钻戒的售价都要高达数百万人民币,项链的价格甚至还要更高,此外你还要有足够的耐心等上数月。不过,对于那些热爱钻石的人来说,即使付出再多的钱、等再长的时间也是值得的,因为通灵"蓝色火焰"钻石是可以作为传家之宝世代珍藏的。

除了"蓝色火焰"钻饰之外,通灵珠宝公司其他系列的珠宝饰品同样引人注目,如镶嵌2000多颗、一共25.9克拉钻石的钻饰"魅力凯旋",其造型就像是狂欢的羽毛,又如同一位女神从楼梯上缓步而下,散发着无穷的女性魅力。它的创作灵感源于著名歌剧《茶花女》,向我们传达了玛格丽特爱上阿曼德的那一幕:一支箭穿透了玛格丽特的心脏,象征了她懂得真爱的那一刹那,阿曼德向玛格丽特表达了他真挚的爱情,同时,这件作品也表达了人们对他们能够再次相遇并快乐生活的殷切希望。"夜之女王"项链是为莫扎特那神奇的《魔笛》中的"黑夜女神"而设计的。黑夜女神用她那透彻而又有力的嗓音向观众,有时也会向其他演员施以魔法,这条项链由无数个黑色的"扣子"组成,只要你推一下这些钻石扣子,无数的钻石就像夜晚的星星般闪耀……

这些通灵珠宝作品一直是贵族名流、奥斯卡红毯明星们的专属。更重要的是,有些作品在全球只此一件。如此贵重的钻石饰品,当然仅有少数人才能有幸拥有。

德米亚尼珠宝的性格就是意大利人的性格，平衡、艺术和自由等特质就这样矛盾而和谐地共存着。意大利的人文环境铸就了德米亚尼珠宝的独特魅力，也使它成为世界上首屈一指的珠宝品牌，深刻地影响着世界流行时尚。

DAMIANI
明星的御用珠宝商
德米亚尼

历史篇 LISHIPIAN

虽未有过为王室服务的荣耀历史，也从不吹嘘用何等豪奢的宝石打造，意大利著名珠宝品牌德米亚尼只用了88年的时间，就将经典意大利手工制造的烙印深深地刻在了世界珠宝史的卷册之上。

德米亚尼仅是一个有着88年历史的世界级珠宝品牌，但却是许多好莱坞影星的最爱，堪称好莱坞明星的"御用珠宝商"。德米亚尼珠宝公司总裁古易多·德米亚尼具有精明的商业头脑和敏锐的时尚嗅觉，总能迎合世界顶级明星的品位。这位时刻走在时尚前沿的知名珠宝商时常会出现在各种时尚活动中，2008年他受邀参加了第80届奥斯卡颁奖典礼，并于当天晚上主持了一个奥斯卡明星庆祝派对。

德米亚尼"撒哈拉"手镯，设计师将撒哈拉沙漠无尽连绵的美融入珠宝设计中，金艺大师们巧夺天工的技术完美呈现了撒哈拉沙漠的美丽。创新的设计、精湛的技艺和高品质宝石不多一分不少一厘的结合，使得"撒哈拉"手镯成为难得的珠宝佳作。

然而，就在古易多·德米亚尼与众多好莱坞明星异国狂欢之际，没想到竟然"后院起火"，四名胆太包天的窃贼竟通过一条事先精心挖好的秘密地道，潜入米兰的德米亚尼珠宝总店疯狂洗劫。劫匪显然为这次抢劫进行了精心准备——他们用了一个月时间从珠宝店隔壁一个废弃的空地窖，挖出一条通向珠宝店陈列室下方的秘密地道。他们在未用任何武器的情况下，就将其中价值高达 1000 万英镑的名贵珠宝洗劫一空！媒体惊呼这简直是一桩"完美劫案"，堪与那些以"职业神偷"为主题的经典好莱坞大片《十一罗汉》或者《偷天换日》中的情节相媲美。这些被抢珠宝中包括大量镶嵌着白金、黄金和钻石的项链、耳环、手镯和戒指。不过，古易多·德米亚尼称，公司所有珠宝都已上了保险，因此一切损失将由保险公司来承担。令人庆幸的是，德米亚尼公司一些最有价值的珠宝在这次抢劫案中得以幸免，因为它们都被老板古易多·德米亚尼带到了洛杉矶，租给了那些参加奥斯卡活动的明星们。奥斯卡颁奖仪式上获得最佳女配角奖的影星蒂尔达·斯温顿佩戴的镶嵌有 1865 颗手工钻石的手镯正是德米亚尼打造的镇店之宝"撒哈拉"手镯。而在由古易多·德米亚尼主持的那场奥斯卡庆祝派对上，社交名媛帕丽斯·希尔顿和影星吉娜·达维斯等人也大多佩戴着德米亚尼的名贵首饰现身。

德米亚尼家族与珠宝的故事要从1924年说起，当年恩瑞克·德米亚尼在意大利著名的宝石之都瓦伦萨成立了一间小型的工作室。从那时起，才华横溢、技艺超群的恩瑞克·德米亚尼首次开始钻石珠宝的设计和制作，其高雅的设计很快奠定了他珠宝大师的地位，使他成为当时许多贵族家庭指定的私人珠宝设计师。恩瑞克·德米亚尼的一生都在推动意大利珠宝的典雅化风潮。他在钻石还未曾成为珠宝界主角的时代里，就早早地将这些闪亮的小石头大规模地用于珠宝设计之中，也是他最早确立了德米亚尼珠宝在世界珠宝界的声誉。

在他去世后，德米亚尼家族第二代传人德米亚诺·德米亚尼继承了家族事业。德米亚诺·德米亚尼在保持传统的同时，更强调创新，并展现出一个企业家高瞻远瞩的眼光。他重视创意设计，积极推进技术革新，不断将品牌发扬光大。他创造出独特的半月形镶嵌法，使钻石更加熠熠生辉。同时，他大胆变革传统珠宝的宣传销售策略，使得德米亚尼成为世界一线的珠宝品牌。

从德米亚尼珠宝的身上，我们可以发现意大利珠宝风格的演变过程。意大利的珠宝可以很繁复奢华，也可以相当简单，而在简单的线条中展现设计感是最困难的。20世纪40年代，受装饰艺术潮流影响的珠宝风格风靡全球，但德米亚尼率先摆脱了这种繁复的设计，以典雅的现代风格呈现在众人面前。它的一款珠宝作品出现了如下设计：一个巨大的玫瑰金弓由公主方形切割钻石"束起"，其独特的造型和体积使之成为最典型的装饰风格珠宝改革源

泉，黄金无疑是这件作品的点睛之笔。这种现代风格，后来更充分地影响了德米亚尼的钻饰设计。

到了20世纪50年代，德米亚尼率先掀起珠宝现代风格设计的浪潮。大量色彩丰富的半宝石的运用，让德米亚尼走在了意大利珠宝色彩风的前沿。而运用黑色珐琅附着在白金底座上的鲜明对比设计，又让德米亚尼染上了战后"新风貌"时装风格的清新气息。20世纪60年代，现代的设计风格主导了整个德米亚尼品牌。摩登与流行创意元素的加入让德米亚尼不断推出极富时代感的全新设计，也让德米亚尼由工作室珠宝，正式升级为完美结合意大利传统经典和创新精神的珠宝品牌。

从1976年开始，在高水准的国际珠宝大奖中，以意大利手工制作闻名于世的德米亚尼屡次迎击无数苛刻评委的挑剔眼光，先后赢得18届"钻石奥斯卡"殊荣。由此德米亚尼被誉为"钻石奥斯卡"，彻底确立了其在国际珠宝界的显赫地位。德米亚尼对于珠宝的热爱与执着，对生活与美的一丝不苟，对艺术的极致追求，才是真正成就今天德米亚尼珠宝在国际珠宝界不可撼动地位的原因所在。德米亚尼深知，美是每时每刻都必需的东西，而不是在某些特殊场合偶尔为之的事情。

独特的设计和高超的制造工艺令德米亚尼珠宝先后18次获得戴比尔斯举办的国际钻石大奖的肯定，也正因如此，德米亚尼珠宝一向受好莱坞明星与社会名流的青睐与追捧。创立至今，德米亚尼坚持手工打造以保障细节的完美，每一件德米亚尼作品都是意大利传统高端珠宝的代表。完全由手工制作，对细节的极大关注，德米亚尼珠宝坚持以它所定义的珠宝制作基本精神诠释经典。

作为世界顶级珠宝品牌，德米亚尼凭借其独有的意大利风格赢得了众多明星的喜爱，如伊莎贝拉·罗西里尼、娜塔莎·金斯基、基娅拉·马斯特洛

亚尼、米拉·乔沃维奇、布拉德·皮特、詹妮弗·安妮斯顿、格温妮斯·帕特洛、索菲娅·罗兰都指定德米亚尼为自己定制珠宝，人们也习惯称德米亚尼为好莱坞明星的"御用珠宝商"。

  与名人的合作，一向是德米亚尼品牌最经典的行销手法，众多欧美巨星都曾受邀担任品牌的形象代言人。电影《苔丝》女主角娜塔莎·金斯基，成为德米亚尼将集团的产品形象与国际名人联系起来的最佳案例。当然最受瞩目的，还是2002年由布拉德·皮特当时的妻子詹妮弗·安妮斯顿佩戴"圣洛伦佐"系列耳环及十字项链所拍摄的平面形象广告。代言人的挑选工作全由德米亚尼的设计总监席尔瓦·德米亚尼负责，挑选的标准，除了要有极佳的市场接受度之外，优雅、有品位的个人特质也是不可忽略的重点。在总裁古易多·德米亚尼的眼中，他的妹妹席尔瓦·德米亚尼就是品位与优雅兼具的新时代设计师。

  "承诺"系列的钻石吊坠是席尔瓦·德米亚尼与好莱坞著名男明星布拉德·皮特共同设计完成的，堪称德米亚尼的经典之作。吊坠由一颗圆形钻石主钻，配以一圈碎钻镶嵌而成。设计灵感来自于无垠宇宙中行星的运动轨迹。钻石形成于33亿年前，是上天创造的神物，大自然最珍贵的结晶，是永恒的象征。而宇宙相对于人类而言也是永恒的，毕竟它已存在了将近150亿年，可见钻石与宇宙间存在着一种微妙而紧密的关系，将两者结合在一起，理所当然成为定情和婚约的最佳信物。除了"承诺"系列，德米亚尼还与布拉德·皮特共同设计了"D-side"系列珠宝首饰——一款以18K白金戒台镶嵌钻石的戒环更是创下了全球35万件的销售纪录。

  从布拉德·皮特之后，詹妮弗·安妮斯顿、格温妮斯·帕特洛等超级大牌明星的广告示范效应，更让德米亚尼快速深入人心。德米亚尼是如此的擅用名人影响力，就在2010年，旗下"Bliss"系列为了占领美洲及亚洲等全新市场，签约了大红人帕丽斯·希尔顿代言，而收效自然是不出意外的超级火暴。

  与著名时装设计师约翰·加里亚诺的合作，更把德米亚尼珠宝的光芒扩散到时装领域。而与玛莎拉蒂、法拉利等汽车品牌前所未有的深度合作，也让德米亚尼在奢侈品跨界的多元路线上越走越顺。

这件名为"伊甸园"的作品选用白金和明亮式切割钻石为素材，镶满 11 圈，使用 900 颗钻石，总重达 94.45 克拉，耗时 800 多个小时才最终完成。这件大师级作品用盘旋而上的蛇形展现了女性柔和魅感的独特气质，造型之经典甚至至今都能在德米亚尼当代的珠宝系列作品中找到传承元素。

　　德米亚尼珠宝凭什么会获得如此多大牌明星的喜爱？这恐怕与它荣获 18 次珠宝界最具权威的设计奖有关。国际钻石大奖是由全球钻石巨擘戴比尔斯推出的全球钻石设计大奖，也是国际珠宝行业中最具权威性的设计奖项之一。由于备受权威业界的认可，以及戴比尔斯在钻石领域的重要地位，它被公认为"钻石奥斯卡"。

　　今天，悉数一下德米亚尼历年来的获奖作品，任何人都会被其完美的设计所打动。如德米亚尼 1976 年的获奖作品"鲨鱼唇"臂镯，全部用铂金和黄金打造，整个臂镯铺满总重 41.19 克拉的钻石，纯净的白色和均匀的黄色钻石将整件作品完全点亮。"鲨鱼嘴的咬合"带着侵略性的优雅贴合手臂，是这个臂镯毋庸置疑的亮点。如果不告诉你，相信没人会认为这是一件出自 20 世纪 70 年代的珠宝作品，即使在巨匠辈出的今天，这件"鲨鱼唇"臂镯依然那么不凡，工艺超群。德米亚尼在 1988 年出产过一件名为

德米亚尼新款"天堂"系列,带你体验星夜的永恒魅力。

"空间"的项链,这件作品的独特之处在于其材料对比的运用和充满未来主义韵味的纯净线条设计。暗藏的条带由玻璃般光滑的铂金和黄金制成。它们彼此交织,镶嵌646颗圆形明亮式切割的钻石和476颗长方形切割钻石,总重达137.68克拉。而整件珠宝作品封闭点的处理方法非常精巧,仔细观察这条坚固的项链可以发现,它其实分成两部分,却又形成完美的结合,这样巧妙的创意不得不令业界叹服。

1990年,德米亚尼推出名为"章鱼"的作品,其设计令人炫目,材质包括总重80.63克拉的958颗纯净宝石。"章鱼"主题展现了海洋的神秘魅力,珠宝表面波动的变化,金属闪耀的光线,钻石耀眼的反射和石板的阴影相结合的特殊手法赐予这件珠宝作品更加奇妙的魅力。这件奇异、独特的手镯,绝对是创造力和想象力的结晶。

德米亚尼1992年的获奖作品"闪电",看上去似乎在轻松表达一种神奇活力和热情,实际上却是凝聚着金匠大帅心血的艺术杰作。极具魅力的设计呈现在88.59克拉钻石、184克铂金、188.3克黄金的奢华材质之上,整件作品被明亮式切割和长方形钻石点亮,由黄金、彩金和铂金打造的"闪电"不禁一下子燃亮了欣赏者的双目和心灵。

德米亚尼几乎每年都会推出一件令世人为之震撼的珠宝饰品,正是这些绝美的珠宝饰品让德米亚尼能18次荣获"钻石奥斯卡"的桂冠。

纯手工的制作工艺历来都会使得珠宝的魅力最大限度地散发出来。从1924年开始,德米亚尼的每一款珠宝首饰的制作都一直保持意大利工艺与意大利式的纯手工方式相结合,其中德米亚尼顶级珠宝系列更是代表着意大利珠宝艺术的最高境界。德米亚尼手工工艺代代传承,不但没有因为时光流转而衰败,反而成为意大利珠宝最值得向世人炫耀的资本。

德米亚尼珠宝一直保持着意大利珠宝的四大特色:传统、平衡、艺术和自由。也许有人会认为传统是今天大胆激情的意大利珠宝发展的羁绊,但德米亚尼的设计师们绝不会认同这个观点。德米亚尼珠宝始终追求一种完美的平衡,德米亚尼的珠宝大师们始终热衷于把传统的手工工艺融入现代珠宝的生产程序中,而不是慢慢忘记和淘汰传统。在许多国家,这些珍贵的技能似乎已经消失在全球化和批量生产的狂乱节奏中了。平衡则是一种能力,是一种对文化的责任感,而这体现在德米亚尼珠宝设计及行业发展中,使德米亚尼珠宝既是昂贵的奢侈品又是值得收藏的艺术品。

意大利人自由散漫又懂得享受生活,这为意大利珠宝加入了无可复制的灵感元素。在意大利人的心目中，珠宝只是一个美的载体，设计师丰富的创意构思赋予它们生命，把它们变为活灵活现的珠宝艺术品。自由的思考点燃了珠宝设计师的灵感和想象力，跨越时光和国度的界线，任何材质、任何素材都有可能被随性狂热的德米亚尼珠宝引而用之，这也决定了个性张扬的德米亚尼珠宝必然受到世人的欢迎。

2010年，在各界商业领袖和媒体出席的一场高级珠宝展上，德米亚尼被授予了珠宝行业最高荣誉奖项。这是意大利珠宝设计工作室受到的高级定制设计最高奖。德米亚尼还获得过另外一个国际大奖——2010年6月末在中东举行的一年一度国际珠宝大奖赛中，德米亚尼的"Isotta"手镯被阿拉伯手表珠宝杂志评选为"最时尚的珠宝"。

德米亚尼珠宝的美丽享誉盛名，高端的质量和宝石的原材料，独一无二的制作流程，所有的一切都展示了德米亚尼宝石界中的艺术家品质。独特的设计、不断革新的款式和无与伦比的制作技术不仅证明了顶级德米亚尼珠宝的高端化，也同时让它旗下所有的产品都具有同样的高端品质。

德米亚尼的珠宝首饰并不适合投资，这不是说德米亚尼的珠宝首饰没有投资价值，而是它所承载的情感因素要远远大于其宝石本身的价值。在欧洲，年轻男女订婚时往往都会选择德米亚尼钻戒，而很少选择其他珠宝品牌。可见，德米亚尼珠宝在欧洲人心目中的地位是独一无二的。

德米亚尼珠宝喜欢通过不同的方式来诠释真爱。曾创下全球超高票房纪录的电影《泰坦尼克号》中有一颗超级蓝宝石，这颗超大心形蓝宝石既是当时上流社会富裕生活的写照，也是罗斯与杰克刻骨铭心爱情回忆的见证。这颗名为"海洋之心"的蓝宝石据说是模仿钻石史上著名的"希望之钻"而来。意大利珠宝德米亚尼以这条著名的"海洋之心"项链为范本，打造出一条全新的"泰坦尼克号"蓝宝石钻链。为了复制这条项链，德米亚尼费时三年才找到一颗罕见的蓝宝石，重达 36.19 克拉。为了烘托这颗罕见蓝宝石的光彩，德米亚尼的工匠们在其周围镶嵌了 25.7 克拉的纯白钻石。此款项链刚一面市便引起巨大轰动，不少专业珠宝爱好者都为这一完美设计而动容，德米亚尼给这款"泰坦尼克号"蓝宝石项链开出的价格是 6800 万美元的天价。

在欧洲，德米亚尼珠宝就象征着爱情。为订婚、结婚这一人生最难忘的日子推出的钻戒、对戒系列极其经典、简约、浪漫又时尚，令所有女性都能散发独特的迷人魅力。德米亚尼的钻戒系列就是为女人一生中最幸福的一天而设计，这一刻美梦成真，这一刻真爱无限。德米亚尼作为意大利珠宝传统与时尚的杰出代表，其完美的手工技艺令钻石、珍贵的宝石都呈现出独一无二的光芒，这种带有魔力的光芒仿佛唤醒了周围的一切，令所有沉浸在幸福中的人们都感觉自己仿佛置身天堂。

德米亚尼 18K 白金 Medusa 高级珠宝项链，白金材质，环绕脖颈部分由紫色蓝宝石、雪青色蓝宝石和白钻镶嵌而成。

当玛丽莲·梦露戴上海瑞温斯顿珠宝,两者是如此相得益彰;梦露美貌不凡,倾国倾城;海瑞温斯顿珠宝身价不菲,令人惊叹。只不过,梦露早已西去,海瑞温斯顿却仍是享誉全球的超级珠宝品牌,非但不显"人老珠黄",反而裹挟着珠光宝气赢得了更多人的爱。

钻石之王
海瑞温斯顿

品牌创始人哈利·温斯顿曾说过:"如果可以的话,我希望能直接将钻石镶嵌在女人的肌肤上。"这位珠宝大师对于钻石珠宝的狂热可以说是溢于言表的,人们更将他冠以"钻石之王"的美称。在近百年的经营中,海瑞温斯顿公司经手过60颗以上史上最重要的宝石,拥有过无数举世闻名珠宝的哈利·温斯顿更在传奇宝石珍藏的领域中,超越了诸多的巨贾和皇室,从而书写了一段比钻石更为璀璨的珠宝传奇。

据说,由于身价无法估计,哈利·温斯顿被保险公司要求绝不能被任何镜头拍到清楚的长相,他的真实相貌也必须于过世之后才能公之于世。其子罗纳德·温斯顿在继承公司之后也同样遵守着这项规定，从来不会正对镜头拍照。

1890年，大批的欧洲移民涌入美洲这片新大陆开拓自己的事业，一位手艺精湛并怀抱梦想的珠宝匠也在这其中，他就是哈利·温斯顿的父亲——雅各布·温斯顿。起初他将纽约作为自己事业开始的地方，并在曼哈顿地区开设了一间小型珠宝与腕表工坊，凭借其精湛细腻的技术和手艺，雅各布·温斯顿逐渐让这家小店变得远近驰名。

在珠宝店成立4年之后，哈利·温斯顿于1896年在纽约出生。受父亲的影响，哈利·温斯顿从小就对珠宝怀有一份特别的感觉，12岁那年，他便用25美分在一堆廉价的假宝石中挑出一颗2克拉重的祖母绿宝石，并在两天后以880美元的高价卖出。日后的哈利·温斯顿更是继承了父亲的手艺和事业，天资过人的他20岁不到就成为纽约钻石交易所的卖家，与生俱来的敏锐直觉和独到眼光让他在这一行站稳了脚跟。

1920年，哈利·温斯顿正式开启了他灿烂辉煌、繁荣盛大的珠宝王朝的建立之路，一段围绕着珠宝展开的华美传奇也就此上演。当时的哈利·温斯顿仅有2000美元，孤身一人来到纽约，在第五大道上创立了第一家珠宝公司，整个公司只有他一个人。为了在纽约珠宝界闯出点儿名堂，几经试验与观察后，哈利·温斯顿找到一个具有特性、竞争又少的方式——

海瑞温斯顿"纹身"系列以著名纹身设计师塞勒·杰瑞于1920年至1950年间所创作的传统纹身图案为蓝本，为了呈现纹身图案的多种色彩，一向惯用白钻的海瑞温斯顿在这个系列里也大量使用了红宝石、蓝宝石、祖母绿等贵重宝石。

海瑞温斯顿Rendez-Vous珠宝腕表，铂金底座上镶嵌总重约84克拉的钻石，表盘藏于由梨形切割钻石镶嵌的表盖下。

低价收购旧珠宝饰品，拆下宝石，重新切磨，使它们变得耀眼光灿，再以当时最时髦的镶法，镶成崭新的首饰出售。如此"汰旧换新"的手法为哈利·温斯顿开辟了财路，两年内就积累下了不少的财富及大量珠宝。不幸的是，这些钱与珠宝不久便被他的助手拿走。身无分文的哈利·温斯顿凭借他的胆识与信心很快便重新站了起来，从此以后，他的珠宝之路开始呈现前所未有的坦途。

1932年，哈利·温斯顿已是一名成功的珠宝商，他关掉了原来的小公司，以自己的名字为招牌，成立了海瑞温斯顿珠宝公司。他交友极广，自己也成为纽约社交圈中的名人。海瑞温斯顿珠宝店的顾客包括了欧亚各个大小王室的成员：尼泊尔、印度、伊朗、沙特阿拉伯、摩纳哥、英国等国的国王、王后、王子、公主，还有美国本地的铁路、石油、报业大亨以及工商界巨子、政经领袖、电影明星（如玛丽莲·梦露、伊丽莎白·泰勒等），

全是世界级名人,不胜枚举。一次,哈利·温斯顿在日内瓦巧遇度假的某阿拉伯王室成员,后者一口气从哈利·温斯顿买了数百万美金的珠宝,还意犹未尽,想再买6只钻石手镯,当他见到哈利·温斯顿的钻石手镯后,一下子被吸引住,竟然买下了80只,这倒真是符合海瑞温斯顿"大气派、高目标"的原则。

1949年11月,哈利·温斯顿推出了一个史无前例的展览,定名为"珠宝宫"。所展出的钻石、宝石,几乎都可冠上"世界之最"的美名。其中包括46克拉的"希望之星"钻石,95克拉的"东方之星"钻石,126克拉的"琼克尔"钻石,337克拉的"凯瑟琳"蓝宝石等硕大绝美的宝石,还有许多具有历史价值的钻石及祖母绿项链。

哈利·温斯顿天赋的精准珠宝鉴赏能力一直为人所津津乐道,而他灵活的生意头脑更是奠定海瑞温斯顿品牌价值的关键。第一次世界大战后，许多贵族纷纷将手中的珠宝或收藏脱手换取现金，哈利·温斯顿把握这个机会大量收购，并将这些珍贵珠宝重新切割、镶嵌，设计出更符合时代气息的款式，这个聪明的决定，除了让他在纽约的珠宝生意有了起色之外，在哈利·温斯顿的亲手琢磨下，也诞生了无数知名首饰。哈利·温斯顿对珠宝有一种与生俱来的悟性，他酷爱珠宝艺术。为此，他曾说："如果可以的话，我希望能直接将钻石镶嵌在女人的肌肤上"。

1978年12月8日，哈利·温斯顿逝世。他的儿子罗纳德·温斯顿正式接手家族百年珠宝大业。罗纳德·温斯顿是学习化学出身，对于子承父业，最开始他的确经过一番挣扎，他曾说："如果我不是哈利·温斯顿之子，或许会成为一名科学家或发明家"。27岁那年，罗纳德·温斯顿在无法成功研发出治疗癌症的特效药之后，决定正式接掌家族企业，而他与珠宝的"化学关系"早就如命中注定般地发酵起来。在罗纳德·温斯顿的眼中，哈利·温斯顿待人热情、谦虚，但在面对珠宝时，绝对展现极强的自我中心意识。为此，他说："我的父亲在工作上其实是个很难共事的人。我在这方面会完全尊重我父亲的鉴赏能力，虽然偶尔我们在经营哲学上会有不同的意见"。

曾拥有过世界知名钻石与稀有宝石的海瑞温斯顿珠宝公司，在哈利·温斯顿的管理下总能让钻石转手增加数倍的价值。1978年由罗纳德·温斯顿接管后，他开始带领公司度过风云变化的20世纪90年代，更让其迈向国际化。不过最开始的一年，困难重重。正如他自己所说的那样："我的父亲是个天才，但是他从未告诉我任何事情。像是给了我这个保险箱，却没有任何密码，必须自己逐步摸索破解。"此后30多年来，罗纳德·温斯顿凭借自己的能力，引领海瑞温斯顿珠宝品牌迈向了国际市场。

许多独立的珠宝品牌陆续被大集团并购，在这样的压力之下，海瑞温斯顿仍在国际珠宝界屹立不倒，罗纳德·温斯顿为此说："存在与成长相当重要，但是保有自己独特的品牌创意更为重要"。在一家矿产公司投资海瑞温斯顿公司51%的股份后，面对经营权的大转变，罗纳德·温斯顿改变了家族经营的传统模式。对此，他说："现在家族企业已所剩不多，尤其在珠宝业，像蒂芙尼、卡地亚都转型为上市公司，但我们依然保持家族企业的行事风格,对我而言,我想保存家族企业的感觉,并且让我们的客户知道,在每一件珠宝作品的背后,都有我——一个熟悉从原矿到设计制造的每个环节的人,为他们把关。但同时我相信,当事业到达一个规模之后,若不是继续成长,就是要准备被淘汰了"。

无论是王公贵族,还是名流明星,尊贵地位和非凡品位决定了他们可以幸运地拥有人世间精美绝伦、独一无二的良玉美钻,或用来见证伟大的爱情,或以之继承家族的荣耀,成为收藏传世的艺术珍品。有着"钻石之王"之称的珠宝品牌海瑞温斯顿,伴随了许多传奇女人走过奢美明艳的一生,始终为世人展现着一个无限瑰丽的艺术世界。

海瑞温斯顿在珠宝界有着太多的传奇,纽约第五大道上的海瑞温斯顿旗舰店是当地最知名的高级定制珠宝店之一,每年参加奥斯卡典礼的明星们都以戴上这里的珠宝为荣。可以说,海瑞温斯顿珠宝是那些好莱坞明星的最爱。不仅如此,伊丽莎白女王、温莎公爵夫人、伊朗国王等王室贵族也都是海瑞温斯顿尊贵的客户。

早在1943年,海瑞温斯顿就成为首度赞助奥斯卡颁奖典礼的珠宝商,为当年的最佳女演员珍妮弗·琼斯提供佩饰。当她站在领奖台的瞬间,华丽璀璨的钻石珠宝闪耀出动人光彩,惊艳全场。从此,海瑞温斯顿与红地毯结下了不解之缘,并被人们称为"明星的珠宝商"。

海瑞温斯顿珠宝公司一直与女明星们保持着亲密友好的关系,自从1944年珍妮弗·琼斯佩戴海瑞温斯顿珠宝赢得最佳女主角奖之后,许多女星也纷海瑞温斯顿"水"系列戒指，镶嵌多颗钻石、蓝宝石、绿松石。该系列将推出19款作品。

纷跟进，她们深信海瑞温斯顿珠宝会为自己带来幸运。邦德女郎哈利·贝瑞佩戴价值300万美元的"南瓜钻戒"赢得74届奥斯卡最佳女主角奖；"好莱坞公主"格温妮丝·帕特洛因为电影《莎翁情史》，赢得奥斯卡最佳女主角奖时，也是佩戴着父母送的总重量达40克拉的海瑞温斯顿"公主项链"。此外，影星杨紫琼也曾为她的奥斯卡处女秀选择了海瑞温斯顿的钻石手表，用以搭配由香港著名设计师郑兆良设计的水晶旗袍。而这只是开始，紧跟其上的是刘嘉玲，带着看得到摸得着的"宝物"着实让她紧张得香汗淋漓，她说："有次去戛纳戴着海瑞温斯顿珠宝，去洗手间时都有三个保镖跟出跟入"。可以说，世界上众多超级女明星们都以佩戴海瑞温斯顿珠宝出席各种盛大场合为荣。

在多部好莱坞的电影中，你同样可以发现海瑞温斯顿珠宝的身影，玛丽莲·梦露在歌舞片《绅士爱美人》中就曾高唱："Talks to me, Harry Winston, tell me all about it……（告诉我吧，海瑞温斯顿，告诉我关于它的一切）"一直以来，海瑞温斯顿都是好莱坞影星们梦寐以求的珠宝品牌，慷慨大方的哈利·温斯顿本人也多次出借价值不菲的高级珠宝为好莱坞电影提供拍摄之用。在影片中，海瑞温斯顿珠宝同样代表着高贵奢华的贵族生活，让明星们散发出更加闪亮动人的风采与光芒。

麦当娜在1991年的奥斯卡颁奖典礼上装扮成世纪艳星玛丽莲·梦露，演唱了她的得奖电影歌曲《迟早》。这位争议颇多的新世纪艳星当时做出了一个令所有人都为之惊讶的举动，她居然把价格不菲

的海瑞温斯顿钻石珠宝扔向喝彩的人群，这可吓坏了当时在场的海瑞温斯顿公司的工作人员。不过，后来人们才得知这是虚惊一场，因为麦当娜早已把真品调了包。

　　除了与好莱坞明星们有着密切合作之外，海瑞温斯顿同样深受贵族王室成员们的喜爱。1946年，哈利·温斯顿首次与温莎公爵夫妇会面，温莎公爵夫人就曾对他说："我的朋友提到你有非常出色的珠宝。"这也说明了海瑞温斯顿早已受到王室成员的肯定。不仅温莎公爵夫人，这其中还包括英女王伊丽莎白二世、已故英国王妃戴安娜、沙特阿拉伯王储、伊朗国王和印度王储等等……他们都会在国际重大场合中佩戴海瑞温斯顿的珠宝。正因为王室成员们对其青睐有加，海瑞温斯顿才能蜚声国际，最终成为全世界最著名的珠宝品牌。

　　除了挑选品质极佳的钻石之外，海瑞温斯顿珠宝的尊贵绝离不开它那无可挑剔的加工技艺。作为钻石花式切割的翘楚，海瑞温斯顿宁愿牺牲重量，也要为每颗原石找寻最适合的形状，最终让钻石闪耀出最完美的光芒。

　　为何海瑞温斯顿的珠宝总是如此完美？这与优质的宝石原料和精湛的手工艺有着密切关系。首先，有"钻石之王"美称的海瑞温斯顿向来只挑选最出色的宝石原料，经手过无数珍宝也是公司最大的骄傲之一。

　　在近百年的经营中，海瑞温斯顿公司拥有并买卖过60多颗历史上最重要的宝石，拥有过无数举世闻名珠宝的哈利·温斯顿更在传奇宝石珍藏领域中，超越了诸多的巨贾和皇室。种种奇闻轶事使得哈利·温斯顿本人及其品牌更具传奇色彩，这也是为什么众人将海瑞温斯顿珠宝视为毕生珍藏的原因。

为了纪念"希望之星"捐给史密森博物馆 50 周年,馆方决定重新镶嵌这颗 45.52 克拉的蓝色彩钻。海瑞温斯顿特别设计了三种方案,公布于史密森博物馆的网页上,最后由民众投票选出新款镶嵌方案,一起来为这颗知名的蓝色彩钻续写历史。

哈利·温斯顿曾经亲手切割过多颗震惊世界的巨钻,包括"琼克尔"钻石、"瓦格斯"钻石和"塞拉利昂"钻石。"琼克尔"钻石是哈利·温斯顿切割的第一颗巨型钻石,它的毛坯重量达 726 克拉,加工后重量约为 126 克拉,为南非人琼内斯·雅克布斯·琼克尔于 1934 年在南非第一矿场附近发现,因此也以他的名字命名。哈利·温斯顿切割的第二颗巨钻是来自巴西的"瓦格斯"钻石,巧合的是,"瓦格斯"钻石的毛坯重量也为 726 克拉,与"琼克尔"钻石的重量完全相同。这种事情在钻石界中闻所未闻,其发生的概率仅有十亿分之一。1972 年,哈利·温斯顿买下了他的第三颗巨钻——"塞拉利昂"钻石,其毛坯重量高达 970 克拉,也是历史上重量最大的原石。一年之后,"塞拉利昂"钻石被切割成了 17 颗宝石,总重量为 238.43 克拉,原钻的切割场景在全球进行了电视转播,可谓盛况空前。为纪念这一钻石史上的重大事件,非洲某国还发行了一套纪念邮票,这也让哈利·温斯顿成为唯一登上过邮票的珠宝商人。除了以上三颗巨钻之外，提到海瑞温斯顿，就绝对少不了"希望之星"这颗历史上最为神秘、知名的蓝钻。重达45.52克拉的"希望之星"有着令人窒息的美，在深邃静谧的湛蓝色中泛着一点灰色调，周围以16颗梨形及枕形切割的白钻点缀，搭配45颗钻石打造成一条项链，观赏它的人都不由自主地被其深深吸引。

来自印度的"希望之星"本身也极具传奇色彩。早在350多年前，这颗超级美钻就被挖掘出来，26年之后被路易十四收入囊中，他将这颗宝钻誉为"法国蓝宝石"。在之后的125年里，这颗蓝钻一直是法国皇家御宝之一。然而，路易十四佩带"希望之星"后不久便亡故，使得这颗宝钻从此蒙上一层悲剧色彩。路易十五虽未佩戴过它，但曾将宝钻借给其情妇巴里女爵。法国大革命期间，女爵遭到斩首的噩运，而路易十六王朝时期经常佩戴这颗宝钻的玛丽王后最后也难逃斩首宿命……

此后，"希望之星"离奇失踪，之后又突然出现在伦敦的拍卖会场。"希望之星"此后几经易主，且被多次切割造型，但其带来的悲剧般的遭遇却从未停止。20世纪20年代初，宝钻由美国社交名流爱芙琳·沃什·迈克林拥有。后来，其子遭谋杀，而其夫则被卷入政府的丑闻之中。直到1949年被哈利·温斯顿买下，"希望之星"才结束了它谜一般的神秘旅程。

1958年，哈利·温斯顿慷慨地将这颗巨钻捐赠给美国华盛顿特区的史密森博物馆，这也被传为一段

海瑞温斯顿 Duchesse 高级珠宝腕表，整体造型的创作灵感源自装饰领巾的雕花环扣，三角形外型结合梨形表壳，9排串链构成链带。整只腕表共镶嵌667颗钻石，总重61.44克拉。

佳话。此后，"希望之星"成为该博物馆最受欢迎的馆藏，每年都有将近700万人前来参观，一睹这颗传奇美钻的绝世光彩。

不知道你是否还记得伊丽莎白·泰勒那颗梨形巨钻？这颗"泰勒–伯顿之钻"是由一颗1966年采自南非的重达241克拉的原钻，采用梨形切割方式打造而成的，最终的重量为69.42克拉。这颗钻石也是哈利·温斯顿的珍藏，保罗·安娜博格·爱曼丝夫人于1967年从哈利·温斯顿手中买走这颗钻石。两年后，在纽约的一场拍卖会中，理查德·伯顿买下了此钻石送给妻子伊丽莎白·泰勒，"泰勒–伯顿之钻"也因此而得名。

至于"莱索托一号"钻则重达71.73克拉，原钻于1967年发掘于南非的莱索托，原重为601克拉。发现原钻的女子生怕因贩卖政府保护的珠宝而受罚，赤足逃逸了整整四天！这颗钻石几经周折最终由哈利·温斯顿收购，并采用祖母绿切割方式。"莱索托一号"钻是原钻切割后的18颗钻石中最大的一颗，而重为40.42克拉的"莱索托三号"钻被希腊船王奥纳西斯购得，并将其镶嵌在了送给杰奎琳·肯尼迪的订婚戒指上。

有史以来最大的玫瑰粉色椭圆形宝石"眼之光"重约60克拉，采自印度南部的一个宝石矿。1958年，海瑞温斯顿用这颗宝石为伊朗王室制作了一顶王冠，这也成了公司历史上最重要的一次珠宝创作。海瑞温斯顿将这颗宝石镶嵌于铂金底座上，周围则采用黄、粉、蓝以及透明的钻石做点缀，此外，王冠底座的四周还以众多

海瑞温斯顿 Avenue Squared A2 两地时间钻石腕表

的钻石之一。过去60年它一直被海瑞温斯顿珍藏。苏富比国际珠宝协会主席博内特说:"我无法用言语来形容这枚戒指有多么稀有,这将是我35年的珠宝行业生涯中最激动人心的一次拍卖。"

这场令所有珠宝爱好者都为之疯狂的拍卖会于2010年11月16日在瑞士日内瓦举行。这枚重达24.78克拉的超级粉钻被伦敦珠宝商劳伦斯·格拉夫最终以逾4600万美元(约合3亿元人民币),高出预估价将近1000万美元的天价买走,创下全球珠宝拍卖价新纪录。

也许这些天价的珍宝与你无缘,但你仍可以投资海瑞温斯顿珠宝。投资珠宝和消费珠宝是不同的概念,作为常识,1克拉以下的消费级钻石完全不具备增值的可能,而1克拉以上的钻石每年的涨幅大致能达到3%~5%。而随着体积的增大和成色的提高,其增值的幅度也会随之递增,这种现象同样适用于整个珠宝投资领域。选择海瑞温斯顿公司的产品无疑是最明智的,因为海瑞温斯顿所卖的钻石多为4克拉以上。你可以购买现成的钻石饰品,也可让其专门为你定制一件珠宝饰品,当然这需要提前预约。众所周知,在珠宝世界中,卡地亚、蒂芙尼、梵克雅宝等是名贵珠宝的典范,而海瑞温斯顿则为钻石爱好者带来极致的奢华享受。

大多数人之所以选择海瑞温斯顿,恐怕并不是因为其有升值的可能。海瑞温斯顿珠宝背后的价值远远超过了宝石的价值。海瑞温斯顿每一款珠宝背后,都有着隽永的情感故事,如影星理查德·伯顿送给夫人伊丽莎白·泰勒的"泰勒·伯顿之钻",是20世纪以来最佳的求爱信物;希腊船王奥纳西斯向夫人杰奎琳·肯尼迪求婚时,赠予这位"美国永远的第一夫人"的"莱索托三号"马眼式切工钻戒,亦传为佳话;麦当娜与盖瑞奇结婚时,那枚经过精心设计、不同形状的切工钻石所镶嵌而成的海瑞温斯顿十字项链坠,也被人传颂多时;气质女明星格温妮丝·帕特洛在2001年因《莎翁情史》一剧得到最佳女主角殊荣时,她的父亲为了要让她一辈子记得这个值得纪念的时刻,于是将她当晚所佩戴的海瑞温斯顿珠宝买下,让她当作纪念……这些动人的故事皆为人们津津乐道,在观赏海瑞温斯顿珠宝的同时,你仿佛见证了一段又一段的历史事件,同样,你也可以让自己拥有一件海瑞温斯顿珠宝,见证自己美丽的爱情、珍贵的亲情,它们将与永恒的钻石一样,历久弥新。

"如果你想要最好的东西,但钱又不是你所想要的,那么你就来找格拉夫吧!"不过,不是谁都有资格能够成为格拉夫的客户,即便是世界顶级影星或球星也并不一定就能当上格拉夫的大买主,因为这些人还没有阔绰到可以拥有格拉夫的顶级珠宝。一件格拉夫珠宝不仅象征着财富,更是极品珠宝的代名词。每一件格拉夫珠宝均非同凡响,也无愧为稀世瑰宝。

GRAFF

极品珠宝的代名词

格拉夫

从孩童时期开始,劳伦斯·格拉夫就对钻石有着不可抗拒的情感:"它让我激动,它是我的生命。我也想让所有和我一样对钻石有着不可割舍的情谊的人能拥有真正完美的钻石作品。"正如其宣传语"格拉夫——从钻石矿一直延伸到了女性脖子上的项链"所表明的,劳伦斯·格拉夫已将超群的镶嵌工艺演绎到了出神入化的境界。精良的金属和钻石被精心结合在一起,演化成为一件件精美绝伦的耳环、项链或手镯,它们带给佩戴者的是高贵灵动的感受,以及一场场视觉的盛宴。

"如果你想要最好的东西,但钱又不是你所想要的,那么你就来找格拉夫吧!"英国伦敦钻石交易所的副总裁兼钻石商哈里·雷魏如是说。有着

"指环王"美誉的英国亿万富翁劳伦斯·格拉夫，白手起家一手创建了资产高达22亿英镑的珠宝王国，他的客户除了欧洲各个王室之外，还包括了超模纳奥米·坎贝尔、拳王迈克·泰森、名媛伊万卡·特朗普和足球明星大卫·贝克汉姆等社会名流。

当然，格拉夫的客户远不止这些人，还有一群试图铤而走险的劫匪也成了格拉夫珠宝店的常客。可以说，自从格拉夫珠宝店创立以来，从未停止过各种抢劫事件，劳伦斯·格拉夫对此颇为无奈。英国史上最大的珠宝抢劫案就发生在格拉夫珠宝店，两名劫匪面戴乳胶面具以不可思议的作案速度，劫走价值6500万美元的顶级珠宝。英国此前损失最惨重的珠宝抢劫案也都发生在格拉夫钻石公司。格拉夫的位于伦敦梅费尔区和骑士桥的珠宝专卖店在6年里共遭遇4次抢劫。2003年，臭名昭著的"粉红豹"团伙成员走入新邦德街格拉夫珠宝店的密封大门，抢劫了价值2300万英镑的珠宝。"粉红豹"由一伙恶名远扬的犯罪分子组成。之后，这批珠宝被找回了一部分，其中包括一条价值50万英镑的项链。这条项链在一个劫匪的家中被发现，他把它藏在一管刮胡泡里，这是在1963年的电影《粉红豹》中用到的伎俩，这个劫匪团伙也因这部电影而得名。

祖母绿珠宝一直是格拉夫的经典之作，而其祖母绿"Tranquil Green"系列珠宝秉承了格拉夫珠宝的高贵、冷艳之美，呈现了高级定制无可挑剔的品质。

虽然格拉夫的历史没有那样悠远绵长，但是它在珠宝界所享有的地位却不可动摇。你不得不承认，在短短数十年的发展中，格拉夫已经成为珠宝界不可或缺的一员。对于格拉夫的发展，最贴切的形容词莫过于"快马加鞭"。自从1962年由劳伦斯·格拉夫在伦敦开创以来，格拉夫用近乎神速的奔跑态势追赶前行，迄今已在全世界设有30多家珠宝店，在伦敦、纽约、日内瓦等地设有办事处。

劳伦斯·格拉夫从年少之时即已对钻石情有独钟。他对钻石具有与生俱来的情感，而且已远远超越了物质的层面。劳伦斯·格拉夫说："这是我一生的挚爱。我还记得当我仔细鉴赏第一颗钻石时，我被它深深地吸引着，目眩神迷，那种美感在我内心久驻不渝。"起初，15岁的劳伦斯·格拉夫当起学徒，制造半宝石戒指样品。他开始时采用小钻石，而后为了让戒指品质升级，钻石则越用越大。由于客户渐增，他常带着自己设计的作品到世界各地拓展业务，所造珠宝也日渐贵重。1966年，劳伦斯·格拉夫凭借一件镶有紫水晶、祖母绿和钻石的精美手镯获得了他一直向往的钻石国际大奖。在大奖赛中，来自23个国家和地区的321位设计师一共递交了1495件设计作品，评审团以美感、原创性、对物料使用的想象力以及作为女性珠宝的可佩戴性作为评判标准，一共选出了26件最佳设计作品。劳伦斯·格拉夫脱颖而出，如愿地摘得了自己向往已久的大奖。从这以后，英国政府也逐渐注意到了劳伦斯·格拉夫在海外所获

格拉夫"天鹅"高级珠宝腕表，镶嵌900颗钻石。

的声望,并于 1973 年颁赠"英女王国际贸易企业奖",而劳伦斯·格拉夫也是第一位获此殊荣的珠宝商。

劳伦斯·格拉夫于 1974 年在伦敦骑士桥开设了他的第一家较具规模的珠宝店,接待来自世界各地的客户。20 世纪 90 年代,他在手艺和风格上精益求精,并于 1993 年在伦敦高级商店街新邦德街设立新店。由于业务逐渐增多,劳伦斯·格拉夫便又兴起海外增设分店之念。随后,劳伦斯·格拉夫在瑞士、美国陆续增设店面,以此来满足全世界不同地方人们对格拉夫的追求与热爱。

劳伦斯·格拉夫经营的是家族企业，他与儿子弗朗西斯科·格拉夫以及弟弟和外甥等人共事，但劳伦斯·格拉夫本人仍是这个国际品牌的象征，他每天还在坚持工作，亲自监管他一生为之着迷的巨钻和珍稀宝石的搜寻工作及其处理过程。

劳伦斯·格拉夫有着出色的商业头脑，他的帝国可以说是一家"真正的钻石公司"，并开创了"一站式"的经营概念，从采集钻石、加工钻石，直至最后成品出售，都属公司业务范畴。搜寻完美珍贵钻石的工作是持续不断的，劳伦斯·格拉夫把这视为日常任务，不论是原石还是已经过打磨的宝石，他都在世界各角落全力寻觅。今天，格拉夫是南非最大的钻石生产商，在约翰内斯堡拥有最大的打磨及切割工坊，雇用300余位工匠，然而，只有最美的钻石才会进入世界各地的格拉夫珠宝店。格拉夫在安特卫普、毛里求斯、纽约等地亦设有切割打磨钻石的工坊。

作为英国最富有的人之一，劳伦斯·格拉夫的个人资产已经达到了数十亿英镑，有人形容他的妻子"被钻石装饰，犹如冰川一般闪耀"。作为一个热忱的现代和当代艺术品的收藏者，劳伦斯·格拉夫同时也是纽约古根海姆博物馆国际理事会的执行委员、伦敦泰德现代美术馆的国际顾问、柏林贝格鲁恩博物馆的国际顾问以及洛杉矶当代博物馆的国际受托人兼董事会成员。劳伦斯·格拉夫说："我身边的所有事物都能启发我，艺术、建筑、人物、自然元素、文化，甚至是海滩上普通的石头都是我的灵感泉源。"

不过，这位酷爱钻石的老人并不在乎钱，而

是将自己大部分财富都用于慈善事业。2007年，劳伦斯·格拉夫出版了《世界上最绝美华丽的珠宝》，这是一本记载了格拉夫美妙珠宝之旅和他搜寻到的许多珍贵稀有珠宝的宝典。书的收益全部用于支持纳尔逊·曼德拉儿童基金会。除了支持赞助纳尔逊·曼德拉儿童基金会、ARK无保留援助儿童基金会、埃尔顿·约翰艾滋病基金会、"救助夏娃"妇女癌症研究基金组织和"军士集体"儿童癌症慈善援助组织等等，劳伦斯·格拉夫又建立了FACET（For Africa's Children Every Time）救助非洲儿童慈善组织，为非洲儿童的教育、健康和福利事业筹集资金。位于莱索托的格拉夫领导力中心直接受资于FACET，作为一个培训中心暨慈善收容所，它收容了50位无家可归的孤儿及艾滋病的受害者、艾滋病病毒携带者。

每个世纪都会诞生出非凡的珠宝巨匠，他们是皇族宠儿，是珠宝界的毕加索，是大自然灵感的缔造者，他们代表着一个时代的辉煌。劳伦斯·格拉夫无疑是现代最伟大的珠宝巨匠之一，每当节日的灯火点亮从伦敦到纽约的城市街道，世界上最绚丽的"彩虹"就会闪耀现身邦德街——那里是聚集着无数宝石宫殿的圣地。列维夫、查提拉、萧邦以及大卫·莫里斯等珠宝店在钻石光芒的辉映下耀眼夺目，而拥有全世界60%以上奇珍异宝的格拉夫珠宝行，看起来仿佛把它们的全部珍藏都展示到一个橱窗里了。

钻石孔雀胸针，格拉夫"鸟类"系列中最震撼人心的全新力作。胸针使用天然耀眼的彩色钻石呈放射形排列，以铂金镶嵌，呈现出令人过目不忘的惊艳姿态，又不失整体的和谐美感。

尊贵篇
ZUNGUIPIAN

在每年的奥斯卡颁奖典礼上,明星佩戴的熠熠生辉的钻饰品牌都很引人注目,很多明星佩戴海瑞温斯顿、卡地亚……在这些大名鼎鼎的钻饰中,很少能见到格拉夫珠宝的身影。不过,在劳伦斯·格拉夫看来,这无须多虑,因为"她们并不是我们的大买主,她们也还没有阔绰到那种地步",格拉夫珠宝历来是那些王室贵族们的把玩之物。

对于王室而言,定制珠宝绝对是不可或缺的一种生活元素,而对于工匠的要求更是极其苛刻。卡地亚、蒂芙尼、宝格丽、格拉夫等都是王室钟爱的珠宝品牌。它们为何会受到王室青睐?究其原因无非是它们拥有着非凡的珠宝巨匠。提到"格拉夫"

三个字,人们就会想到世界上最耀眼、最华美的珠宝。劳伦斯·格拉夫凭借他对珍稀、名贵钻石的激情和孜孜不倦的探索,成功获得世界各地王室贵族们的垂青。"比起老牌富豪,新兴富豪更喜欢买我们的产品"。年逾古稀的劳伦斯·格拉夫说。格拉夫的客户中有奥普拉·温弗里、阿诺德·施瓦辛格、丹泽尔·华盛顿、维多利亚·贝克汉姆、丹尼尔·斯蒂尔等。

1973年,劳伦斯·格拉夫的海外业务拓展大获成功,他成为首个获颁授"英女王国际贸易企业奖"的珠宝商。此后,劳伦斯·格拉夫又曾三次获得该奖,最近获得是在2006年。1974后,格拉夫在骑士桥成立总部及首家旗舰店,那里每天都会接待来自世界各地的尊贵客户。文莱国王苏丹就是这家伦敦珠宝店的早期客户,像这样的客户还包括沙特阿拉伯、阿联酋王室成员和其他中东地区的豪门望族。他们都把格拉夫的珠宝店当成自己的"后宫",就在那儿换上他们最新购得的战利品。文莱王室是劳伦斯·格拉夫早期最重要的客户之一,他们的关系非同寻常,他们一起打马球,文莱王室还借出一辆阿斯顿·马丁让他畅游文莱。曾经有一段时期,他几乎每个月都去文莱一次,因而成为王宫里的常客。

20世纪80年代,有色钻石受到疯狂追捧,之前曾经有两个世纪的时间它们乏人问津,当时中国香港、新加坡和文莱的客户开始购入这些钻石。格拉夫为

精美的格拉夫钻石腕表

这些罕有的钻石着迷。"之后,好像是天意,在澳洲发现了出产少量粉红钻的阿格劳钻石矿。我以350万美元购入了第一颗粉红钻及其余所有该矿出产的宝石。那是前所未有的,"劳伦斯·格拉夫回忆道,"行业中其他专业人士觉得我过分冒险,他们难以相信有色钻石会有市场。这些宝石都很小,大多只有0.25克拉到1克拉,唯一特别之处是以前从未有过粉红色的钻石。"就像他原创的33颗钻石指环,劳伦斯·格拉夫决定用上所有的粉红钻来造出一件大型珠宝。

花朵不是什么新奇的设计主题,早于18世纪便出现过,并在20世纪30年代曾一度复兴。格拉夫的全新设计版本是采用不同大小和形状的,从阿格劳钻石矿出产的粉红钻镶嵌而成。"简直妙不可言!"他说,"我记得当作品完成时是某天的下午4时,刚好文莱的苏丹给我打电话,他邀请我到他在多彻斯特刚买下的饭店见面。我们谈着谈着,他问我有没有什么东西带给他看,我就从口袋中取出这朵花型胸针,'陛下,这件珠宝您觉得怎样?'他伸手接过这朵花,我马上看到,当他望着这件绝对独一无二的漂亮珠宝时从他眼睛里闪现出的兴奋炽热的光芒,两分钟后这件珠宝作品就售出了。短短两分钟我就把所有粉红钻卖光了!这样的经历让人感到兴奋而激动,的确,这是一件令人骄傲的粉钻艺术品"。

1987年,史上最成功的温莎公爵夫人珠宝拍卖会在日内瓦举行,劳伦斯·格拉夫成为那次珠宝拍卖会上的主要赢家之一,此盛会在全世界被电视转播,劳伦斯·格拉夫获得了两颗顶级的钻石。温莎公爵夫人经常被媒体拍摄到戴着一对耀眼的梨形"温莎黄钻"耳环,上面两颗黄钻一颗重51.01克拉,另一颗重40.22克拉,这就是劳伦斯·格拉夫竞拍到的两颗钻石。不仅如此,劳伦斯·格拉夫同时还购买了温莎公爵夫人另外一对耳环。这四颗美钻经过劳伦斯·格拉夫打磨后,被制成了著名的"温莎钻耳环",后来被新黎巴嫩总理暨该国建国勋臣拉菲克·哈里里买走,成为他庆祝自己重新当选为总理时,送给妻子的礼物。

在香港举行的格拉夫珠宝展览会上,菲律宾总统夫人马科斯女士的助手被其精湛的工艺深深吸引,因此决定邀请劳伦斯·格拉夫前往菲律宾做客。劳伦斯·格拉夫带着三颗价值连城的钻石——"幻想之眼"、"苏丹阿卜杜勒－哈米德二世"和"马克西米利安帝皇"前往马尼拉，在马拉坎南宫拜会了马科斯女士。劳伦斯·格拉夫成功地以超过1000万美元的价格卖掉了这三颗珍贵的钻石。"在当时，这个数目可以说是他个人交易中最大的一笔，当然在那之后，更大额度的交易都时有发生。"劳伦斯·格拉夫如是说。

劳伦斯·格拉夫亲自监管着独特而珍稀的钻石的搜寻以及加工工作，而这正是该品牌的外在形象和价值源泉。在追求完美和表现创意上，劳伦斯·格拉夫已经设立了业界难以企及的严格标准。对于珠宝爱好者来说，能使这些世间难求的珍品继续绽放异彩，并让这些传奇延续下去，代代相传，实在是令人骄傲的美事。

  珍贵罕有的宝石和精湛绝伦的珠宝加工制造技艺是格拉夫珠宝的两大精髓。所有格拉夫珠宝从设计至镶嵌均在位于伦敦的作坊中以纯手工精雕细琢，每一件珠宝均需耗费大量工时，甚至超过数百小时。工匠技艺超凡，大部分由劳伦斯·格拉夫自行培训。做工精益求精，唯以完美为念，与格拉夫珠宝追求卓越的宗旨一脉相承。作为品牌主要设计师，劳伦斯·格拉夫一直坚持这样的理念：格拉夫珠宝永远不跟潮流走，因此亦永远不会过时，它们各自拥有独特的谜样身份。"我们不会跟风，我们只做我们一直在做的事。"他说。

  是什么令格拉夫珠宝如此完美高贵？格拉夫的秘诀是什么呢？对格拉夫而言非常简单——"客户来之不易，钻石也来之不易。"

  "第一步，首要是宝石本身。只有你拥有顶级的宝石，你才能造出美妙绝伦的珠宝。"多年来，劳伦

斯·格拉夫曾经亲自经手的世界最美最珍贵的宝石及钻石多如繁星,比如:"幻想之眼"、"马克西米利安帝皇"、"波特·洛德斯"、"温莎钻石"、"非洲希望"、"伊斯兰女王蓝钻"、"完美无瑕"、"美洲之星"、"金黄之星"、"莱索托诺言"、"格拉夫星座之石"和"德拉里日出之石"等,而这也只是其中的寥寥一部分。

当然劳伦斯·格拉夫知道,即使再珍贵的宝石,如果没有出色的设计同样一文不值。为此,劳伦斯·格拉夫解释道:"格拉夫珠宝的美在于看你如何把不同的宝石结合,如何摆弄它们,如何铺排它们。"早期劳伦斯·格拉夫在设计珠宝时,从未像大部分的珠宝设计师那样使用钢笔或画笔打草稿,相反地,他总是坐在放着宝石的桌子前,把它们分门别类铺排成形,然后用蜡做出立体模型。

在谈及自己的设计时,劳伦斯·格拉夫习惯将其比喻成用宝石来进行编织,因为"当你把宝石都结合和镶嵌之后,它们是那么的柔软、那么的微妙"。劳伦斯·格拉夫喜欢他的珠宝是流动的,它们会随着女士们的一举一动而摇曳着、闪动着光芒。劳伦斯·格拉夫常说:"我欣赏有历史价值的欧洲珠宝，但我也欣赏装饰珠宝。印度莫贺儿的珠宝、非洲民族珠宝、亚洲的精致手工珠宝，不同形状、形态、图案和花纹，花卉和动物，都启发着我，在我身边有太多东西启迪我。"

钻石历史上第 18 大的钻石原石——重 493 克拉的"莱特森传家宝"，它的主人就是劳伦斯·格拉夫。此钻石的原石出产于莱特森钻石矿，该矿位于非洲内陆莱索托境内海拔 3000 米上的山区，是全球海拔最高的钻石矿，到目前为止已出产了全球 20 枚最大钻石其中的三枚；而此"莱特森传家宝"钻石，亦因此钻石矿而命名。

劳伦斯·格拉夫说道："我们十分高兴能拥有如此具有历史意义的钻石，这也是一项重要的成就，我们感到十分骄傲。"当劳伦斯·格拉夫拿到这颗超级巨钻后，并没有急于切割和设计，而是在经过一年多的详细研究之后，以最顶尖的切割、打磨及镶嵌科技，成功地将这颗 493 克拉的原石化身成一套三件，既典雅又高贵的旷世珠宝——"莱特森传家宝"系列。该系列包括：一对梨形切割，共重 132.59 克拉的吊坠耳环，一只圆型切割、左右两旁缀以梨形切割、共重 43.63 克拉钻石的戒指，及一枚以 15 颗多种不同切割法切割钻石镶嵌而成的叶状钻石胸针，共重 55.61 克拉。

在珠宝界，格拉夫珠宝的价格远远高于其他品牌的珠宝。格拉夫珠宝的成本加价能达到该珠宝本身的四倍——这是珠宝行业中的最高价格。对于那些钟爱格拉夫珠宝的投资者和收藏家来讲，这些钻石得以卖出天价，主要还是劳伦斯·格拉夫的功劳，因为他独特的钻石加工工艺早已超越了同行，令他们望尘莫及。

现在世界上最大、最精美的彩色钻石的聚集地是伦敦。不管是在巴黎的旺多姆广场，还是在纽约市的第五大道，你都无法找到可以与之相媲美的珠宝圣地。的确如此，这里的彩钻举世罕见，不论是数量，还是重量，都是非常稀有的。其中以格拉夫珠宝店所收藏的彩钻最为突出。如今已经70多岁的劳伦斯·格拉夫走遍世界各地，他所经手的珠宝价格不菲，也是大多同业竞争者所买不起的。劳伦斯·格拉夫时常骄傲地说："让别人去摆弄一两克拉的小钻石吧！"几十年来，他卖过许多大钻石，比如244克拉的白钻"璀璨"、78克拉的黄钻"金玛阿哈加"等。当然，他购进巨大宝石的魄力更令整个钻石行业生畏。过去三年间，格拉夫在四颗钻石上就花了一亿美元。没错，一亿美元只买了四颗钻石，其中一颗是24.78克拉的无瑕疵粉钻，在日内瓦拍卖会上被劳伦斯·格拉夫以4600万美元买下。劳伦斯·格拉夫的宝贝中还有一条用26颗钻石制成的项链，这些钻石来自重603克拉的原钻"莱索托诺言"。劳伦斯·格拉夫花了1240万美元从非洲国家莱索托的莱特森矿山买下这颗原钻。如今，格拉夫国际钻石公司将这条项链标价6000万美元出售。同样待售的还有"格拉夫星座之石"——102.79克拉的内无瑕圆形白钻，它切割自价值1840万美元、重478克拉的原钻"莱特森之光"。

据美国宝石学院估计，全球钻石市场上同时出现的奇特钻石加起来也只有4000克拉，而且每年开采出的彩色钻石只有50至60克拉。因此，彩色钻石的价格急剧上升。具有讽刺意味的是，分别由氮和硼元素形成的黄色和蓝色钻石曾被人认为品质不纯。比如在1982年的时候，一颗非常精美的粉色钻石标价也就1000美元，而在今天，同等品质的钻石至少价值20万美元。在今天的伦敦珠宝街，钻石也

在按照其稀缺程度——红、橙、绿、蓝、粉、黄——引领着收藏市场。这些彩钻被认为是"世界上最为浓缩的财富",在过去10年的珠宝拍卖会上,最高的25个拍卖价中有24个是彩色钻石拍卖得到的。英国钻石贸易中心的业务主任丹尼尔·怀特非常赞同这一点:"在雕琢过的宝石中,通常50颗里才能发现1颗超过0.2克拉,而奇特的宝石更是万里挑一。因此,如果你看到一块奇特的、超过5克拉的蓝宝石,保守地说,这已经是百万里挑一了。"

劳伦斯·格拉夫一生曾买入并转手卖出数十颗华贵的彩色钻石,令同行嫉妒的是他拥有全世界60%以上的黄色钻石。如"金黄之星"(101.28克拉)、"沙皇皇后"(90.14克拉)、"金玛阿哈加"(65.57克拉)和107.46克拉的黄色"罗耶特曼"钻石。在这些宝石中,有一颗蓝钻最为著名。2009年,劳伦斯·格拉夫以破纪录的2430万美元天价拍得一颗被欧洲皇室保存300年的珍贵蓝钻石。这颗当时重达35.56克拉罕见的蓝钻曾属于西班牙国王腓力四世,1644年他在女儿马格丽特·特丽莎与奥地利皇帝雷奥波德一世结婚之时,将其送给了女儿。1722年,这颗钻石传到了嫁给巴伐利亚王子查尔斯·阿尔伯特的奥地利公主玛丽·艾玛丽手中。维特尔斯巴赫是巴伐利亚王子查尔斯·阿尔伯特家族的姓,这颗钻石也被命名为"维特尔斯巴赫"。巴伐利亚在第一次世界大战后成为共和国,"维特尔斯巴赫"钻石与巴伐利亚王冠上的其他珠宝一同被拍卖,此后消失了70多年,直至2008年被劳伦斯·格拉夫买下并重新切割,最终重量是31.06克拉。

钟爱珠宝的中东和东南亚超级富豪历来就对世界名钻如饥似渴,对格拉夫的顶级名钻饰品更是情有独钟。但他们知道,真正让这些钻石得以卖出天价的原因,主要还是格拉夫独特的钻石加工工艺。

值得注意的是,在珠宝界格拉夫珠宝的价格也要高于其他品牌的珠宝。格拉夫曾经制作过一条颇有分量的项链,这条项链镶嵌着一颗做工复杂而精致奇特的最好的彩钻——混有最稀薄微妙的粉色、蓝色、白兰地及黄色色调。这颗色彩似瀑布般荡漾的彩钻以近4000万美元的价格出售。鉴赏家们认为,这颗钻石之所以珍贵,不仅仅是因为它的形成时间长达百万年,他们更加看重的一点是制作这条项链需要一套色泽和清晰度都精确匹配的宝石——劳伦斯·格拉夫为此花费了许多年的时间。

投资格拉夫珠宝可以让投资者获得可观的收益,但还是要注意几点:劳伦斯·格拉夫在他最昂贵的珠宝上都做了激光标记。所有合法销售钻石都有一张"唯一"的通行证,这张证书对钻石进行了四个方面的评价——色泽、透明度、伤痕和重量。没有通行证的钻石在合法交易市场上一文不值。每张通行证通常会配有一张图表,记录着钻石上微小的碳质瑕疵的位置,通过珠宝商特制的一种10倍率的放大镜能看到这些瑕疵。

尽管那些真正非凡的彩钻通常只是沙特阿拉伯王子、俄罗斯大亨和时髦的印度王公追逐的玩意,但是一些专业级的珠宝投资者建议:"格拉夫珠宝并非只为六位数收入的客户专设的。半克拉重的彩色钻石虽然数量不大,但仍然是可以买到的,也是不错的选择"。

雷蒙德·雅德珠宝代表的是一种风骨，一种性格，一种历久弥新的温情，以及美国人对未来的信心、对生活的向往、对幸福的热切渴望。可以说，雷蒙德·雅德珠宝镌刻着美国人灵魂深处的天性——乐观向上、自由随性！

RAYMOND C.YARD

美国梦的珠宝符号

雷蒙德·雅德

历史篇
LISHIPIAN

雷蒙德·雅德珠宝公司创始人的故事是一个典型的"美国梦"的缩影。身为一名铁道工人之子，雷蒙德·雅德虽然出身平凡，但他凭借自身的努力，从13岁就开始在珠宝行业打拼，年轻的雷蒙德·雅德梦想有一天那些富贾豪商最终都会向他敞开大门，成为自己的客户。多年之后，曾经的小报童的珠宝梦想最终得以实现，并创造了美国珠宝史上的传奇。

在美国，除了蒂芙尼蓝色的小盒子会令女人欣喜若狂之外，朱红色烫金边并印着"Raymond C. Yard"字样的小盒子同样会令她们神魂颠倒。不仅如此，无论是求婚、结婚、纪念日还是庆生，美国人早已习惯挑选一件最精巧婉约的雷蒙德·雅德珠宝来见证自己的幸福。

也许很多人对雷蒙德·雅德珠宝一无所知，也许有人早已在第五大道的雷蒙德·雅德珠宝店中目睹过它的风采。不管怎样，无论是在世界各国的鉴赏家眼中，还是在普通的美国人的心中，雷蒙德·雅德绝对是演绎美国珠宝风格和气质的完美典范。

关于雷蒙德·雅德珠宝的历史可以追溯到19世纪末期，1885年4月的一个夜晚，身为铁道工人的威廉·亨利·雅德下班后，先是给即将临产的妻子买了一些食物，然后和往常一样回到家中，刚一进门便听到卧室里传来一阵婴儿的啼哭声。紧接着，他的妻子用微弱的声音呼唤着威廉："亲爱的，我们多了一个儿子，我想叫他雷蒙德。"这对夫妻永远都无法忘记就在四年前，他们的女儿在肺炎中夭折的情景。而此时，一个新生命的诞生又给他们的生活带去了新的色彩与希望，威廉望着怀中的男婴不禁喜极而泣。

此后的10年里，雷蒙德·雅德长成了一个聪颖的少年，他的父亲也得到了晋升，一切都是那么幸福而平静。然而，就在1897年，威廉·亨利·雅德忽然染上肺结核而故去，原本美满的家庭瞬间充满了无形的压力。雷蒙德·雅德仿佛一夜之间便长大成人，他不再是那个在学校里嬉戏玩耍的男孩，而成为一个担当家庭责任的人。

也许是上帝对这对孤儿寡母特别眷顾，就在雷蒙德·雅德13岁那年，珠宝商赫尔曼·马库斯给他提供了一份工作。那一年，雷蒙德·雅德放弃了自己的学业，和母亲一起搬离了新泽西，在纽约曼哈顿开始了新的生活。开始时，这对母子的生活十分

这只兔子侍者胸针是雷蒙德·雅德最为经典的造型，1931年曾轰动一时。之后，雷蒙德·雅德以这只兔子为主人公塑造了各种兔子胸针，成为一个经典的"兔子"系列。

艰难。唯一幸运的是雷蒙德·雅德所在的马库斯珠宝公司名噪一时，其创始人赫尔曼·马库斯曾被法国19世纪珠宝商和历史学家亨利·威尔称为全纽约最出色的珠宝大师之一。在这里，雷蒙德·雅德开始在工作之余学习珠宝制作，而这竟然成了改变他毕生命运的转折。

雷蒙德·雅德勤奋好学，对珠宝制作表现出强烈的求知欲，他在工作之余时常默念各种珠宝制作的术语，甚至梦想着自己有一天也能够成为一名出色的珠宝制作大师。也许雷蒙德·雅德自己也没有想到，这个一直埋藏在心底的梦想竟然为他开启了一片艺术天地。在赫尔曼·马库斯等珠宝大师们的影响下，雷蒙德·雅德对一件件精工细作的充满艺术感的珠宝作品越来越着迷。渐渐地，他早已不满足于每晚的珠宝制作课，马库斯珠宝公司的各个部门频繁地出现他的身影。就这样，那些珠宝师傅们渐渐地喜欢上了这

个好学的少年，都很乐意手把手教授他珠宝制作的方法。17岁那年，雷蒙德·雅德成为公司珍珠部一名穿珠手，在此期间，他继续钻研珠宝知识，谁也没有想到，这个少年最后竟然成为全公司最权威的珠宝专家。

四年后，雷蒙德·雅德已经21岁了，他迎来了人生第二个转折——从一名在珠宝制作台流连忘返的珠宝师变为一名珠宝销售人员。在此期间，他不仅了解了珠宝贸易和销售的各个环节，并且以出色的专业知识和耿直善良的品性结识了马库斯珠宝公司最尊贵的客户洛克菲勒家族、弗拉格勒家族。由此，雷蒙德·雅德一跃成为马库斯珠宝公司最重要的人物。

1922年5月22日，雷蒙德·雅德迎来了他人生中最重要的时刻，他在纽约第五大道527号成立了自己的珠宝店。当洛克菲勒中心还只是个草图上的华丽梦想；当人们聚集在街头巷尾纷纷议论的是图坦卡蒙王的墓冢；当收音机的电波中播报着水晶耳机的问世；当"夜总会"这个词第一次在《纽约时报》上出现，雷蒙德·雅德，这个代表了美国精神的珠宝品牌的第一家展示店正式开业了。至此，曾经遥不可及的珠宝梦想最终得以实现，并绽放了第一朵绚烂的花朵。

从洛克菲勒家族到弗拉格勒家族，从弗莱施曼家族到伍尔沃斯家族，再到著名女影星琼·克劳馥等热衷于时尚的先锋女性……这些家喻户晓的名字一直镌写在雷蒙德·雅德珠宝最忠实的客户名单上。这个名副其实的美国珠宝巨星在过去和现在一直展现着诱人的光彩。

自从雷蒙德·雅德珠宝店开业的第一天起，就拥有了超过1000位尊贵客户。其中最著名的客户就是洛克菲勒家族、弗拉格勒家族、弗莱施曼家族、伍尔沃斯家族。

20世纪60年代之前，雷蒙德·雅德珠宝的客户大都是一些老牌的工业巨子，虽然他们富可敌国，但行事十分低调。因此,他们都不约而同地选择了毫不张扬的雷蒙德·雅德珠宝来承载他们生活的喜悦和感动。在一些专业珠宝评论家的眼中,无论是雷蒙德·雅德珠宝,还是它的客户,"低调"始终是他们基因中的共同性格。与这些工业巨子相似,雷蒙德·雅德珠宝没有浮夸出位的造型,更没有疯狂绚烂的色彩,有的是细微之处的精心雕琢,每颗不同切工宝石的完美拼接,仅凭这些就足以让整个世界的大多数宝石黯然失色。

除了这些低调的富豪之外,雷蒙德·雅德的客户也不乏影视明星与社会名流,好莱坞黄金时代著名女影星琼·克劳馥就时常佩戴着雷蒙德·雅德珠宝出现在世人面前,著名活动家福尔蒙特·佩克女士更是喜欢收藏雷蒙德·雅德珠宝。雷蒙德·雅德1945年制作的蓝宝石胸针曾成为佳士得拍卖会上最热门的拍品,此外,收藏家克莱拉·佩克女士收藏的兔子骑手胸针是雷蒙德·雅德1931年的作品……

到20世纪60年代初期,雷蒙德·雅德的客户发生了很大变化。在珠宝界浮浮沉沉60载的雷蒙德·雅德在1958年的春天宣布正式退休,雷蒙德·雅德珠宝公司也迎来了三位掌门人——格林·马克奎克、罗伯特·吉普森和唐纳德·巴托。在这三人的决策之下,雷蒙德·雅德珠宝公司聘请了品牌第一位专属设计师马塞尔·格瑞夫斯,马塞尔开始积极地吸收新兴的工艺和元素,创作出了更加具有时代感的珠宝作品。这些作品恰好迎合当时上层社会名流的品位,新兴自主创业的企业家和他们的妻女也逐渐取代了先前的老牌工业巨子成为了新的客户。这是一群热衷于时尚的先锋女性,在她们眼中,珠宝是时尚的一部分,它必须要站在时尚的潮头上俯瞰世界。

今天,在美国人心目中最完美的珠宝品牌清单上,雷蒙德·雅德珠宝必定名列前茅。挑剔得近乎苛刻的选材,圆润得几近神奇的工艺,大气并彰显着高雅的设计感,每一款雷蒙德·雅德珠宝留给世人的都是充满着曼妙感觉的完美形象。

凭借着个人的非凡品位和多年的制作珠宝经验,雷蒙德·雅德本人从一开始就为这个品牌奠定了非同寻常的严格标准和高雅基调。从宝石选材到作品工艺,他秉承了马库斯珠宝公司精益求精的基本理念,要求每一件珠宝作品的正面和反面同样完美无缺。

美国珠宝发展的历史就是一面见证美国人独特个性的镜子。自由、张扬、自信、幽默……所有这些关于性格的词汇都可以在美国珠宝的嬗变中找到答案,仿佛这是一串解读这片土地的密语,在每一件珠宝作品深处熠熠生辉。从蒂芙尼、海瑞温斯顿到雷蒙德·雅德,"美国式"打破了传统珠宝设计的条条框框,用棱角分明的简约线条体现珠宝设计的另一种含义——崇尚自由,随性而生。其中,低调的雷蒙德·雅德珠宝一直凭借简约的造型、高贵的设计感,尽显出时代的锋芒,而近百年的历史浮沉丝毫没有让雷蒙德·雅德珠宝被时间埋没,这个名副其实的美国珠宝界的低调巨星在当代舞台上愈发展现出青春的诱人光彩。

初期的雷蒙德·雅德珠宝倾向于选择独立珠宝工匠的作品,由雷蒙德·雅德本人亲自来挑选究竟哪些作品可以在展示店中出售。纯金、全钻以及天然

雷蒙德·雅德经典的小屋造型首饰

珍珠的柔美色彩充斥于店内,温婉的光芒折射出浓厚的后爱德华时代和装饰艺术风格。

从1926年起,凸显宝石本身的光泽和更加夸张高贵的造型成为雷蒙德·雅德珠宝追捧的风格,雷蒙德·雅德的设计师开始把不同切工的宝石置于同一件作品中,以展现更加丰富的层次感和光泽度。为了追求这种奇特的效果,雷蒙德·雅德的设计师们开始选用在当时比较罕用的、切割更加精致的长阶梯形钻石,并且经常把这种钻石和圆形钻石同时使用,以创造一种更加高贵典雅的气质,对于雷蒙德·雅德的设计师们来说,装饰艺术风格一直是此时受到专宠的对象。

进入20世纪80年代,当所有珠宝品牌都在殚精竭虑地思考如何在时尚的脉搏中以不断的推陈出新站稳脚跟时,雷蒙德·雅德珠宝反而在新任总裁罗伯特·吉普森的决策下大胆回归了早年的经典风格。一时间,以铂金钻戒为主角的古董珠宝在雷蒙德·雅德珠宝店中卷土重来,至今,当人们走进那间历经近百年岁月的珠宝店铺时,仍然能感觉到与其他美国品牌大相径庭的历史厚重感,在时尚风潮的涌动间显得卓而不凡。

"奢华古典"始终是雷蒙德·雅德珠宝热情追求、从未摒弃的一贯风格。每一款雷蒙德·雅德珠宝自始至终都散发着梦幻般的光芒,即便是今天,每次观赏它总会让人有恍若隔世般的神奇的奢华之感。

早在20世纪20年代品牌建立之初,那家面积并不大的展示厅就充斥着后爱德华时代和装饰艺术时期的典雅风格,并在20世纪30年代发挥到极致。不同类型的宝石切割技术早已发展到相当精美的程度,柔和的双刀切割配以闪耀璀璨的多面切割出现在同一件作品中,幻化成更加立体而多元的梦幻光芒,即使是今天,每次观赏这些宝石总会让人有恍若隔世般的神奇的奢华之感。

纵观雷蒙德·雅德珠宝所有作品，无论是简约大气的设计，还是精致入微的展现手法，雷蒙德·雅德珠宝始终以独有的低调风格诠释着所有时尚元素都皈依的终极目标：奢华。珠宝的目的在于装点生活，而雷蒙德·雅德珠宝设计师们则更加纯粹，希望把珠宝的装饰和艺术的美感发挥到极致。钻石的纯净、红宝石的热烈、蓝宝石的深邃、祖母绿的灵动，只有当上等的材质邂逅美国珠宝"梦想家"乐天的个性，才能让珠宝回归那个令人神往的永恒主题：让生活更加精致和纯粹。

雷蒙德·雅德珠宝体现了美国人乐观幽默的性格。除了传承经典风格的珠宝作品之外，雷蒙德·雅德珠宝带给人们许多温暖有趣的珠宝作品。最著名的就是已传承百年的兔子形象，在雷蒙德·雅德的珠宝作品中，兔子那两颗诙谐的牙齿成为其历史上最值得纪念的里程碑式作品，更成为代表美国幽默精神的最佳吉祥物。

雷蒙德·雅德还用珠宝诠释了"家"的概念。1932年雷蒙德·雅德推出的小屋胸针，就代表了美国人心中最温情的家的造型。红色珐琅的屋顶，环绕着钻石大树，枝叶间装点着的各色宝石更充满了梦幻的色彩，而光芒纯净的钻石小屋就像是每个人心中对家庭的终极幻想，满载着温暖而圣洁的情怀。到了20世纪60年代，弗莱格勒和费尔斯通家族开始把自己的房子搬上草图，变成了一座座精致的宝石小屋，一时间，小屋胸针成了人们对家的情感的最真诚表达，一幅爱的画卷在胸前深情展现。

在雷蒙德·雅德将近百年的历史中，从著名学者到社会名流，从商贾富豪到明星名媛，热爱它的人始终和它一起保留着对珠宝的痴迷，对历史的敬意，以及对情感的追寻。试想一下，求婚、结婚、纪念日、庆生……人们打开朱红色烫金边的小盒子，顺着盒子上的银色刻字认真默念——Raymond C.Yard，方形切割的蓝宝石戒指在情人节闪烁出醉人的光芒；温馨的宝石小屋胸针成为祖母外套上最活泼的风景；跳跃的梨形切割钻石吊坠在青春的脖颈上熠熠生辉；环形切割的红宝石耳坠让结婚纪念日中的二人向更远处的未来眺望……每一个特殊的日子里，美国人早已习惯了挑选一件最精巧婉约的雷蒙德·雅德珠宝来见证自己的幸福，因为在他们心中，雷蒙德·雅德珠宝一直关系着人们的幸福与生活。

意大利人皮诺·拉博利尼不亚于任何一位殿堂级珠宝大师,由他一手创立的宝曼兰朵珠宝,用完美的品质、出色的设计、高贵的品位,一扫意大利传统珠宝的沉闷和拘谨之风,以特有的时尚风格让世人一见倾心。

珠宝时尚的先行者
宝曼兰朵

风靡欧洲时尚界40多年的传奇珠宝品牌宝曼兰朵诞生于1967年的意大利米兰。创始人皮诺·拉博利尼眼光独到,希望以这个全新珠宝品牌,将他所理解的奢华、时尚、优雅的气质传递到世界的各个角落。

意大利源远流长的历史文明和文化底蕴是意大利人最珍贵的"传家宝",即使在今天,罗马古建筑仍一如既往地影响着珠宝设计师的创意灵感;黄金和彩色宝石依然是珠宝工匠最擅用的珠宝原材料;历经数百年极有可能失传的珠宝镶嵌工艺还在被一些珠宝世家完美流传。

古罗马的文明、欧洲如火如荼的文艺复兴运动、装饰艺术风潮……整个意大利就像是个露天的巨大的博物馆,千百年来,意大利人在浓厚的艺术氛围的熏陶下，打下了牢固的艺术根底。米开朗基罗、贝尔尼尼和博罗米尼等艺术大师的作品被地道的意大利品牌珠宝巧妙地吸收融合到了珠宝设计和创造中；罗马历史悠久的建筑纹理，甚至连街道上一颗古老平凡的鹅卵石都逃不过设计师们的慧眼，成为他们设计珠宝系列作品时的灵感源泉，经久流传。那些传承家族精髓与技艺的珠宝设计师和珠宝匠人是在金、银和珍贵宝石上作画的人，是当之无愧的艺术家。一个个耀眼的珠宝品牌，如宝格丽、布契拉提、德米亚尼，均以惊艳之作俘获芸芸众生。在意大利众多珠宝品牌中，有一个非常年轻的珠宝品牌凭借完美的设计与精湛的工艺异军突起，成为世界顶级珠宝品牌，它就是宝曼兰朵。

宝曼兰朵珠宝公司成立于1967年，距今仅有40多年的历史，其总部设在意大利的米兰，由皮诺·拉博利尼和路易吉·西诺里共同创立。宝曼兰朵珠宝公司在创立之初只是一家15人的小作坊，由皮诺·拉博利尼管理。出身于米兰珠宝制作世家的皮诺·拉博利尼，自公司成立之后便开始尝试打造一个与众不同的全新珠宝品牌，他摒弃往日墨守成规的晚礼服用珠宝款式，而创造出极具个性的珠宝饰品，并首次将珠宝日常佩戴和混搭理念推广开来。此后，宝曼兰朵在珠宝设计传统守旧且佩戴方式墨守成规的时代异军突起，发展成为世界公认的"珠宝时尚先行者"。

"珠宝买来不是被收藏的，而是可以随时随地拿出来佩戴的。"这是宝曼兰朵自创立以来一直倡导的理念。因此，宝曼兰朵的珠宝作品自始至终都呈现出一种时尚感，并不断地向人们传达流行理念。不仅如此，每一件宝曼兰朵珠宝都是独一无二的，设计张扬但不过分夸张出位，有别于传统珠宝的冷艳，总能让人眼前一亮，尤其是灵活的线条和极具特色的果冻色调，让宝曼兰朵珠宝散发出如同糖果一般的诱人魅力。

2009年，时尚界遭遇了有史以来最严重的金融危机，众多国际奢侈品品牌都受到影响，宝曼兰朵也不例外。不过，这个年轻的意大利珠宝品牌迎来了一位新掌门，他就是安德里亚·莫朗特。这位投资银行家曾在伦敦的瑞士信贷第一波士顿银行工作15年，而后在摩根士丹利任职7年，1990年成功策划并执行了古驰兼并案。那是他第一次涉足奢侈品行业，但却让这位常年与数字打交道的职业投资人对奢侈品行业产生了兴趣。

　　安德里亚·莫朗特接任宝曼兰朵全球首席执行官之后，虽然面对诸多问题，但商场经验丰富的他并未就此停滞不前，而是在保持着谨慎经营状态的基础上，不断寻求新的发展。先后在芝加哥、洛杉矶、伦敦等城市开设新店，此举让宝曼兰朵获得巨大成功。为此，安德里亚·莫朗特说："没有人会否认过去的经验带来的好处，作为一个投资者，我的眼睛会看到更宽、更远的地方，有时候你必须有勇气作这样的决定，除非你不想完成这件事"。作为目前世界范围内少数独立的顶级珠宝公司，宝曼兰朵一直被众多时尚集团窥视。可以说，安德里亚·莫朗特的出现不仅壮大了宝曼兰朵珠宝公司，甚至重新定义了意大利珠宝。今天，宝曼兰朵珠宝公司的总部拥有400多名员工，其中包括在米兰总部工作的100名金匠。这些意大利金匠们用精湛的手工艺，将传统与现代、实用与艺术高度结合的宝曼兰朵珠宝呈现给所有热爱意大利珠宝的人。

如果你不是某些国际时尚杂志的拥趸，或者对意大利时尚界不太熟悉，你可能没听说过宝曼兰朵这个专为优雅的女性量身打造的意大利珠宝品牌。它是内行人士的选择，一个值得狂热追捧的品牌，但又不至于像宝格丽或者卡地亚那般招摇，它有属于自己的安静的力量和高贵典雅。

"宝曼兰朵"一词来源于一种毛皮有斑点、已经绝迹多年的名贵良种马，它象征着简单、高贵。宝曼兰朵珠宝也是如此，简单中流露出高贵与优雅。也正因如此，宝曼兰朵风靡欧洲时尚界40余年，凭借创新的理念、个性的佩戴方式、奢华尽现的魅力、时尚尖端的品位，吸引无数成功女性的目光，是众多明星的心爱之物。在2010年威尼斯国际电影节上，宝曼兰朵珠宝代言人蒂尔达·斯文顿、荣获最佳影片金狮奖的著名导演索菲亚·科波拉，以及国际著名影星凯瑟琳·德纳芙等人，都是宝曼兰朵珠宝的忠实拥趸。

在宣传上，宝曼兰朵珠宝自始至终都保持着一种出奇的低调，其广告也主要集中在欧洲大陆投放，总以一种犹抱琵琶半遮面的方式，让人们费尽心思去发现它的美。比如，曾担任古驰创意总监，也是将设计师汤姆·福特带到古驰集团的引路人唐纳·梅洛就是偶然间发现了它，继而成为宝曼兰朵最忠实的顾客。纽约知名杂志封面女星朱丽安娜·玛格里斯就佩戴着几款宝曼兰朵代表性的"Narcisco"手链（玫瑰金，售价9610英镑）出镜；叙利亚第一夫人阿斯玛·阿萨德也时常佩戴着"Sabbia"耳环（玫瑰金镶绿色和棕色钻石，售价2815英镑）；就连荷兰

女王也高调购入了两枚宝曼兰朵戒指，而意大利某知名时尚杂志更是将宝曼兰朵"Dodo"系列列入世界上35个最有趣的品牌系列之一。

除此之外，一些顾客甚至不远万里专门来到意大利米兰宝曼兰朵总部购买首饰。普通大众对宝曼兰朵的印象是，宝曼兰朵珠宝设计得就像是高档成衣，可以每天享用。当你佩戴着一件宝曼兰朵的珠宝时，你会觉得自己融入了一种审美或者一种风格，那种设计和宝石独特的结合方式，给予每一件作品辨识度高并且是与众不同的标记。那些一旦发现了宝曼兰朵之美的人，没有不爱上它的。

早在20世纪60年代，尤其是在意大利，珠宝还是一件相当正式的物件，人们买珠宝都是为了婚礼、洗礼或其他一些庄重的场合。这些珠宝都被设计得非常经典，以适应在特别的纪念日佩戴。当年皮诺·拉博利尼的想法就是要让珠宝既有顶级的品质，但是又能每天佩戴。如今，宝曼兰朵珠宝用完美的品质、出色的设计、高贵的品位，一扫意大利传统珠宝的沉闷和拘谨之风，以特有的风格让世人一见倾心，同时也完成了皮诺·拉博利尼当年的梦想。

宝曼兰朵在欧洲珠宝界享有"戒指之王"的美誉，这说明了品牌在宝石镶嵌领域的非凡成就。为确保每件珠宝作品呈现出自然神韵，大小不一的各式宝石依据精准的设计绘本进行不规则镶嵌，技艺繁复且过程艰辛，堪称宝石镶嵌技艺的神来之笔。

巧夺天工的意大利手工工艺，灵感涌动的原创设计，使得宝曼兰朵珠宝一时间声名鹊起。无论在设计还是工艺上，宝曼兰朵都呈现出意大利珠宝独有的艺术风格。

色彩美学在时尚界一直有着举足轻重的地位。20世纪90年代，宝曼兰朵成为首个将彩色天然珍稀宝石用于珠宝色彩美学创作的品牌，而这一灵感

的迸发引领欧洲珠宝界走入了崇尚色彩美学的时尚热潮中，其中尤以经典的"Nudo"系列堪称完美呈现宝石色彩之美的极致典范。"Nudo"在意大利语中是裸露的意思，顾名思义，该系列最大的特色是将天然宝石纯净而生动的完美色泽以巧夺天工的手工镶嵌工艺裸露呈现，令宝石的璀璨光华瞬间跃然眼前。佩戴者可根据个人的色彩喜好、着装风格以及出席不同场合的需要，创造属于自己的珠宝首饰色彩组合，来满足珠宝的个性化佩戴诉求。宝曼兰朵的另一代表作是"Luna"系列，将不同色泽的彩色宝石搭配在一款珠宝上，令"Luna"系列在色彩美学的应用中显得更具革命性。而宝曼兰朵的"Bahia"系列则通过大颗稀有彩色宝石的选用和配搭来凸显色彩的张力和震撼感。

宝曼兰朵在把握珠宝作品所呈现的质感方面见解独到。凭借设计师天马行空的想象力和珠宝工匠精湛的手工技巧，创造出一款款质感迥异的黄金饰品，最大限度将黄金这种并不容易改变质感和观感的材质以更具创意的形态呈现。如玫瑰金材质的"Duna"戒指，为表现其复杂刻面的细腻线条效果，宝曼兰朵采用了风拂沙粒的划痕工艺，柔和的刻面线条与璀璨炫美的粒粒钻石相呼应，令整件作品更显弥足珍贵。"Cocco"手镯和戒指所呈现出的质地出人意料，它将华贵的鳄鱼皮纹理手工雕琢刻画在磨砂黄金上，首饰侧面的宽边密镶如繁星般的璀璨钻石，达到画龙点睛的效果。迷人的"Sirene"手镯选用了玫瑰金材质，饰以宛若美人鱼般灵动柔美的尾部鳞纹，点缀以水滴般晶莹剔透的钻石。"Schiava"手链堪称宝曼兰朵最引以为傲的意大利金匠传世手工技艺的巅峰之作，其完美的隐形搭扣和链环的圆润线条、质感与佩戴者肌肤完美贴合。

论及镂空透雕工艺在珠宝中的应用，宝曼兰朵可谓个中翘楚。美丽绝伦的镂空透雕设计灵感源于美丽的蕾丝花边。"Arabesque"系列以充满异域风情的淡金色阿拉伯花纹为主旋律，或以镂空雕花工艺在纯金材质上雕琢呈现，或采用纯金镶嵌不对称切割大粒单颗彩宝的双面镂空效果来强调金石之间的幻彩灵动之感，后者多用于项链的吊坠设计，以求达到每枚吊坠既有金色蕾丝花纹的镂空光影，亦有宝石光泽在花影间穿梭的动感效果。充满东方韵味的"Ming"系列将透雕工艺的精髓以点睛笔触巧妙演绎，微妙的光影效果把东方文化的神秘气质彰显得淋漓尽致，全系列采用玫瑰金制作，耳环上更巧妙地点缀以色彩绚烂的褐钻。

"Tabou"戒指的戒身密镶以石榴石、紫水晶、烟晶以及白色和蓝色托帕石，并选用色彩亮丽的大颗宝石为凸面中心，堪称凸面戒指中的翘楚之作。"Sabbia"系列中不同色彩的粉蓝宝石、蓝宝石、绿蓝宝石叠加镶嵌，并在周围铺满上百颗小粒钻石，姹紫嫣红瞬间绽放，恰如在沙漠中被阳光照射的细沙般灿烂耀目。而"Capri"系列中的两款戒指则不禁令人想起哥特式窗棂，宝石与玫瑰金的嵌合痕迹因高超的镶嵌技艺变得隐匿不明，令粉色或蓝色宝石看似悬浮在手指间，仿佛暖春季节天空中飘过的绵绵云朵。

此外，为诠释"Tango"系列的完美气质，宝曼兰朵采用了源自8世纪的古老金饰制作工艺，选用珍贵的纯净白钻与褐钻铺镶于质感卓越的镀铑银与玫瑰金质地链圈上，复古神韵呼之欲出。全系作品将黑白主题演绎到极致，白钻款式流光溢彩，褐钻款式神秘魅惑。无论是经典的宽链项链或手链，还是婚戒款式的满钻素圈，抑或大小不等的同款式耳环，"Tango"系列注定拥有与生俱来的王者风范。

作为欧洲久负盛名的珠宝品牌，作为欧洲销量排名前五位的顶级珠宝品牌，宝曼兰朵通过将精湛的珠宝艺术、创新性与宣传策略多样组合，为珠宝搭建了新的展示舞台，并为所有热爱珠宝的人们呈上一份触手可及的珍贵礼物。

宝曼兰朵每年都会推出新款珠宝饰品，由大约250位工匠精心制作，以全新的材质、颜色和形状闪亮上市。宝曼兰朵最大的特色便是将高级成衣的设计观念引入珠宝业，它彻底抛弃了高级珠宝只能使用昂贵材质的旧传统，大量采用三色K金和五颜六色的有色宝石，如浪漫的紫水晶、热烈的石榴石、凝重的青金石和清澈的黄钻等，而且，首饰外

新款"Nudo"系列戒指采用7种宝石,包括伦敦蓝托帕石、马德拉石、紫水晶、绿紫晶、柠檬石、橄榄石和橘色石榴石(镶嵌橄榄石和石榴石的款式为限量定制版)。

形柔和圆润,容易与休闲装或正装搭配,灵活多变,实用大方,与流行趋势相呼应,这让收藏宝曼兰朵珠宝成为很多女人不愿戒掉的嗜好。

在宝曼兰朵珠宝中,"Pom Pom"戒指系列非常具有特色,价格都极其昂贵。每一款都是惊世之作,并且独一无二。在每年的宝曼兰朵珠宝发布会上,大部分的珠宝专家都被这一系列的华美指环所吸引,有的收藏家不惜重金将其收入囊中。不只是女性,就是男人看到这些精美的戒指,也会为之心动。如硕大月光石戒面仿佛诱人的荔枝,浮于小颗月光石和蓝方石之上,折射出的数道幽蓝光芒穿过大颗月光石,打造出夜晚深邃的星空,令人心醉神迷,这款白金戒身镶嵌着月光石、蓝方石和钻石的戒指售价为123.6万元人民币;三颗翠绿如茵的祖母绿宝石,为密镶的钻石与小颗祖母绿宝石簇拥,宛若甜蜜的慕斯蛋糕予人梦幻般的童话,这款镶嵌着祖母绿宝石和钻石的白金戒指售价高达69万元人民币;还有一款由橙色宝石环绕的戒指,售价为56000英镑,一颗来自日本的硕大圆形珊瑚,镶嵌在一圈方形棕色钻石之中的指环,售价高达77000英镑……"Pom Pom"系列总能以最惊艳、最令人不可思议的方式呈现在人们面前。

除了顶级"Pom Pom"戒指系列之外,宝曼兰朵还推出了相对比较便宜的"M'ama non m'ama"系列戒指,该系列赋予人们细腻诠释情感的魔法能量,帮助人们将爱与被爱的浪漫美好呈现给世界,让人们的爱意呢喃留在爱人的心间。该系列包含9款精致的爱意戒指,华美的玫瑰金戒身镶嵌有色泽剔透、独具匠心的9款稀有宝石,寓意着不同情感,演绎爱情的每个层面:寓意热情的火欧泊、寓意渴望的紫水晶、寓意嫉妒的橄榄石、寓意温柔的蓝色托帕石、寓意爱情的红碧玺、寓意喜悦的月光石、寓意希望的绿碧玺、寓意满足的石榴石和寓意怀念的堇青石。

相对宝曼兰朵以上两套一线产品,宝曼兰朵二线品牌"Dodo"同样受到人们的欢迎。"Dodo"系列下的所有饰品都是由珍贵材质制成的,这个系列由皮诺·拉博利尼早在1955年便创立了,因为他一直想制作更平易近人的珠宝产品。他让设计师们创造一些只需要1克黄金的饰品,显而易见,这在性价比上更为合理实惠。他甚至推出了一些只售40欧元(现在的价格为99英镑起)的小饰品,将之称为"Dodo"。

这些小饰品可作为定情之物,或者某种特别纪念礼物,又或者仅仅是为了好玩而买来收藏。在意大利,"Dodo"的手镯或者其他饰品通常成为给孩子们买的第一件珠宝首饰。60种不同的饰品分别传递着不同的信息:狮子表示勇气,猫头鹰表示"我喜欢黑夜",海龟则表示"让我们一起向前"……所有这些动物都是用黄金制成,有的还镶有小钻石或者彩色的宝石,并且都可以作为吊坠,或者用一条链子系起来当手链戴。为了庆祝其诞生15周年,该系列推出了一款特别的小饰品——一个镶钻的熊猫,其售价为770英镑。喜欢宝曼兰朵珠宝的顾客对"Dodo"的痴迷溢于言表,他们都是从Dodo系列一点点买起,随着岁月的流逝,越集越多。

假如珠宝界没有绰美，就如同一位国王没有王冠一样尊严大失。有多少深谙珠宝之道的人会不知道约瑟芬皇后加冕时所佩戴的那项月桂枝叶后冠？又有谁不知道那项被瑞典王室看成传世之宝的珍珠宝石王冠？如果没有绰美，这些珠宝历史中华丽的注脚都将化为乌有。绰美，珠宝界最负盛名的冠冕之王，凭借其卓绝的设计缔造了一个时代的华美巅峰。

CHAUMET
冠冕之王
绰美

拥有200多年历史传承的绰美，代表着法国顶级的珠宝工艺。它曾经受宠于法兰西的传奇人物拿破仑，曾经历了大革命的硝烟战火，绰美的历史中有太多的沧桑、太多的故事。它在巴黎的一角，自始至终执着于打造美丽精致的梦想。绰美的奢华与高贵，来源于真诚。

两个世纪以来，法国宫廷的奢华生活造就了今天的奢侈品文化。其中，世界著名珠宝品牌绰美的历史就与法国的历史紧密相连。拿破仑时代的法国宫廷对珠宝的喜爱已经到了无以复加的程度，天才设计师马里·艾蒂安·尼托对宫廷品位的了解也是无人能及。从镶有法国最美丽宝石的执政官佩剑到皇帝佩剑，从约瑟芬皇后数不尽的首饰，到玛丽·路

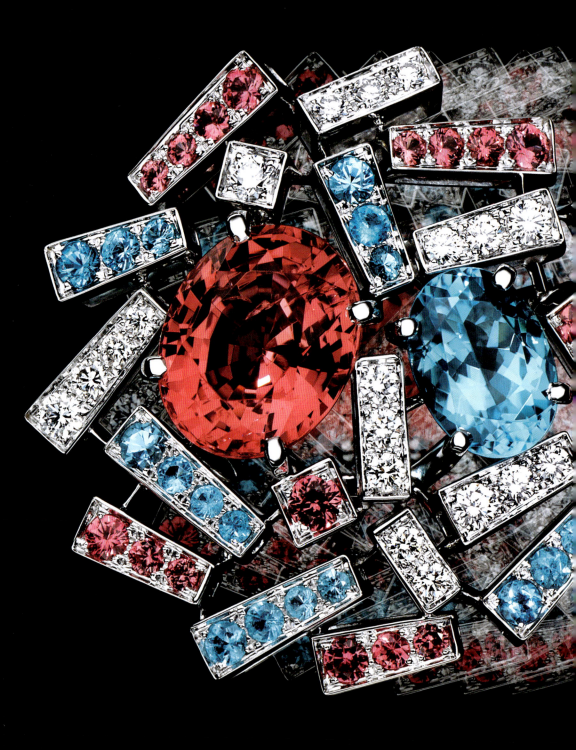

易丝皇后的珍贵收藏——皇室订单可谓源源不绝。对珠宝有着狂热追求的拿破仑,甚至要求族中姐妹都佩戴高高的王冠,以增加她们所缺乏的皇族气质,即使身处人群当中也可被轻易认出。潮流便这样形成了。直到20世纪,马里·艾蒂安·尼托及其后人都对头饰设计情有独钟,富人们佩戴着珍珠和宝石镶嵌的头饰穿梭于高级场合,从此,贵族阶级与这一品牌结下了不解之缘。

1780年,著名珠宝品牌绰美伴随着拿破仑的荣耀揭开它伟大的序幕。当时的马里·艾蒂安·尼托还是一个名不见经传的银器工匠,一天他走在街上,一匹脱缰的战马从远处飞驰而来,就在最危急的一刻,马里·艾蒂安·尼托上前一把拉住缰绳,控制住了这匹受惊的战马,同时也保住了马背上那位骑士的安全,而这位骑士不是别人,正是后来的法国首席执政官拿破仑。

在拿破仑登基之前,马里·艾蒂安·尼托就已经凭借自己精湛的手工技艺赢得了一大批贵族客户。但真正让其享誉整个欧洲是从1804年拿破仑称帝开始的,马里·艾蒂安·尼托被任命为皇家御用珠宝工匠之后。从那时起,马里·艾蒂安·尼托的好运开始了,他和儿子一起,设计出了足以与辉煌强大的帝国时代相配的珠宝作品,成为那个奢华时代的一个标记。可以说,1780年由马里·艾蒂安·尼托创立的珠宝工坊,就像记录着拿破仑王朝兴衰的历史缩影,也忠实地呈现了欧洲社会与经济的变迁。

以19世纪为一道分水岭,在此之前,珠宝的消费者主要以皇室贵族为主,其购买珠宝的意义不仅是为了炫耀,更是权势高低的展现,拿破仑就是最好的佐证。因此为了彰显皇室尊贵富有的形象,珠宝商们在

绰美"约瑟芬"黄钻头冠,主石为 1 颗梨形切割黄钻,重 10.31 克拉,周围镶有 267 颗白钻,总重 36 克拉。

用料及设计上也往往极尽奢华之能事。在马里·艾蒂安·尼托被任命为皇室珠宝商后,绰美最为经典的头冠就是这时期诞生的产物,当时的珠宝作品,为的就是满足拿破仑企图营造法国威名的愿望。同一时期,不管是约瑟芬皇后的华丽首饰还是皇帝加冕时佩戴的珠宝及皇室佩剑(镶嵌其上的摄政王钻石还被称为是法国历史上最美丽的钻石),都是出自马里·艾蒂安·尼托之手。

头冠是高级珠宝中最特殊、也是最尊贵的一种,它代表着无上的权力、财富与地位,原先只有王室成员才能佩戴。头冠镶嵌的皆是独一无二的稀世宝石,做成冠冕的特殊形状,将人们的视线吸引至佩戴者的头顶上方,显示权贵威严。在拿破仑时代,马里·艾蒂安·尼托为皇室贵族们制作了多顶极为华丽精美的头冠,显示出当时宫廷生活中挥霍奢华的一面。当时马里·艾蒂安·尼托设计的头冠,风格极为典雅,且具相当的重量,其中更有些需佩戴于额上较低的位置,甚至紧贴眼眉之上。冠上镶满了钻石、珍珠及其他名贵宝石,设计概念极富希腊及罗马艺术色彩,形成了绰美珠宝独有的奢华风貌。例如,约瑟芬皇后在 1804 年加冕时佩戴的月桂枝叶头冠,极受鉴赏家之青睐,过去 200 多年间亦曾多次被尝试复制。当时绰美创作的所有头冠均被誉为王权与等级的象征,意在宣扬王室独享的气派,更将宫廷成员的尊崇地位推至极点。

马里·艾蒂安·尼托为了壮大自己的珠宝事业定下了一个规定，那就是珠宝工坊只能由最有才华的珠宝师接任，传贤不传子。这种无私让精良的工艺更能代代相传。进入让·巴蒂斯特·弗森时期，绰美的作品深受当时法国浪漫主义思潮影响，再加上拿破仑政权倒塌，因此珠宝设计风格改变了之前帝国主义盛行时的古典色彩，在依循自然主义的前提下，运用的质材更为活泼。当时的绰美还开展了私人定制头冠的业务，其作品的形状有常春藤叶状、紫罗兰状、心形、勿忘我状，欧洲皇室宫廷成员都被其魅力所吸引。在杜乐丽宫里，贵妇人的腕上、脖子上除了佩戴着各种各样的钻石、红宝石、珍珠饰物，头上都戴着由绰美制作的精美头冠。

19世纪中叶，继任人普诺斯佩·莫雷在1848年革命中被迫远走英国，但很快又被强势的维多利亚女王任命为"女王的首饰供应商"。他的徒弟，也是他的女婿约瑟夫·绰美于1885年继任为珠宝店的第四代传人，并凭借其非凡的创意而成为无可比拟的珠宝大师。

约瑟夫·绰美那优雅而庄重的设计风格让当时的王室贵族倾心不已，他为客户设计和制作冠冕、头饰以及时装配饰，丰富的设计作品为品牌的发展作出了不可磨灭的贡献。如在1894年用金、银、红宝石和钻石打造出著名的"Colibri"头饰，还有"Soleil Levant"头饰，以及在1919年用铂金和钻石打造的波旁·帕玛头冠。正因如此，约瑟夫·绰美被人誉为"冠冕制作大师"。

1907年，约瑟夫·绰美将珠宝店迁至法国旺多

绰美"蜂·爱"耳环

姆广场12号，落户巴黎，并正式将品牌命名为"Chaumet（绰美）"。自那时起，绰美珠宝开始走向世界，约瑟夫·绰美就像魔术师一样，将珠宝的璀璨展现得淋漓尽致。此外，他还发现了制作人造宝石的方法，并能制作出带有瀑布、翅膀、蝴蝶、羽毛、龟壳、扇子形状的精美头冠，还有各种颜色的漂亮珍珠项链，为自己的艺术风格增添异彩。他的珠宝设计精致细腻，水准领先于当时的诸多同行。约瑟夫·绰美的儿子马塞尔·绰美继承了父亲的事业之后，绰美步入了新时代。这一时期绰美的珠宝风格为19世纪20年代"小男生风格"，而且融入了和谐的几何造型，但到了19世纪30年代趋向于女性化，这种风格有着强烈的色彩、材质对比，并搭配有半宝石。

19世纪20年代，欧洲奢华之风渐盛，许多贵妇都穿着各种时髦闪亮的衣服，手上戴着手镯，脸上洋溢着快乐。无论是在巴黎、罗马、伦敦还是俄国，人们彻夜狂欢或在海上畅饮，那些名门贵胄可以在牌局中输光所有的财产而不眨一眼。当时马塞尔·绰美除了设计珠宝首饰之外，还出品了大量制作精美的银制烟灰盒和各种化妆盒，以迎合人们的奢侈需求。这一举措为绰美创造了商机，那些名流贵胄们不再用印度大麻来制造梦境，因为绰美所设计的各种珠宝已经实现了他们的全部梦想。在当时旺多姆广场的各种沙龙聚会中，人们相互交换的名片也是出自绰美的梦幻设计。

到了19世纪中后期，全球工业发展迅速蓬勃，造就了一群极为富有的工商企业家，亦同时掀起了一阵炫耀私人财产的风气。全球各地的名媛仕女不惜投资在各款名贵首饰及头冠上，务求将自己打扮得如皇后般高贵。与此同时，法国的君王亦积极鼓吹珠宝商参与各项国际展览。法国制的头饰作品均在展览中囊括无数奖项，引起一时轰动。海外买家继而纷纷前往巴黎选购头冠及其他钻饰，他们发现，绰美的高级珠宝在经典中融合了现代新貌的设计精髓，完全符合他们追求个性的独特品位。绰美从此在国际市场上确立了不坠的美誉，为不少欧美名门望族及尊贵客户打造非凡瑰丽的头冠钻饰。

当绰美加盟迪奥集团之后，绰美珠宝的设计更加反映了当时巴黎人的优雅品位和创新意念。今天，旺多姆广场12号的绰美珠宝作坊继续精心制作各种珠宝首饰，以满足许多精英人士的非凡品位。

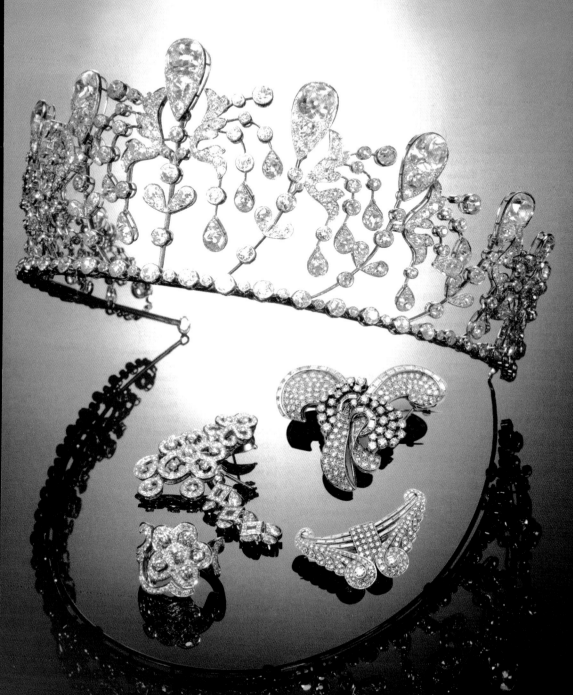

CHAUMET

尊贵篇 ZUNGUIPIAN

绰美有很多意义和象征，它代表爱情、时尚和高贵的气质，而且从未停止过对美丽的理解和揣摩。200多年来，绰美在历史的长河中浮浮沉沉，在梧桐树下的繁华世界里，演绎着一段段珠宝传奇。

直到今天，绰美仍罕有地保存着85000多份图样、数千份模型以及200多年来所有的账目记录。通过那美丽的英式书写体写下的数字，我们可以一窥奢侈的贵族名流的生活：疯狂消费的皇帝和国王、公爵夫人和公主、旧时代的宫廷人员和新时代的亿万富翁。店中珍藏着欧仁妮皇后的项链、波多卡公主的18行珍珠串、1920年印度王公定制的用钻石和祖母绿镶嵌的王冠、一位大名鼎鼎的宝石收藏家于1924年买下的用110克拉大祖母绿装饰的手镯。20世纪初，绰美的客户有吕安妮公爵夫人、谢佛勒兹公爵夫人，乌塞公爵夫人等，也有纽约的大富豪和石油公司继承人。绰美珠宝到了现代也魅力不减，20世纪80年代，喜爱珠宝的摩洛哥国王哈桑二世在旺多姆广场定购了女儿美雅公主的婚礼首饰和一块皇家印章。

作为世界上最显赫的珠宝品牌之一，绰美之所以备受皇家贵族、名门贵胄所推崇，还有一个原因，那就是绰美制作的上千顶华丽的头冠，每一顶头冠都标志着品牌的光辉和杰出的历史，以及对未来的期望。两个多世纪以来，绰美珠宝所蕴含的潮流元素、运用的时尚材质，以及一款款堪称经典的设计，都令人难以忘怀。

拿破仑政权倒塌后，欧洲的皇室贵族对尊贵首饰的热情却丝毫不减,后冠设计也出现了新变化。在马里·艾蒂安·尼托继承人让·巴蒂斯特·弗森的领导下,绰美头冠与珠宝首饰的设计风格,远离了曾盛行一时的浓厚古典色彩,取而代之的是以简洁圆润的线条,衬托着红宝石、绿宝石、钻石、珐琅等珍贵宝石。后冠采用了花卉、枝叶、稻麦、蝴蝶、蔓藤等设计主题,在显现大自然的意识形态之余,更代表着绰美不断求新、求变,以及讲求精致无瑕的创作精神。与众不同的绰美头冠首饰突破了一般珠宝制作的设计思维,引领当时皇室贵族最为欣赏的名贵钻饰潮流,亦唯有最尊贵等级的贵族名媛,才值得拥有。

几个世纪以来,绰美一直被公认为顶级的珠宝商。时至今日,绰美依然是珠宝业界及上流社会中最令人向往的高级珠宝品牌。无论是昔日的约瑟芬皇后、摩洛哥国王哈桑二世,还是今时今日的英国女王伊丽莎白二世、好莱坞影星,以及全球各地钟爱珠宝的人士,绰美珠宝都能把他们深深吸引。

19世纪20年代,王室的奢靡之风渐渐变成民间的潮流风向,那个年代的贵族妇女都以佩戴冠状头饰为时髦,而冠饰的款式也微妙地影响着其他珠宝首饰的设计风格。当时的女性定制首饰讲究的是冠饰、项链、耳环、戒指等成套佩戴。冠饰的风华令女性心醉,然而,在一切讲究实效和速率的现代社会,这种童话式的首饰越来越少见。不过在一些特殊时刻,比如婚礼上,许多女人都会佩戴一顶"王冠"。在歌星麦当娜的婚礼上,就选用了绰美头冠作为头纱配饰,刻意将新娘塑造成童年梦想中的公主,却蕴含着一种非凡、新颖感,拥有自我风格的味道,全然演绎出绰美设计大师一向极为强调的经典中融合时尚气质的设计概念。

绰美现今的客户名单上,除了王室成员,像苏菲·玛索、凯瑟琳·德诺芙等明星名媛也喜爱定制冠饰,用来在隆重的场合表现自己的慑人魅力。绰美"网着我,若你爱我"系列推出皇冠款式,以900颗耀眼的美钻及18K白金铸造,巴黎歌剧院首席舞者奥蕾莉·杜邦更将绰美经典皇冠的风采展露无遗。不管怎样,冠冕状的珠宝首饰会令人联想起公主般的纯洁高贵,这是所有女人对于珠宝的最终梦想。

绰美的珠宝设计从不落伍,一直与时尚潮流的发展紧紧相扣。在珠宝制作技术上,绰美亦不断改良,接连创造出许多惊世杰作。时至今日,绰美的头冠仍广受欢迎,在欧洲,无论是观看歌剧,参加晚宴、隆重的婚宴、宫廷舞会等大小场合,绰美头冠都成为名媛的必备配饰。绰美所制作的头冠大多采用了铂金属材质,完全突出了冠上宝石本身的光华。此外,精炼的车工技术也有显著的改良,能将宝石切割至完全吻合托架的形状及尺码,完美无瑕。在设计上,绰美亦尝试在多方面撷取艺术灵感,例如采纳以日本樱花为主的造型。卓越的工艺结合崭新设计,是绰美引以为傲的特色,甚至吸引了当时很多人将昔日家族留传的后冠拿到绰美店铺,再重新设计镶嵌珠宝,迎合时尚的需求。

顶级珠宝就像一首咏叹调,从东方珍珠的纯美吟唱到红宝石的火热,每个音符都完美无缺——即使面对威斯敏斯特公爵夫人和法丝·尼卢辛公主这两个从来不会穿同一款衣裙出席公开场合的贵妇,绰美珠宝都能让她们称心如意。在绰美博物馆名流厅中,125件白铜制作(铜、锌和镍混合而成)的皇家首饰复制品为人们讲述着那个时代的繁荣。

在绰美的世界中,美丽是品质,更是理想。正如评论家罗格·马克思所说的那样:"绰美首饰的光芒,并非来自于它的体积,或者是钻石数目的多寡。因为,每张设计图都像晶莹的水,抑或是燃烧的火……"

1900年,著名评论家罗格·马克思在一篇关于巴黎珠宝展的文章中对绰美作出以下评论:"绰美首饰的光芒,并非来自于它的体积,或者是钻石数目的多寡。因为,每张设计图都像晶莹的水,抑或是燃烧的火……"一个世纪前的评语,在今天的绰美珠宝设计上仍能得到印证。绰美的所有珠宝系列将热烈的情感与冷静的美演绎到极致,被人视为永恒之作。

绰美高级珠宝腕表。表壳为18K白金,偏心表盘,镶钻石及红宝石,红色缎带表带,防水深度30米。

绰美"旺多姆12号"系列高级定制珠宝套系6号冠冕，两侧垂饰可拆分为一对耳环。

绰美珠宝的高贵基因在于它出色的设计工艺，这些都是由工艺大师世代相传的，绰美征服了一代代女性，但它的后面却隐藏着一群手工精湛的男人。今天，如果你有幸进入绰美的工作室便可一探究竟这个高级珠宝的制作过程。

绰美总店的工作室是一个简陋的房间，堆满了各种已经磨损的工具，地上铺着格子地板，缝隙之间塞满了金粉，墙角挂着钻石磨光机，每个工作平台上都挂着一只木制三角板。金器拉长钳的使用要追溯到18世纪，这个木制工具上装配着弹簧，能将1克黄金拉长到3公里。

被尊称为绰美公司设计大师的工作室主管雅克·坎贝斯会热情地为访客介绍各种古老的器具——加工环件的圆棒、锉刀、雕刻首饰用的小球——所有东西都体现着传统工艺之美。这位在绰美工作了34年的老员工时至今日仍然充满着孩童式的活泼，任何首饰的优劣都逃不过他的眼睛，即使有10多种珠宝放在一起。"我可以辨认出每个人的手艺。这间工作室就是我们的家，每当有重要的制作任务，我们都会集中在这里一起工作，曾经有一次为了一项紧急王室订单，我们所有人都取消了夏季休假。"雅克·坎贝斯认为一个人需要 10 年时间的学徒期才能真正独立进行一件珠宝的制作，只有经过这个漫长的训练，方可以毋庸置疑的手艺使珍贵的金银以宝石发挥出极致魅力。也正是这种极其精密的操作工艺，方可使制成的项链、手镯等饰物品质出众。

"我会把平生所学和全部经验都传授给徒弟们，所以并不存在任何独家秘技，而且我已经开始招收女学徒，希望她们其中之一能够继承我的衣钵。她将会是独一无二的！"当然，这位工作繁忙的大师总是得时不时脱下自己的白色工作服，搭乘"空中客车"飞到某位王室人员身边接受订单。当然这一切也是静悄悄地发生，静悄悄地结束，因为在绰美独特的工作环境下，安静和时间一样，价比黄金。

绰美一直在品质、工艺和潮流上执着坚持。它的珠宝设计从不落伍，珠宝制作技术也不断改良。时至今日，绰美仍是西方上流社会和收藏家们最向往的顶级珠宝品牌之一。不过，对于普通的珠宝爱好者来说，想要拥有绰美珠宝并非一件容易的事，尤其是绰美的头冠系列，因为它从来就不属于中产阶级。

绰美自 1780 年起即开始打造奢华精致的头冠系列，在漫漫的历史积淀过程中，绰美源源不断地创造出将近 2000 顶头冠，而在这段漫长的历史中，绰美也一直与代表世界权力顶峰的名字联系在一起，这始于珠宝匠最著名的一个主顾——拿破仑。拿破仑称帝后，便向绰美的创始人马里·艾蒂安·尼托定制皇冠，要以无以复加的奢华凌驾于普罗大众之上。19 世纪，拿破仑对艺术的非凡鉴赏力，以及对于法国是艺术中心的认同，对于奢侈生活的追求让他开始大力发展珠宝手工业，甚至为了他的登基典礼，从国库支出一大笔钱，让他的元帅们给他们的太太置办珠宝，当年那些贵妇都拥有一顶头冠。也正是从那时起，大多女性在晚宴上都要佩戴珠宝头冠，女性在接受求婚时，除了会收到戒指外通常还要有一顶头冠。

绰美为约瑟芬皇后制作的那顶头冠已经成为绰美的经典之作，1823年，它随约瑟芬皇后的孙女小约瑟芬公主嫁入瑞典王室。从此，这顶头冠成为瑞典王室的传世之宝，每位王妃或者公主结婚都会带上它，比如瑞典王后西尔维娅、瑞典女王储维多利亚在自己的婚礼上都戴着这顶头冠。这顶头冠的造型虽然稍显老旧，但上面镶嵌的优雅浮雕却令它与众不同，充满了艺术气息。事实上，这顶头冠上到底镶嵌了多少珍珠无从知晓，但这种珍珠与浮雕宝石的创意至今仍令世人过目不忘。

当然，绰美为约瑟芬皇后制作的头冠不止这一顶，还有一款蓝宝石头冠由约瑟芬皇后传给了自己的女儿，即荷兰的霍利斯腾王后。后来这顶头冠被波旁家族的路易斯·菲利普用重金买下，之后将其送给了自己的妻子安妮·阿梅利亚。安妮去世后，头冠由她的孙女弗兰西斯公主继承，弗兰西斯公主的孙子，日后的巴黎伯爵亨利王子的妻子成为佩戴这顶头冠的最后一个人。1986年，亨利王子将后冠及全套珠宝以600万法郎的价格卖给了卢浮宫。

19世纪初，绰美制作的头冠厚重得像一顶帽子，缀满了珍稀的宝石，颜色也纷繁多样；其后，受自然主义的影响，冠饰变得轻盈起来，造型也丰富起来，大多取自花朵、枝叶、藤蔓等，显得简洁纯净。在1852年至1928年之间，世人称这个时段为艺术品的"美好年代"，此时的冠饰由传统古典变得时尚而趋向女性化，线条非常柔和优雅，体积也变得更为纤巧。到了20世纪初，自然主义的兴起让诸如羽毛和鸟形曲线频繁地出现在冠饰设计上。在这之后的装饰主义时期，高级珠宝进入了最浓艳的年代，玉珍珠、彩色宝石、半宝石、东方元素、左右对称形状等多种缤纷元素纷纷出现在绰美王冠之上。

每一顶绰美头冠的背后都有一个美丽的故事，苏富比拍卖会曾在日内瓦拍卖过一顶过去30年来最重要及珍稀的绿宝石镶钻头冠，这顶头冠的预估价为500万至1000万美元，上面镶有11枚珍稀的梨形哥伦比亚宝石，共重逾500克拉，分量惊人，据说曾经是拿破仑三世的妻子欧仁妮皇后的

绰美翡翠王冠，制作于 1900 年，由重达 550 克拉的罕见梨形哥伦比亚祖母绿镶制而成。

私人珍藏，而这顶碧绿耀眼的头冠由德国杜内斯·马克伯爵约于 1900 年为其第二任妻子卡特丽娜特别定制。要知道杜内斯·马克家族拥有的显赫珠宝珍藏享誉全球，比欧洲各国皇室的珠宝珍藏有过之而无不及。

虽然绰美头冠鲜少出现在拍卖会上，但只要一出现必是主角。绰美曾经在台湾展出过 19 件古董级珠宝，最久远的可溯及 19 世纪 80 年代，另包括 20 世纪 20 年代装饰艺术时期以及 70 年代现实主义时期作品，其光彩丝毫不逊当年。在这 19 件古董级珠宝中，有四套绰美经典冠冕，其年代正好跨越 19 世纪末至 20 世纪初欧洲繁荣美好时期，因应当时许多场合需要佩戴珠宝，设计上都是多用途，可拆换成胸针、手镯和项链。这四套冠冕包括 "Frise" 系列，以及采用稀有帕拉依巴碧玺制作的全新 "Summer Rain" 系列，该款项链以霓虹蓝绿色的帕拉依巴碧玺搭配浅绿色调的沙弗莱石，以及 213 颗钻石，大小高低不一的设计，恰似辉映着夏日光影的晶莹水滴，闪烁迷人。

头冠在宗教上通常被视为神圣的代表，全球很多古老民族的统治者在信史时代前已经有头戴顶冠的习惯，而头冠通常会由很多珠宝及黄金组合而成。从拿破仑时期的珍宝杰作到 21 世纪的新创作，绰美一直以精致高贵的冠冕艺术诠释着珠宝的魅力。

"当一个人厌倦了伦敦,他一定厌倦了人生。"英国文学家塞缪尔·约翰逊一语道出了伦敦无可替代的精彩。在这里,大英博物馆浓缩了人类艺术史的精华,尤其是珠宝艺术,更受到了全世界酷爱珠宝艺术的人的终极膜拜。有着将近300年历史的杰拉德便是最著名的一个品牌,这个英国王室的珠宝骑士,汲取了近三个世纪泰晤士河畔的奢华风情,而今又将传统与现代相融合的极致之美挥洒自如,在时光流转中,不断书写着令世人惊叹不已的珠宝传奇。

GARRARD
英国王室的珠宝骑士
杰拉德

它拥有傲人的277年的悠久历史;维多利亚女王亲赐它"王冠珠宝商"的至尊美名;世界上最华美的曾经被维多利亚女王直至伊丽莎白二世珍爱的"帝国王冠";还有那些珍藏在伦敦塔珍宝馆中数不胜数的大英帝国的旷世珠宝正是出自其大师之手,它们绝对有资格、有实力,被给予最权威、最专业的呵护——它就是杰拉德。

如果把时钟的指针拨回1600年,那个英国王室刚刚开始权力膨胀的时代,你就会发现对于珠宝的无限热爱早已深深刻进了这个民族的个性。高贵的珠宝是象征权力和尊严的法器,带着光芒夺目的表

情，忠实地演绎着国家和君主的深刻含义。英国珠宝过人的贵族气质正是起源于此。

　　从 15 世纪起，至今共有六位非凡的女性登上王位掌管这个国家的命运。出身高贵、才华横溢的她们肩负着历史的重任，把大不列颠推向了一个无与伦比的强大时代。同时，她们也是引领流行风潮的时尚先锋，用超人的智慧和非同寻常的品位，造就了一批又一批珠宝珍奇，以其璀璨的光芒见证历史。

　　地位显赫的王室贵族们对于珠宝的追捧也同样带来了珠宝行业的繁荣，很多创意超凡、工艺精湛的珠宝大师成为王室的宠儿，从而一举奠定其珠宝界贵族的地位。拥有"王冠珠宝商"之称的英国品牌杰拉德就是其中之一。

这是伊丽莎白二世女王最为人熟知的王冠之一，该王冠由英国王室御用厂商杰拉德提供，本属于玛丽王后所有。1947 年玛丽王后将这顶王冠送给伊丽莎白也就是后来的伊丽莎白二世作为结婚礼物。

维多利亚女王的杰拉德钻石流苏胸针

18世纪70年代,经济的复苏为整个英国带来了萌动的春天,也为伦敦这个古典而内敛的城市带来了前所未有的活力与繁华,那里再次成为欧洲的焦点,更是王公贵族与富人流连忘返的奢靡之都。

1722年对金匠乔治·威克斯来说也别具意义,多年的努力和高超的技艺让他荣耀地加入了拥有权威地位的英国金匠协会。1735年,他自立门户开始了崭新的事业,不久之后威尔士王子注意到崭露头角的乔治·威克斯,后者纯熟的手工技艺很快得到王室的垂青,顺理成章地被委任为御用金匠,这也为日后的杰拉德名震英伦珠宝界筑下了坚实稳固的基础。1802年,智慧能干的罗伯特·杰拉德接管公司,将自己的姓氏杰拉德永远地命名为品牌,他一如既往地秉承与创新着乔治·威克斯时代流传下来的精湛工艺与传统,继续兢兢业业地为王室贵族服务。有人曾问罗伯特·杰拉德,如果他在切割时不小心弄坏那些珍贵的宝石怎么办,他则半开玩笑地回答道:"从门上摘下我的牌匾然后赶快逃跑"。其实杰拉德多年来从未让它尊贵的客人失望过,其高品质而坚实的工艺基础甚至让杰拉德完成过很多看似不可能完成的设计要求,而自信也是它立于业界巅峰的最好证明。当1818年金匠大师罗伯特·杰拉德弥留之际,他将杰拉德交付给他的三个儿子——罗伯特·杰拉德二世、詹姆斯和塞巴斯蒂安,这个尊崇传统的珠宝世家就这样全心坚守着对王室的忠诚与对珠宝的热爱，在一代代传承中不断创造着犹如神话般的珠宝王者传奇。

如今位于英伦顶级珠宝之首的杰拉德不再是仅属于王室的奢侈品，数百年的悉心经营也让它广为流传。在伦敦的百年旗舰店里，在纽约、莫斯科、迪拜、东京等世界名城都可寻觅到它的芳踪，让更多的人可以享有这来自拥有近300年历史的英国王室御用珠宝商的高超设计和尊贵服务。

细细品味杰拉德的历史，就像走进一座巨大的王室珠宝宫殿，里面陈列的每一件珠宝都诉说着杰拉德辉煌历史中一如既往的高贵品质与精神传承。从维多利亚女王到玛丽王后，从伊丽莎白二世到戴安娜王妃，英国王室的成员几乎都与杰拉德有着密不可分的渊源。

也许是受到了上天的祝福，杰拉德从诞生之日起就与王室结下了深厚的缘分，血液里流淌着珍贵稀有的贵族基因。从1735年被钦定为御用金匠，为威尔士王子设计制作王冠及各种精美珠宝开始，杰拉德的身影就从未离开过王室贵族们的珠宝箱和收藏清单，精彩绝伦的设计理念与精湛工艺不断博得世间盛誉。1822年，杰拉德首次选定将王冠图案加上字母G作为标志，从此，这个小小标志成为始终如一的皇家品质与高雅品位的象征，连续为六位君主成功设计和制作王冠的骄人成绩也让英国王室对杰拉德更是信赖有加。于是，1843年成为铭刻在杰拉德品牌发展里程碑中最辉煌的印记：维多利亚女王亲自赐予杰拉德"王冠珠宝商"的尊贵荣誉，同时也颁赠了庄重的王室委任状。一次次来自王室的认可与殊荣将杰拉德不断推向新的高峰，名副其实的王者之风令它的辉煌成就至今都令业界同行望而兴叹。

　　"帝国王冠"为维多利亚女王的加冕礼专用王冠，制作于 1837 年，100 年后，杰拉德被授权重新改造"帝国王冠"。后世称美丽绝伦的"帝国王冠"是世界上最华美、镶嵌瑰宝最多的王冠，书写了一部生动的英国奢华珠宝史，王冠镶嵌 1 颗尖晶石、4 颗红宝石、11 颗祖母绿、16 颗蓝宝石、近 300 颗珍珠和近 3000 颗钻石，重达 108 克拉的"光明之山"也是这一年被杰拉德镶嵌上去的。1953 年，在伊丽莎白二世盛大的加冕仪式上，"帝国王冠"再次出尽了风头。之后，每当主持英国议会开幕典礼或出席重大国务活动前，女王都会静静坐在国会大厦的更衣室里，等待着由马车运送而至的这个出自杰拉德之手的艺术王冠。此外，专为查理二世 1661 年加冕而做的爱德华王冠、乔治四世王冠、威尔士王子王冠及玛丽王冠等也都是杰拉德王冠制作史册上无与伦比的杰作。

　　1981 年戴安娜与查尔斯王子的那场梦幻般的旷世婚礼到现在依然被很多人津津乐道，戴安娜王妃无名指上一枚别致的杰拉德订婚戒指曾吸引了无数人的眼光，18K 白金经典座托上镶嵌着一颗重达 18 克拉的椭圆形海蓝宝石，散发着动人心魄的光彩。有趣的是，当人们得知在杰拉德提供的一系列订婚戒指中，戴安娜选择了这枚价值 28000 英镑，并且是杰拉德公开出售系列中的一款时，立即引起轰动，这枚婚戒也在婚礼过后迅速风靡了欧美，一时间几乎每个新娘都梦想戴上这枚婚戒。

除了设计精美的珠宝首饰，杰拉德还肩负着维护与修复王室珠宝藏品的神圣使命，著名的伦敦塔英国皇家珠宝馆里那些珍藏已久的大英帝国最珍贵的珠宝宝藏，一直以来因为杰拉德高超的技艺与悉心的呵护而历久弥新，依然散发着昔日的夺目神采。

杰拉德这个受到英国王室与英伦贵族的肯定与信任的"王冠珠宝商"，以高贵纯正的血统同样吸引着当代的好莱坞明星。1998 年，以《欲望都市》一剧获得金球奖最佳女主角的莎拉·杰西卡·帕克，不只在公开场合佩戴杰拉德珠宝，在拍摄《欲望都市》宣传海报时，也指名要戴上杰拉德的小后冠。另外，影片《佐罗传奇》中的古典美人凯瑟琳·泽塔·琼斯、《戴珍珠耳环的少女》中的斯嘉丽·约翰逊等，也多次于公开场合佩戴杰拉德珠宝。在杰拉德的衬托下，她们展现着高贵气质与典雅风情。如今，带着骄人的血统，杰拉德以崭新的姿态重新站在世界珠宝舞台之上，引发无数人对古典的向往与优雅的想象。

杰拉德注重外在的美感，关注设计细节的完美，更拥有无可比拟的传统工艺，但也从未停止过进行卓越的探索与创新，而这些都来自它 277 年的深厚沉淀。

为了更好地彰显钻石的璀璨光华，杰拉德发明了"六爪镶嵌法"，让世人见识了杰拉德的百年精湛工艺。1901 年新颖别致的"三枚石戒指"与 1911 年"双排铺陈式镶嵌戒指"相继推出，被国际公认为是杰拉德最令人心动的经典之作，尽情彰显了王室御用金匠对爱与承诺的别样感悟。而最值得杰拉德骄傲的是它举世无双的永恒切割法，在当年开创了钻石切割工艺的新方向。永恒切割法会令钻石形成独特的花瓣形刻面，突显钻石的质量并绽放出如盛开鲜花般的艳丽光芒。

277年，近三个世纪的风起云涌，也许没有哪个品牌能拥有杰拉德这般深厚的韵味，每一个珠宝系列都完美融合了传统与现代的精髓，彰显着古典与潮流的精彩结合。"皇家珍藏"系列将最优质的宝石与王室最青睐的色彩及款式带到普罗众生的身边，大气奢华的感觉令人心动不已；"格蕾丝珍藏"系列柔美优雅，每一款珠宝都展现着维多利亚时代的细腻风格，浪漫的花叶枝蔓蜿蜒辗转，宝石织就的精美蕾丝艳光四射。

277年漫长的年轮转过，几代王室成员悄然更替，伊丽莎白二世女王还是佩戴着杰拉德的"帝国王冠"出席重大国务活动，伦敦塔中的珍宝依然等待着杰拉德经验丰富的工匠定期保养，而在世人心中，杰拉德这个英国国宝级的珠宝世家，同样骄傲地走在珠宝潮流的前端，引领着现代珠宝设计的时尚风向。

收藏杰拉德珠宝，就等于把历史、文化和岁月的精华握在自己的手中，也似乎在与它过去的主人深情交流，互勉互励，成为心灵的挚友。懂得杰拉德珠宝的人都知道，人的一生最重要的享受并非物质上的满足，更多是来自于精神。那些经典的王室珠宝，在鉴赏与拥有的同时总会让人由衷赞叹，既成就了品位，也让心灵汲取了艺术与美感的滋养。

王室珠宝最吸引人的特征之一，就是它的"硬价值"。无论是单件还是整套的收藏，王室珠宝都给我们描绘了那个年代独有的瑰丽生活，是财富、历史、文化、精湛设计和顶级工艺的结合典范，其卓越价值无可比拟。王室贵族的女眷们过着奢华的生活，她们不惜重金为自己购买珠宝，以便让自己在各种社交活动中都能艳压群芳。同时，顶级珠宝工匠们也会不计成本，为她们实现一个又一个不可思议的图案、造型。为制作一件高级珠宝，他们甚至要花上一年甚至几年的时间，这在现今几乎是不可想象的事情。

作为有着277年历史的王室珠宝商，杰拉德为王室制作的每一件高级珠宝都可谓价值连城。由此可见，王室珠宝的天价不是空穴来风，绝对物有所值。与其他珠宝相比，杰拉德的王室珠宝、顶级珠宝的价格能够经得起任何考验，即使面对金融风暴依然可在高价位成交，因为市场认定它们值这个价钱。

王室珠宝的数量本来就稀少，很多珍品因为年代久远已经杳无音信，另外一些只有在博物馆中才能一睹芳容，能够在市场上见到的，更是凤毛麟角。宝石本身就珍贵，不可复制，而在观察旧时王室珠宝时会发现，很多工艺也早已失传。"物以稀为贵"，这是恒久不变的真理。杰拉德古董级珠宝令人咋舌的价格就是最好的证明。

并不是谁都能收藏一件杰拉德王室珠宝的，因为这并不是钱的问题。如果有幸能够拥有一件杰拉德王室珠宝，并不仅仅是买到了价值不菲的珍宝，更重要的是拥有一段历史，一种文化，是社会价值和艺术价值的结晶。杰拉德王室珠宝伴随着英国贵族的起居生活，是名门望族的世代珍藏，它们见证了无数历史事件，每一件都拥有独一无二的文化价值。杰拉德王室珠宝不仅带动了珠宝设计和工艺的发展，也给后人打开了一扇窥视那个奢华年代的大门。

杰拉德王室珠宝的历史渊源会唤起人们对昔日奢华和浪漫的英国宫廷的追忆，它们是爱情的象征或是佩戴者身份的象征。在传世过程中，它们当中的一些会被改动以便适应新的继承者的要求和时尚的需求，幸运的一些则被保留下来见证着历史的原貌。

杰拉德王室珠宝曾经的主人都是历史上赫赫有名的皇亲国戚，他们追求艺术品位和奢华之美，引领着当时的时尚。后来的拥有者和藏家也都是历史上各个时代的代表人物，尤以女性为主，她们对珠宝有着执着的偏爱，竭尽全力去购买那些最有收藏价值的珍宝。她们追求的绝不仅仅是珠宝的物质价值，更多的是蕴含其中的文化风雅和奢侈精髓。

有人说，上帝疼爱法国，赐给了它世界上最好的珠宝。作为世界上最古老的珠宝世家，麦兰瑞既承袭了法国式的经典、优雅与精致的艺术格调，同时又成就了它迥异的设计风格，并赢得了从玛丽·德·美第奇到欧仁妮皇后的青睐。麦兰瑞珠宝方寸之间的璀璨早已超越了珠宝本身，血脉中传承着独一无二的贵族基因，彰显着法兰西民族特有的文化气质。

王后的珠宝商
麦兰瑞

历史篇
LISHIPIAN

如果宝石也有语言，那么与之交谈最密切的人，自然就是珠宝工匠。在众多的珠宝世家中，法国的麦兰瑞家族已经延续了14代。至今，他们仍然在为欧洲一些国家的王室制作珠宝。

路易十三是波旁王朝开国君主亨利四世的长子，1610年登基，但一直由他的母亲玛丽·德·美第奇摄政。这位法国新国王对母亲、弟弟和出身哈布斯堡家族的妻子怀有戒心，而他的母亲玛丽·德·美第奇也曾预谋废黜路易十三，立奥尔良公爵为国王。可以说，两方的明争暗斗从未停止。然而，就在路易十三刚刚登基不久，一些大臣就已经开始密谋篡位，并在一间屋子里讨论刺杀国王的计划。谁也没有想

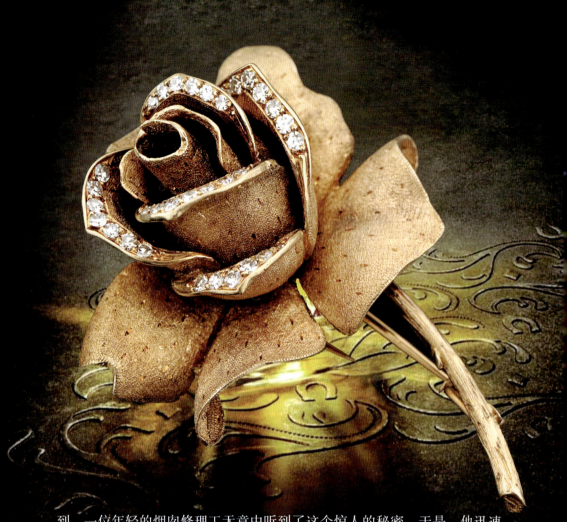

到，一位年轻的烟囱修理工无意中听到了这个惊人的秘密。于是，他迅速逃出城堡，向师傅认真地重复了自己听到的每一个字。师傅也大为吃惊，旋即召集包括麦兰瑞家族代表在内的三位伦巴底村民去把情报汇报给王后。一场恶性事件被制止，密谋叛乱的贵族也立刻被处决。玛丽·德·美第奇决定好好答谢这三位伦巴底村民，因为他们"避免了一场严重程度难以想象的恶性事件"。1613年10月10日，她通过议会颁布法令，让麦兰瑞家族拥有独立和独一无二的特权在巴黎从事他们的珠宝生意。在此法令的庇护下，麦兰瑞家族享受到了非常优惠的税收政策。此后，所有的法国国王都延续了这项政策，使得麦兰瑞家族成为享受特权的法国公民。

　　拥有将近400年历史的麦兰瑞珠宝已经经历了14代的传承，是世界上最古老的珠宝家族。这个品牌不仅仅继承着传统，在一定程度上，它其实是探寻与开拓了纯正的欧洲珠宝制作工艺。早在16世纪，来自意大利伦巴底的麦兰瑞家族成员穿越阿尔卑斯山来往于法国和意大利之间，从事小规模的珠宝生意，后来逐渐发展成为显赫的珠宝世家，并成为法国王室珠宝供应商。麦瑞兰珠宝拥有永恒的魅力，超越了社会的动荡与政权的更替，无论是路易十四、路易十五、路易十六时代，还是拿破仑的第一帝国时代，甚至是菲利普国王统治的七月王朝，麦兰瑞的地位一直稳如泰山。

从19世纪中期开始，麦兰瑞发展迅速，业务遍及欧洲，成为世界上举足轻重的顶级珠宝品牌。除了当时的法国国王拿破仑三世外，英国、瑞典、俄国、比利时、拉丁美洲以及远东国家的王室贵族也是麦兰瑞的忠实客户。从1613年至今，麦兰瑞杰出的品质与完美的工艺均以"父传子"的方式一代代流传下来，并逐步趋于完善，使其珠宝作品拥有一种难得的人文精神与历史韵味。

麦兰瑞家族因揭发了刺杀国王路易十三的阴谋，其珠宝事业一跃而起。在麦兰瑞众多的家族成员中，让·巴普蒂斯特·麦兰瑞书写了麦兰瑞珠宝历史上最亮丽的一笔。当年只有15岁的让·巴普蒂斯特·麦兰瑞聪慧过人，做事讲究策略。他紧挨着凡尔赛宫门摆了一个珠宝摊位，生意日渐红火。1777年的一天，刚刚散步回来的王后玛丽·安托瓦内特注意到这个年轻的商人，并命令随行人员看看他的货品。让·巴普蒂斯特·麦兰瑞的珠宝款式优雅，做工精致，这位尊贵的王后被深深地吸引住了，当即购买了几件珠宝。当时，让·巴普蒂斯特·麦兰瑞并不知道眼前的女人是法国王后，但其高贵的气质引起了他的注意，他主动上前搭话，并以机智风趣的谈吐获得了玛丽王后的好感。不久之后，让·巴普蒂斯特·麦兰瑞成为王后的珠宝商。从此，一扇华丽高贵的门打开了，让·巴普蒂斯特·麦兰瑞找到了凡尔赛宫的入口。18世纪末，麦兰瑞家族已经在巴黎建立起自己的威望。路易十六之妻玛丽·安托瓦内特王后是麦兰瑞的第一个王室客户，她尤其喜爱那些小饰物，还有各种精巧的雕花糖果盒子。王后经常从麦兰瑞那里购买饰品，作为送给亲密朋友的礼物。在麦兰瑞为玛丽·安托瓦内特制作的珠宝当中，刻有浮雕的贝壳手镯就是一件震撼人心的珍宝，这件迷人的艺术品引起了世人的极大关注。1793年，王后被送上断头台。行刑之前，王后将贝壳手镯送给了一个要好的女官。美丽的浮雕手镯超越了岁月与历史、革命与战争，得以代代相传。

麦兰瑞家族的另一位成员弗朗索瓦，在整个家族历史上也具有不可取代的地位。弗朗索瓦是真正意义上的品牌缔造者，对于麦兰瑞品牌的发展有着很重要的意义，尤其是他率先在巴黎和平大道上开设店铺，让麦兰瑞跻身于奢侈品牌之列。弗朗索瓦于1772年出生，12岁时就离开家乡意大利，来到巴黎帮助父亲经营珠宝生意，同时学习珠宝工艺。

18世纪末，面对不稳定的法国国内局势，麦兰瑞全家都离开巴黎躲避危险。可是，珠宝店该怎么处置呢？家族召开会议，协商解决办法。此时，年仅21岁的弗朗索瓦勇敢地站了出来，决定一个人留在巴黎。由于弗朗索瓦的努力，巴黎一些有名望的贵族站出来为麦兰瑞家族做担保，家族的产业并没有遭到破坏。等局势稳定后，家族其他成员纷纷回到巴黎。而此时的弗朗索瓦又有了新的想法：参军。弗朗索瓦加入了法国北方军，在那里磨砺自己的勇气。在服了四年兵役后，他重新返回家族企业。为了提高自己对珠宝的感悟能力，他前往意大利米兰，在那里学习更先进的珠宝设计理念。

1815年，学有所成的弗朗索瓦正式成为家族事业的领袖，这个家族终于迎来了历史上最骄傲的一刻：弗朗索瓦在新落成的旺多姆广场租下一个店铺，这是巴黎当时最繁华的商业区。这个里程碑事件与当时法国皇帝拿破仑三世有关。拿破仑三世虽然在位时间不长，但他修建旺多姆广场的政绩却对法国奢侈品行业的发展有很大的促进作用。在和欧洲其他国家比较后，拿破仑三世对战后的巴黎市区非常不满意，他下令要修建一片超越欧洲其他国家的商业区，即后来的旺多姆广场。

弗朗索瓦最初把公司设在了广场22号，随后迁移到和平大街9号。凭借诚信及对珠宝事业的热情，弗朗索瓦赢得了一位非常有影响力的忠诚客户：欧仁妮皇后，她经常派人到店里订购一些珠宝饰品，作为送给朋友的礼物。那个时候，欧洲的革命浪潮此起彼伏，法国也经历了从没有过的王朝更迭。幸运的是，最初美第奇王后赐予麦兰瑞家族的保护令在后面的历代王朝中都得到了维护。即使到了后来的波旁王朝，这个家族依然拥有高贵的客户，例如当时最有权力的奥尔良家族。

1848年法国再次陷入战争的泥沼，弗朗索瓦的儿子让·弗朗索瓦·麦兰瑞作为法意移民到达西班牙，于1850年在马德里以"麦兰瑞兄弟"为名建立了一家钻戒珠宝店。精美绝伦的珠宝很快就得到女王伊莎贝拉二世的青睐，这为麦兰瑞家族又书写了新的奢华篇章。

如今，位于和平大街9号的麦兰瑞珠宝店依然招待着世界上最尊贵的客人。在"雕琢顶级珠宝"的传统影响下，麦兰瑞一步步建立起骄人的业绩与声望。这个从1613年发展至今、取得了非凡成就的珠宝品牌，已经成为法国精品业联合会中的一员，创造出法国乃至整个欧洲珠宝工艺不朽的神话。

1947年，当时尚界惊叹的目光落在法国设计大师克里斯汀·迪奥的"新风貌"作品上时，法国珠宝品牌麦兰瑞早已在400多年前就在挑剔的王室贵族中赢得了"王后的珠宝商"的美誉。麦兰瑞拥有深厚的历史底蕴，见证着一件件顶级珠宝的诞生，以方寸间的璀璨，从容赢得了全世界的赞叹。

世人称麦兰瑞是"王后的珠宝商"，但在更大的程度上，它应该是"感觉敏锐的珠宝商"。它善于倾听尊贵的王室客户的要求，明白他们的心意，超

麦兰瑞孔雀羽毛形状手镯

越地位与虚名来慰藉最真实的灵魂。这种能力使麦兰瑞珠宝在奢华夺目的光芒之下，也充满了人类最平凡的审美感情。

  麦兰瑞珠宝优雅独特，做工精致细腻，深受王室的青睐，尤其是受到了两个王室女人的钟爱，一位就是路易十六的妻子玛丽王后，一位是法兰西第二帝国的皇后欧仁妮。因为这两个重量级人物的影响力，麦兰瑞在欧洲王室中迅速崛起。19世纪初，欧洲的珠宝行业竞争激烈，自麦兰瑞家族在旺多姆广场开设店铺以来，又有其他高级珠宝店纷纷在此驻扎。欧洲各国王室成为每个珠宝店争先恐后的服务对象，而麦兰瑞家族凭借前几个世纪与法国王室的良好关系，在同行中脱颖而出。当时，欧洲的公主们都以佩戴麦兰瑞珠宝为荣。到了19世纪中叶，麦兰瑞在西班牙掀起了一场珠宝风暴，当时的西班牙女王伊莎贝拉二世对麦兰瑞制造的珠宝喜爱万分，据说她甚至要求让·弗朗索瓦·麦兰瑞每年都为她设计一款首饰。可以说，在让·弗朗索瓦·麦兰瑞领导下，麦兰瑞珠宝赢得了空前的荣耀，成为欧洲各个王室争相订购的热门货。由于制作工艺复杂，想要获得一顶头冠，无论是一般贵族还是赫赫有名的王后，都不得不耐心等上一年的时间。

  如今，麦兰瑞巴黎和平大街9号的的珠宝工坊依然沿用最古老的珠宝雕刻工具和技法，没有规模化的生产，每一件经过复杂工艺制作的珠宝都凝聚了浓厚的历史色彩。今天，麦兰瑞除了依然为摩纳哥、丹麦等国的王室定制首饰之外，还承担了欧洲足球金球奖奖杯的制作任务。金球奖奖杯由纯金制作，重量达到12公斤，就算是单以黄金而论已经是价格不菲了。该奖杯全部由麦兰瑞一流的珠宝工艺师手工完成，整个工作需要10天左右的时间。

除了这座举世闻名的金球奖奖杯，麦兰瑞还承接了久负盛名的法国网球公开赛男单冠军奖杯的制作。1981年，法国网球联合会主席菲利彼·夏蒂埃在巴黎珠宝商中招标，请有实力的珠宝商重新为法国网球公开赛的男子单打项目设计奖杯。麦兰瑞设计的是一个敞颈奖杯，杯沿上布满可爱的藤蔓叶子，两个天鹅造型把手成为最生动的装饰。凭借着优雅独特的设计与精湛绝伦的工艺，麦兰瑞在同行之中脱颖而出，得到了制作奖杯的权利。由于麦兰瑞制作的第一座奖杯被永久保存，因此麦兰瑞的工匠们每年都要花费将近100个小时来制作一个复制品。雕花师会在奖杯的底部雕刻获奖者的名字，将瞬间的荣誉凝固于历史之中。奖杯依然被命名为"火枪手杯"，以纪念法国网球公开赛历史上四名杰出的运动员，他们是雅克·布鲁克能、让·保罗特拉、亨利·库切特与贝尔纳·拉科斯特。麦兰瑞将简单冰冷的银铸造成名副其实的艺术品，这座重14公斤、高21厘

米、宽19厘米的精美奖杯足以象征参赛者们燃烧的激情与执着的梦想。

麦兰瑞还为那些令人尊敬的学者设计佩剑，其艺术鉴赏价值与最美丽的王室珠宝不相上下。最有名的要属麦兰瑞为法国著名华裔作家、诗人与书法家陈抱一先生创作的佩剑了。麦兰瑞在自然中汲取灵感，整把剑取材于中国"梅兰竹菊"四君子之一的"竹"的造型，生动逼真。麦兰瑞创作的这把佩剑，笔直翠绿的主干部分增添威严之感，温柔婉约的细长叶片点缀于金色剑柄上端，于庄严中又流露出和谐优雅的韵味。剑柄上缠绕着百合花，意为"尊严与纯洁"，花朵之间生动的鹅就像宇宙中的人类一样，是连接天堂与凡间的生灵，它们成为佩剑轻盈而忠实的保护者。在圆头剑柄的一面，镌刻着表达东方哲学理念的文字"天地之间正气长存"；剑柄的另一面所刻内容则与西方《圣经》中一句话意思相符，即"精神自由"。这些细节表现出中西方思想的碰撞，中法文明的对话，而佩剑的主人陈抱一先生本身就是这种碰撞和对话的证明。麦兰瑞设计的佩剑非常符合陈抱一先生的个人气质与学术思想，两者的结合堪称完美。

正是秉持着家族古老的手工工艺，结合源源不断的设计灵感，使珠宝本身散发着难得的人文精神和历史韵味，才成就了麦兰瑞充满激情的400年辉煌。至今，在麦兰瑞家族的博物馆里，象征家族族谱的羊皮纸卷宗已经延续到第14代。从17世纪初期得到王后亲笔签署的保护令，直到如今受欧洲足协委托的证书，每一封卷宗都是家族的荣誉，并将随着时间的流逝，成为全人类的艺术财富。

作为欧洲珠宝工艺的继承者和开拓者，近400年来，麦兰瑞不仅将先祖们创造的独特美学理念和优雅精致的珠宝格调发扬光大，更致力于追求杰出的品质与独特的家族工艺。

手工作坊一直被视作法国奢侈品行业最有价值的文化血脉源头之一，在巴黎，默默无闻的手工匠师们终其一生，仿佛永远都在打磨一颗钻石，雕琢

麦兰瑞花朵项链

　　一粒纽扣，缝缀一顶羽饰……然而，正是他们成就了香奈尔、爱马仕和路易威登。当然，还远不止这些，身披王室光辉的奢华品牌麦兰瑞是世界上最古老的珠宝世家，古老的作坊安静地躲在巴黎城那独有的灰色调砖墙背后，仿佛从来不屑现身人前，为这个尘世的奢华做任何注脚。自 1613 年以来，麦兰瑞一直忠实传承着正宗的家族工艺，保持着"设计先锋"的热望，传承着极致的美学精髓。这个世界上最古老的珠宝品牌，正不断发挥出创意的巧思，在自信满满的步履中，散发出无限的智慧与活力。

　　进入麦兰瑞作坊，一股木香味飘来。那是特制的工作台，情景与过去几个世纪里一样。工匠们在屏息凝神地摆弄着刻刀、凿子，间或举起修饰工具或是小槌。他们在打磨黄金底座时会溅出零星火花，映衬着镶嵌在底座上的宝石，格外夺目。麦兰瑞的工匠以特有的方式切割钻石，当钻胚被细心雕琢出 57 个切面时，细碎的切面反射出炫目的光芒。正是这光芒，吸引了从玛丽·德·美第奇到欧仁妮的一代代王室成员。

当众多珠宝商在切割工艺创新上感到艰难、停滞不前时，麦兰瑞却有如神助般独创出了用自己名字命名的切割法——麦兰瑞切割法。这种巧妙切割方式为宝石带来前所未有的"双椭圆形相套"的完美琢型，精心研磨出的57个刻面令独特的光泽和火彩别样动人心魄。20世纪90年代，传统式的切割法渐渐无法完全满足人们对钻石之美的需求，比利时著名钻石切割大师盖比·托科夫斯基以其多年经验，结合大自然花卉形态带来的灵感，发明了"花形切割法"，其最大的优点是既能发挥钻石的光泽、色彩，又能最大化保留钻石的原始重量。这种切割法不但使切割后的成品更加光亮，也使过去一些因原始形状难以切割成传统式样的原石，散发出独特的迷人魅力。此外，对传统切割法下无法发挥特色、颜色不够白净的钻石，新式的花形切割也可避开这些缺点。若遇到钻石内含杂质时，也可选择适合的切割设计，以避开杂质对钻石光彩的影响。花形切割共包含五种形式，皆以花卉名称命名，依序是火玫瑰、大丽花、向日葵、鱼尾菊、万寿菊。

有人说每一位深谙切割工艺的工匠师傅本身就是一位在宝石上作画的艺术家，对他们而言这世上恐怕没什么比切割宝石更令人激动的了，每一个切面的雕琢都像是不可多得的绝妙一笔，为世人带来的是无比璀璨的宝石画卷。

奢侈品必须是一件真正稀有的东西，它不是供所有人享用的。麦兰瑞从诞生的第一天起就专供欧洲贵族所用，直到今天仍然如此，这种传统已经保持了近400年。最重要的是，麦兰瑞制作的每一件珠宝都是独一无二的。

在珠宝家族中，不同国度的历史积淀和文明滋养成就了迥异的珠宝风格。法国珠宝的浪漫华美，英国珠宝的个性反叛，美国珠宝的简约自由……这方寸之间的璀璨早已超越了珠宝本身，血脉中传承着独一无二的贵族基因，彰显着法兰西民族特有的文化气质。在珠宝家族中，谁的血统最高贵？作为世界上最古老的珠宝世家，麦兰瑞无疑是其中之一。

有人说，上帝疼爱法国，给了它世界上最好的珠宝。而钟情于法国珠宝的并不仅仅是上帝，更有王室贵族和大富商贾。法国珠宝不仅见证了拿破仑家族法兰西帝国的兴衰荣辱，还记录了温莎公爵"不爱江山爱美人"的一往情深。作为世界上历史最为悠久的珠宝世家，麦兰瑞的单品珠宝官方售价可以说是众多珠宝品牌中最贵的，一般都在1万至50万欧元之间不等。此外，麦兰瑞顶级定制珠宝的价格全部自10万欧元起价。麦兰瑞公司的第十四代传人奥利沃·麦兰瑞表示："越来越多的人已经开始认识到，什么才是真正的奢侈品。而对一家奢侈品公司而言，最大的错误就是让'奢侈品'这个词听起来显得平平无奇。奢侈品必须是一件真正稀有的东西，它不是生产来供所有人享用的。从麦兰瑞诞生的第一天起，我们的产品就专供欧洲贵族所用。直到今天，麦兰瑞仍然如此，这种传统我们已经保持了400年。最重要的是，麦兰瑞制作的每一件珠宝都是独一无二的。因此，它的价格也是非常公道的。"

如果你有足够的经济实力，投资或收藏麦兰瑞珠宝绝对会大有斩获。麦兰瑞珠宝有着双重风格——既有意大利式的创造力与美学精神，又有法国式的经典、优雅与精致的艺术格调。意大利深厚的文化底蕴不仅培育了大量设计专业人才，同时也为各种艺术门类的大师的诞生奠定了基础。无论在电影、音乐、绘画、雕塑还是设计领域，意大利都是大师辈出的国家。这些不同门类的艺术之间又相互启发、相互推动，形成了经久不衰的良性循环。

不同的生存环境与人文环境绝对能造就不同的人和思想。如果说法国珠宝设计师的作品是对巴黎高级珠宝的骄傲阐述，意大利设计师则创造出一种把传统与现代、实用与艺术高度结合的时尚语汇。有着意大利血脉的麦兰瑞珠宝便是最好的践行者，毫无疑问，它也将继续影响着世界奢侈珠宝的时尚风潮。

时尚教母可可·香奈儿用"以最小的体积凝聚最大的价值"的珠宝设计理念,给了20世纪初期那个最黑暗的时代一个最美丽的答案,她创造了具有示范意义的"香奈儿"式生活方式,引导所有女性用全新形象来面对世界。

时尚教母的珠宝帝国
香奈儿

历史篇 LISHIPIAN

在那个高傲虚荣的社会里,可可·香奈儿是如此的格格不入,她设计的小黑裙让每一个女人都为之疯狂;她推出的香奈儿5号香水每30秒就有一瓶被售出;她设计的高级钻石珠宝更是以一种狂涛怒浪般的架势席卷了整个世界,让人为之怦然心动。

1914年,第一次世界大战爆发,战争改变了人们的生活方式和态度,而香奈儿推出的简便时装让女性摆脱束缚,在男性沙文主义的世界里为女人开创了一个尽情舒展肢体和展现优雅的广阔空间。1910年,巴黎康朋街21号香奈儿专卖店开业,1932年,香奈儿把目光投向了高级珠宝这个极致唯美的领域,它需要证明自己,它需要征服那些钻石。每一件香奈儿珠宝都光彩耀目,与可可·香奈

香奈儿"Plume"项链,以18K白金打造,镶嵌两颗重量分别为6.5克拉和3.5克拉的梨形切割钻石,446颗总重达25.5克拉的圆钻,其中包括两颗重量分别为1克拉和2克拉的圆钻,以及159颗总重达6克拉的长阶梯形切割钻石。

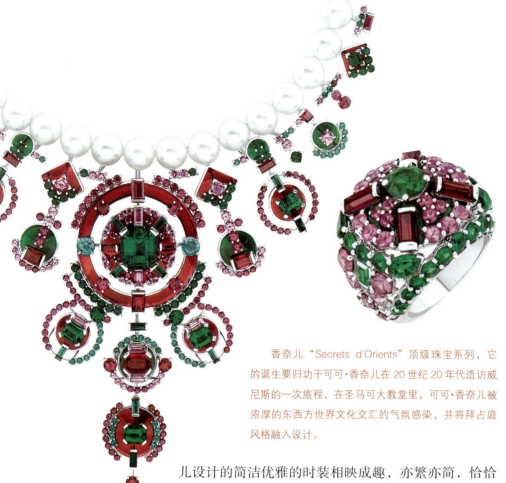

香奈儿"Secrets d'Orients"顶级珠宝系列，它的诞生要归功于可可·香奈儿在20世纪20年代造访威尼斯的一次旅程，在圣马可大教堂里，可可·香奈儿被浓厚的东西方世界文化交汇的气氛感染，并将拜占庭风格融入设计。

儿设计的简洁优雅的时装相映成趣，亦繁亦简，恰恰成为最完美的结合。

当时有很多人不理解可可·香奈儿已经取得如此之大的成就为何还要进军珠宝领域，而这恰恰说明这位天生的奋斗者并不满足于自己的成就，她需要更大的挑战，并以自己的行动带给迷惑疲惫的人们最温暖的希望。可可·香奈儿认为，女人不能不佩戴珠宝。她相信奢华就像爱一样是女人精神上的本能需要，而且必须是低调而不俗的。

或许是上帝特别眷顾可可·香奈儿，当时的人们毫不迟疑地接受了她层出不穷的新观念，因为人们愿意相信，可可·香奈儿这个旗帜般的人物能在那个最坏的年代里带给他们生活的希望。

1932年11月1日，清晨本来阴霾的天空渐渐放晴。可可·香奈儿选择这一天在她的私人寓所内举办了一场高级珠宝展。她大胆创新的设计、奢华钻石的运用和几乎看不见"爪"的高明镶工，立即风靡了欧美上流社会，引来绅士名媛的关注。有人曾如此评价这场展览："借着钻石的热情，可可·香奈儿希望向人们展示她耀眼的远景——璀璨的群星、新月、彗星、夜空,并且把星空的魔力带到香榭丽舍大街来。"

对于可可·香奈儿来说,无限宇宙中闪耀的星星和彗星永远是她的灵感来源,她觉得它们的光辉永远衬托着女人的美丽,正是那无与伦比的璀璨光芒让可可·香奈儿选择彗星作为她在1932年巴黎发布的第一个高级珠宝系列"Bijoux de Diamants"的主题。"我想用银河星系中大大小小的星星来装扮女人。"彗星在象征美丽、灵动、自由的同时,成为香奈儿高级珠宝的标志性象征。

在这场展览中,款款珠宝全部通过半透明精美的蜡质人型女模特来展示。每个模特的发型及妆容均呈现典型的20世纪30年代风格,它们被放置在一个个玻璃柜中,伫立于黑色大理石多利亚式圆柱上,栩栩如生。"显而易见,闪烁于秀发间的钻石繁星,裸露在香肩上的彗星及银河、耀眼的新月和太阳,这些都是我邀请巴黎最好的手工匠为我制作的。我的星星,所有这一切简直太浪漫了。难道还有什么比永恒的时尚感更浪漫的吗?"可可·香奈儿在接受作家鲍勃·弗兰蒙特访问时如此说道。

毫无疑问,经过这个以钻石和奢华为主题的顶级

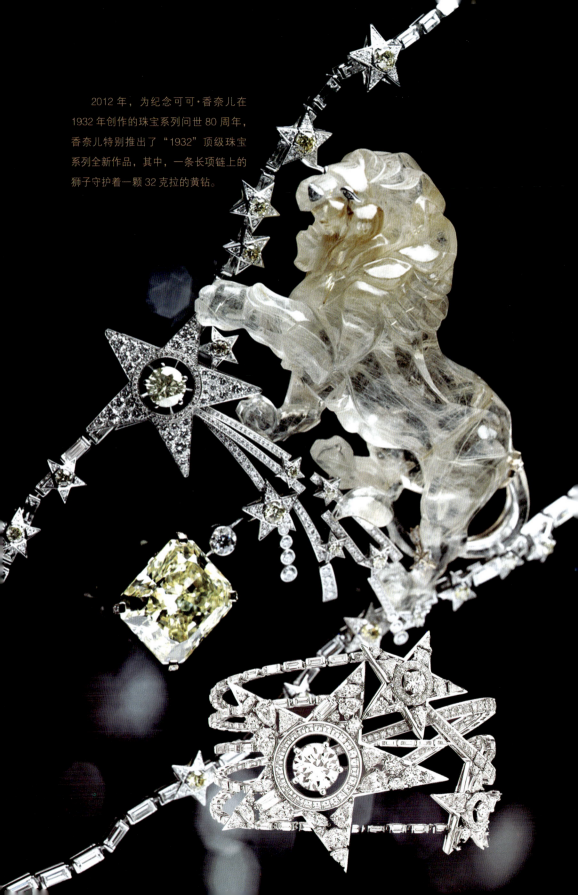

2012 年，为纪念可可·香奈儿在 1932 年创作的珠宝系列问世 80 周年，香奈儿特别推出了"1932"顶级珠宝系列全新作品，其中，一条长项链上的狮子守护着一颗 32 克拉的黄钻。

珠宝展，可可·香奈儿的事业达到了巅峰，真正实现了她信奉的那句格言："我走在时代的最前端"。她就像那天清晨的阳光一样，照亮了那个灰暗的年代，并把光芒洒向未来。

从1932年香奈儿开始钻石创作，举办高级珠宝展，到1997年，华彩熠熠的旺多姆广场迎来了18号的新主人，香奈儿第一家珠宝及腕表店开幕，直至今日，香奈儿的时尚风格被始终如一地传承——自始至终的高度一致、与众不同，永远采用巴黎顶级手工匠的技艺完成每件香奈儿作品。坚守丰富的文化传承，加上独立和追求成功的传统精神，香奈儿成长为高级珠宝界的领先品牌之一。伫立于旺多姆广场历史悠久的众多顶级珠宝品牌中，香奈儿高级珠宝店是追求卓越品质的人们必去的地方，亦成为香奈儿时尚风格的标志性符号。

1932年的那场钻石珠宝展览始终是香奈儿高级珠宝的骄傲，现代很多珠宝作品都是借鉴了那场珠宝展中的经典珠宝款式。香奈儿的经久不衰也充分证明了人们对香奈儿品牌的热爱。

回顾1932年的那场珠宝展，可可·香奈儿的一系列作品极具现代感，在当时那个还不太强调设计的年代，她的作品就是先驱，就是时尚的代名词。比如可可·香奈儿当年创造的没有接口、像丝巾一样流畅的项链，这本身就是打破珠宝界传统的做法，超前的灵感和理念使香奈儿一直走在时尚的最前沿。

创造珠宝以搭配高级时装，是香奈儿珠宝的理念。可可·香奈儿认为高尚的女子不能不戴珠宝，她自己就身体力行，亲自画设计图、裁剪衣裳，也戴自己设计的戒指。她时常佩戴自己设计的珠宝出席各种社交活动，享受别人钦羡的目光。如今，20

世纪 30 年代的装饰艺术风潮已经随时间而去,但曾经盛极一时的香奈儿珠宝在今天仍展现出无穷的魅力,并获得了许多时尚名媛的青睐与喜欢。在世界各地的时尚聚会之上,众多女明星和时尚圈内人士都会不约而同地选择香奈儿珠宝。与其他珠宝品牌不同的是,香奈儿的珠宝仍然保持着 20 世纪 30 年代的设计风格,不过,可千万别小看一副耳环、一套手镯,那可都是身价超高的绝世珠宝。如香奈儿全球形象代言人,《香奈儿与斯特拉文斯基》的女主角安娜·穆格莱莉,身着卡尔·拉格菲尔德为其度身定制的香奈儿绿色礼服,同时佩戴着香奈儿著名的"Haute Couture"系列钻石手链;著名影星黛安·克鲁格身着香奈儿高级定制礼服,香奈儿高级珠宝"Première"系列钻石项链和手链让这位德国美人熠熠生辉,而她耳朵上闪闪发光的就是香奈儿"Harmonie"系列钻石耳环,其售价高达 57.8 万元人民币;法国著名个性影星埃罗迪·布奇兹同样以香奈儿高级礼服亮相,而她除了佩戴了香奈儿"Haute Couture"系列钻石流苏耳环之外,手腕上也戴着"Franges"系列钻石手链;法国女演员艾曼纽·德芙也是选择了香奈儿的"La Pluie"系列钻石耳环,"Noeud"系列钻石戒指,以及香奈儿最著名的

香奈儿"Panache"胸针,以 18K 白金打造,镶嵌 1 颗 1.01 克拉的圆钻和 487 颗总重达 8.34 克拉的钻石。

"Panache"戒指,以 18K 白金打造,镶嵌 1 颗 5.5 克拉的圆钻,169 颗总重达 2 克拉的明亮式切割钻石和 64 颗总重达 1 克拉的粉红色蓝宝石。

香奈儿"Aigrette"胸针,以18K白金打造,镶嵌的钻石中包括1颗重达8克拉的水滴形切割钻石和1颗重达2克拉的玫瑰形切割钻石。

山茶花"Bourgeon de Camélia"系列钻石手镯……

可可·香奈儿选择欧洲经济大萧条之际举办高级珠宝展,其目的并不是为吸引全世界的关注,她这样说道:"我完全采用了这个行业最正统的做法,它符合时尚的真正内涵。我最初选择创作服饰珠宝的根本原因在于,我发现服饰珠宝不带傲慢之气,而在那个华丽唾手可得的年代,傲慢早已泛滥。在经历了一段经济恐慌的时代后,这种想法慢慢退却,一种本能的、对所有事物讲求真切实际的热切渴望再度觉醒,我就把以装饰性为目的的服饰珠宝归回到属于它的实际价值"。

这就是香奈儿,以设计为精髓,并拥有自己的理念,可可·香奈儿精彩起伏的一生是这个品牌的坚实支撑,一旦拥有一件香奈儿珠宝,一定可以真实地感受到其中的内涵。其次,香奈儿敢于尝试并拥有创新的精神,不断发掘新的材质和设计,敢于用新的材质混搭,带给喜欢香奈儿的人以全新的体验。

可可·香奈儿对珠宝的热爱难以言表，她不仅沉醉于珠宝本身精美而流动的结构，还迷恋于它们的精细做工、交织的曲线，以及保存着原草图设计精神的线条。今日，工艺卓绝的巴黎珠宝工坊将香奈儿的经典元素全新演绎，使香奈儿高级珠宝得以将传统与创新完美结合，创造出一件件璀璨杰作。

无论是白天还是深夜，没有人能抗拒得了钻石的迷人魅力。而当钻石与香奈儿最钟爱的黑、白和米色相遇，更是相得益彰。柔润流畅，一如丝缎；光芒灵动，似有生命。香奈儿设计的钻石别针、头饰等多款杰作既绚丽又纯真，巧思无限，让最冷漠、挑剔的人也看得目不转睛。在人们眼中，香奈儿珠宝总是那么完美，而这完全因为可可·香奈儿只接受最完美的设计标准。为此，她说："每个人必须要用纯洁天真的眼光来欣赏珠宝，如同在快速驶过路边时，赞叹开满鲜花的苹果树一般"。

在可可·香奈儿的精神感召下，巴黎珠宝界的精英设计师和工匠纷纷为香奈儿效力，这些人只选择顶尖的宝石和珍珠，因为只有完美的品质才配得上大师们令人赞叹的创意和无懈可击的工艺。在草图上的铅笔线条化作精美珠宝的整个过程中，有多少承袭独门技艺的手工大师能在同一件作品上倾注一年多的时间？一件艺术品的问世有时甚至需要数位大师级人物共同的技术和合作。能将这些大师级人物召集在一起工作，至今仍然是少有的几家公司的特权，香奈儿就是其中之一。这些珠宝大师如此精雕细琢，不断挑战自己，他们创作出的珠宝作品的使命就是让佩戴它们的女性展现最闪耀动人的美。

香奈儿"圣马可"系列高级珠宝,设计灵感源自可可·香奈儿20世纪20年代在威尼斯生活期间,令她记忆深刻的圣马可教堂的彩色玻璃窗。

香奈儿珠宝以表现可可·香奈儿追求完美的个性和展现珠宝纯真本质为精髓，可可·香奈儿在珠宝世界里的精致细腻表现一直让世人津津乐道，艺术与珠宝相结合的巧思也唤醒了人们心灵深处的渴望与梦想。

1920年，可可·香奈儿第一次造访威尼斯，看到了圣马可大教堂、总督宫与公爵府，东西方文明交汇融合的氛围让她深深迷恋，拜占庭风格令人惊艳的华美牢牢吸引着她。"为何我的作品都成了拜占庭风格？"直到今天，这种感叹依然萦绕在香奈儿高级珠宝工坊里，幻化出无数价值连城的顶级珠宝。

在每年两大拍卖行的拍卖会上,香奈儿珠宝都会华丽现身。有的珠宝投资者和收藏者则专门为香奈儿珠宝而来,香港女富豪宝咏琴就是其中一位。宝咏琴酷爱收藏价值连城的珠宝,当中又特别喜爱香奈儿设计的钻饰。宝咏琴曾在她的众多珍藏之中,拿出一块缅甸翡翠及委托香奈儿由斯里兰卡买入的一颗价值500万元人民币的蓝宝石,交由香奈儿加工嵌钻,打造出两套顶级首饰。

一般来讲,能买得起香奈儿顶级定制珠宝的人绝非等闲之辈,除了高昂的定制费用之外,还要有足够的耐心去等待珍品的制成。宝咏琴就是这样的人,她愿意付出一年甚至更长的时间来等待香奈儿的顶级珠宝。搜集香奈儿珠宝是宝咏琴多年的嗜好,她曾花费1500万元人民币购买香奈儿一批五件的私人定制珠宝。也正因为此,宝咏琴被香奈儿列入全球五位最重视的VIP之列。1999年,香奈儿珠宝公司就特意派出两名要员,自法国巴黎及加拿大多伦多飞抵香港,专程将一批价值1600万元人民币的珠宝,送抵宝咏琴位于渣甸山的豪宅,被人们传为佳话。

除了酷爱香奈儿高级珠宝,宝咏琴对香奈儿服饰也爱不释手,有时会越洋订购,有一次在加拿大的香奈儿服饰专卖店中,她就一口气买下10套香奈儿服饰。宝咏琴说:"可可·香奈儿是一个伟大的设计师,我钟爱她的珠宝、她的时装以及她的所有,香奈儿几乎代表了女性的一切。"

回顾香奈儿的所有作品,我们都不难发现,香奈儿每一件珠宝都有一个不同寻常的故事,香奈儿将对自由的追求转化为流畅的设计语汇,处处流露在珠宝作品中,同时也是可可·香奈儿毕生传奇的缩影。

希腊和罗马古典主义的结合，加上意大利精湛的制造艺术，造就了宝格丽珠宝的独特风格。它的色彩搭配华丽脱俗，交替演绎着时尚与典雅。无论是身份尊贵的王室贵族，还是风头正劲的各界名流，佩戴宝格丽珠宝已然成为品位的象征。

BVLGARI
地中海珠宝艺术的集大成者
宝格丽

历史篇 LISHIPIAN

百年以来，宝格丽的子孙延续着老宝格丽的梦想，从遥远的19世纪走来，不断给人们的现代生活带来悠久而绵长的人文触动与奢华气息。凭借着家族传承的精神，宝格丽将继续谱写和演绎下一个百年的荣耀与辉煌。

有人曾说，珠宝是女人的第二件衣服，尤其是那些古董珠宝，往往比光鲜亮丽的美衣还要夺人眼球。当英伦玫瑰凯拉·奈特莉凭借在《傲慢与偏见》中所饰演的骄傲美丽的伊丽莎白入围奥斯卡时，金发雪肤明眸皓齿固然谋杀了不少菲林，但最令人关注的却是她颈间精致而繁复的古董项链，宝石五彩缤纷，错落成菱形堆叠，极具异域风情，让这位著名的冷美人显出几分别样的妖娆来。这串项链的制造者，便是宝格丽。

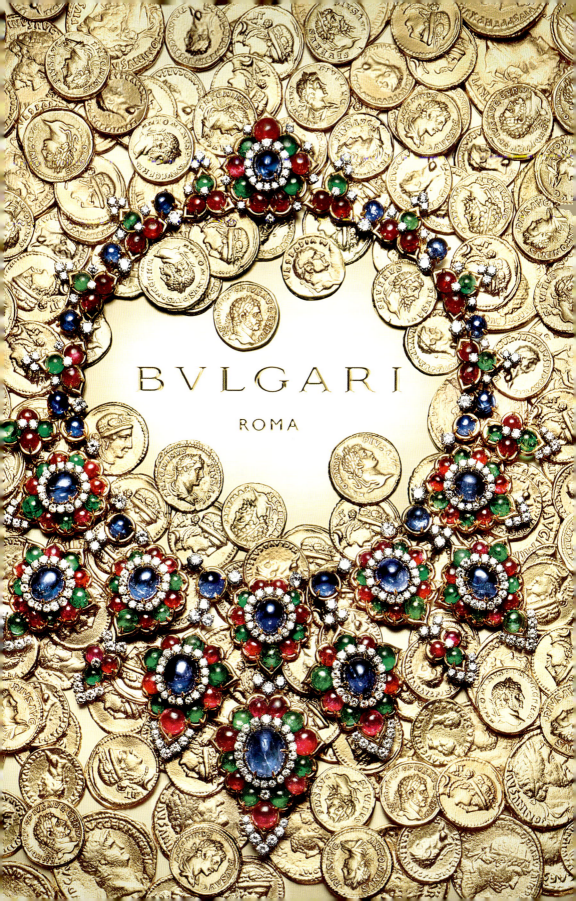

宝格丽，舌尖轻启，当你的口中轻轻吐出这三个音节，你或许意识不到，只是三个简单的字，却意味着世界上除卡地亚和蒂芙尼之外的又一个顶级珠宝品牌。

历史上，几位罗马公主曾经不惜以自己富饶辽阔的领地来交换巧夺天工的宝格丽珠宝。1964年，意大利超级巨星索菲亚·罗兰的宝格丽宝石项链不幸失窃，这位见惯世情遍览风月的美人忍不住潸然泪下，哭得像个孩子一样。尽管已拥有过那么多举世奇珍，但宝格丽在索菲亚·罗兰的心中却依然独一无二、无可取代。索菲亚·罗兰常常惊叹，佩戴宝格丽珠宝的自己宛如神助，就像女王一般所向披靡。没有了宝格丽，索菲亚·罗兰感觉自己就像个受伤的天使。巨星尚且如此，普通人对这种如在云端的珠宝品牌，又怎能不心生向往？

与卡地亚的简约大气和蒂芙尼的精致优雅相比，宝格丽更像是从童话里走出来的凛然不可侵犯的女王，设计里充满了古典奢华的巴洛克情调，仅是一枚小胸针，设计之精巧、工艺之复杂、所用宝石之罕有珍贵，就足以彰显皇家风范，令人惊叹不已。

130多年来，宝格丽珠宝大胆独特、尊贵典雅，融合了古典与现代特色，突破传统学院派设计的严谨教条，以希腊式的典雅、意大利的文艺复兴精神及19世纪的冶金技术为灵感，最终形成了宝格丽珠宝的独特风格。

宝格丽家族的历史可以追溯到19世纪末，出生

伊丽莎白·泰勒收藏的宝格丽祖母绿手镯

宝格丽彩色宝石手镯

于1857年的索里奥·宝格丽是一个希腊人,从小生活在爱彼罗斯区。由于家族一直从事金银器制作,索里奥·宝格丽从小耳濡目染,成人后便继承了家族事业,成为一名金银器工匠,而且在当地颇有名气。与他的前辈不同,索里奥·宝格丽并不想只做一名金银器工匠,而是将更多的创意与艺术元素加入到自己的创作之中。

22岁那年,索里奥·宝格丽举家移民到意大利,在那不勒斯居住了数月之后,便带领家人迁至罗马并安顿下来。索里奥·宝格丽最初在罗马的一所法国艺术学院门前贩卖由他制作的银器,由于这些银器制作精美,造型典雅,带有浓郁的希腊风情,吸引了不少买家。当时有一位希腊商人对索里奥·宝格丽的作品颇感兴趣,于是便将自己的店铺橱窗的一角租借给索里奥·宝格丽,让他展示自己的作品。

没想到,此举为索里奥·宝格丽的珠宝事业奠定了坚实的基础。几个月后,索里奥·宝格丽自立门户,在同一条街上开了他的第一家银器店。如果你对《罗马假日》中奥黛丽·赫本穿男式衬衣、吃冰激凌走过西班牙广场那一幕仍有印象的话就不难发现,这个罗马昔日传奇之地如今正是宝格丽旗舰店的所在地。事实上,在毗邻西班牙广场的康多提大道上,宝格丽先后拥有两间风格截然不同的精品店。早在1894年,品牌创始人将位于西斯廷大街85号的店铺迁至康多提28号后,便与这条充满浪漫氛围的街道结下不解之缘。1905 年，以经营银器、珠宝、古董为主的宝格丽精品店在康多提 10 号落成，从而成为宝格丽最具有历史意义的旗舰店。波普艺术大师安迪·沃霍尔曾称之为"最好的现代艺术博物馆"，足见其独特的美学魅力。当时，索里奥·宝格丽借用英国文豪狄更斯一本小说的书名，将店取名为"老古玩店"，以吸引来自英美的观光客。在这段时间，索里奥·宝格丽考虑到每位顾客对饰品的不同需求，开始增加珠宝和银饰的数量和款式，以便为他们提供多样的选择。在"老古玩店"里，索里奥·宝格丽以其天才的头脑和对珠宝独到的理解力，为宝格丽品牌的未来发展打开了大门。

索里奥·宝格丽于 1934 年去世，但宝格丽的珠宝事业并未停止。他的两个儿子吉奥和科斯坦提诺不仅将店面重新装修，还将品牌正式命名为"宝格丽"，历史就此揭开了新的一页。自 20 世纪 40 年代起，宝格丽步入多元化发展阶段，推出精美的腕表，并配合珠宝、银器系列，作多线发展。

宝格丽"Serpenti"系列腕表融合了宝格丽珠宝设计的灵魂以及现代的时尚美感，已成为高级钟表与珠宝设计界无法磨灭的经典印记。

第二次世界大战结束后，为满足当时人们多样化的生活需求，宝格丽将其精品范围扩大到了眼镜、皮件、香水、瓷器等产品。这一期间宝格丽经历了一个重要的转折点，其设计摆脱了法国学院派清规戒律的束缚，在汲取希腊和罗马古典主义精髓的同时，加入意大利文艺复兴时期的艺术见解和19世纪罗马冶金工艺，流露出浓厚的血统精神和历史感，创造了宝格丽独有的鲜明风格。直到今天，宝格丽一直保持着作坊式生产，这使得其作品既有精致的手工感，又兼备浓厚的艺术气息，具有颇高的收藏价值。

宝格丽"Serpenti"系列戒指及手镯

从20世纪70年代起，宝格丽进入国际市场。在此期间，纽约、巴黎、日内瓦和蒙特卡洛等世界各大都市的宝格丽精品专卖店纷纷开张。到今天，宝格丽在全球已经有近160家精品店，是全球十大时尚集团之一。这个伟大的珠宝品牌经过四代人的努力，俨然已经成为精致生活品位的标志。

2011年3月9日，世界著名奢侈品集团LVMH以52亿美元的天价收购了宝格丽51%的股份。这创下了LVMH收购史的纪录，也是10年来LVMH集团董事长伯纳德·阿诺特最大手笔的收购行动。拥有127年历史的宝格丽市值约23亿欧元，在伯纳德·阿诺特的眼中，这场交易"从任何层面看都是理想的选择"。伯纳德·阿诺特说："重金买下宝格丽是一次难得的战略机遇……因为拥有了宝格丽，我们便能对卡地亚构成真正的挑战。"

虽然在 2010 年之前，宝格丽对外的统一口径全是：绝不会出售。但作为交易条件，保罗·宝格丽和尼古拉·宝格丽兄弟不仅会继续留任宝格丽总裁及副总裁的职务，还将进入 LVMH 董事会，而他们的外甥、宝格丽首席执行官弗朗切斯科·特拉帕尼也将加入 LVMH 执行委员会，并主管 LVMH 的珠宝和腕表部门。由此可见，宝格丽家族仍继续领导宝格丽的业务。而且更重要的是，有了 LVMH 这座靠山，宝格丽将成为法国卡地亚、美国蒂芙尼最强大的竞争对手。

宝格丽珠宝的无形价值大大高于它的实际价格，宝格丽从不需要那种肤浅的富贵表露，而是让珠宝作品中自然流露出浓厚的精英气质。正因如此，尤其注重人性化设计的宝格丽珠宝博得了王室贵族和明星名流的热烈追捧，佩戴宝格丽珠宝成为个人艺术品位的象征。

20 世纪 60 年代，宝格丽堪称罗马"Dolce Vita"（意大利文，含义为"甜美生活"）时代的明星最爱。从那时候起，宝格丽珠宝与众多国际影星就结下了不解之缘。时至今日，每逢重大节日和庆典，总是可以见到宝格丽与明星们交相辉映的曼妙身影。"她唯一知道的意大利语就是 Bvlgari（宝格丽）。"谈到酷爱珠宝的伊丽莎白·泰勒时，她的前夫理查德·伯顿曾这样说。

宝格丽为不计其数的好莱坞巨星设计过珠宝作品，不仅征服了伊丽莎白·泰勒、英格丽·褒曼、玛丽莲·梦露、吉娜·罗洛布里吉达、索菲亚·罗兰等老牌好莱坞明星，而且同样得到当代巨星妮可·基德曼、詹妮弗·安妮斯顿、章子怡、凯瑟琳·泽塔·琼斯、查理兹·塞隆与安吉丽娜·朱莉等人的青睐。

作为明星最坦诚相见的朋友，穿越时空的界限，逾越年龄的差距，宝格丽永远是所有女人珠宝箱中的珍爱之选。

作为宝格丽珠宝的代言人，意大利影星索菲亚·罗兰在1962年因在影片《战地两女性》中的出色演技获得当年的奥斯卡金像奖，而她在出席该影片的首映典礼的时候，脖子上就佩戴着一串由钻石、红色宝石与蓝色宝石镶嵌的宝格丽项链。在众人艳羡的眼光中，这串造型优美的项链成了她脖颈间最美的装饰。

意大利著名影星吉娜·罗洛布里吉达对宝格丽也有一种难以形容的情感，她非常钟情于宝格丽纯粹的意大利设计风格，她最著名的收藏包括一对镶嵌榄尖形与梨形钻石的祖母绿花穗造型耳环，另外还有一对镶嵌天然水滴形珍珠与钻石的宝格丽铂金耳环，看起来更像是伊丽莎白·泰勒几件藏品的综合体。不过，吉娜·罗洛布里吉达喜欢的耳环色调往往更为深沉，例如她那对镶嵌有绿松石与钻石的花形耳环，就有着强烈的印度风情。

宝格丽"地中海伊甸园"系列黄金项链和黄金耳环

1996年，电影《贝隆夫人》讲述了阿根廷人心目中的女神——那个颇具传奇色彩的艾薇塔·贝隆夫人的故事。出身穷苦的艾薇塔在26岁那年成了贝隆夫人，优雅睿智的她从此在珠光艳影之间游走，魅力四射。电影中的艾薇塔曾经佩戴一枚宝格丽的钻石胸针，那是一款流露着玲珑贵气的珠宝，原品制成于40年前，珠宝世家宝格丽的标签为它平添了几分独特的气息，令人惊艳，过目难忘。

在2006年的奥斯卡颁奖礼上，首次作为颁奖嘉宾出现的章子怡以一身黑色晚礼服，佩戴着宝格丽的珠宝出现在红地毯上，成为当日颁奖礼上的一大焦点。同样佩戴着宝格丽古董级铂金钻石项链的詹妮弗·安妮斯顿也挂着招牌式笑容出现，在珠光艳影之下，她仿佛已经彻底走出了与布拉德·皮特的婚姻阴影。不过在这一年的奥斯卡颁奖礼上，最出风头的并不是她们两位，而是在《傲慢与偏见》中担任女主角的凯拉·奈特莉，她佩戴着来自宝格丽于20世纪60年代晚期制作的项链及配套耳环。这套首饰采用黄金材质制成，镶嵌球形祖母绿、红宝石和明亮切割钻石，据说是宝格丽为伊朗国王特别设计和制作的，属于无价之宝。当晚的凯拉·奈特莉可谓熠熠生辉，不但迷倒了现场所有的粉丝，也让电视机镜头前面的维多利亚·贝克汉姆为之疯狂。奥斯卡颁奖礼过后，维多利亚·贝克汉姆一直对这款项链念念不忘，而对妻子疼爱有加的大卫·贝克汉姆当然不会错过这个表现的机会，在维多利亚32岁生日的当天，他赠送给妻子这款价值800万英镑的宝格丽项链。

回眸宝格丽珠宝的历史画卷，可以看到不同时代赋予作品的灵感，堪称意大利珠宝史诗的重要组成部分。从20世纪20年代的装饰艺术风格时期起，宝格丽的珠宝设计就不断随着时代演变，20世纪60年代则是宝格丽设计特色的历史性转变时期，受到意大利文艺复兴与19世纪罗马金匠学派的影响，宝格丽果断舍弃了华丽浮夸的设计，重新思考着形状与材质的神秘法则，形成自身的艺术风格。除了将古典与当代设计元素完美平衡，更在色彩和材质上进行了巧妙搭配和组合。

宝格丽珠宝的古典珍藏系列由20世纪20年代到80年代的大约40件独一无二的珠宝作品组成，其中的每一件珠宝都是在销售出去后，再次被宝格丽以各种方式收购回来并加以珍藏的，这些绝版的珠宝体现出了宝格丽的珠宝款式在漫漫数十年中的演变过程。也正因为这40件珠宝的独一无二，它们才备受世人的关注，许多名流富豪甚至以拥有一款该系列的珠宝为荣。

宝格丽珠宝一直带有传统希腊美学与典型意大利品位，难怪有人这样形容宝格丽："看到宝格丽的珠宝，总是令人想起文艺复兴，最适合代表地中海艺术精华的历史与今天。"

品质篇 PINZHIPIAN

佩戴宝格丽珠宝的人更多是对生活有着完美的理解、对艺术和文化进行不断追求的人。他们购买宝格丽的作品不是为了显示自己富有，而是对充满艺术感的设计、精益求精的品质和不断创新的精神的肯定和支持。

"永远关注材质和工艺的出色品质，努力为顾客带来永恒经典、不容置疑的完美作品。"这一直是宝格丽珠宝的信条。当代著名的艺术大师安迪·沃霍尔就曾这样说过："每次我参观宝格丽专卖店，就仿佛参观最优秀的当代艺术博物馆。"这是对宝格丽珠宝艺术的最好总结。

宝格丽珠宝一向讲求细腻卓著，追求绝对高品质。它的每件作品都是由直觉构想开始，用不同宝石的组合，以独特的建筑设计背景或艺术历史主题来发展。每一款珠宝都具有精致手工感和艺术工艺气息，都是欧洲人文情怀的缩影。

宝格丽珠宝的最大特色就是其浓厚的希腊特色与意大利古典风格。在最初的设计灵感萌发之后，每一款宝格丽珠宝都要经过设计师与工匠的精心雕琢，由此产生了许多经典之作，比如凯尔特风格的"Trica"系列，体现自然形式的"Naturalia"系列，还有首创将陶瓷、黄金和宝石结合为一体的新颖的"Chandra"系列。此外，于1982年诞生的宝格丽"Parentesi"系列，其设计灵感来自于古罗马街道上砖块接缝的形状，作品风格有着典雅而庄重的风貌。有趣的是，"Parentesi"系列珠宝在20世纪80年代时受到热烈追捧，也是当时被仿制最多的一款珠宝。

"Parentesi"系列的诞生象征了极简线条珠宝设

"宝格丽之蓝"双钻戒指

计世代的崛起，呈现出珠宝更有时尚感且具备个性化的新式风格，难怪能受到大众喜爱。此系列的设计除了充满现代风格，也有着高辨识度，能在多种场合佩戴，高度搭配性也令其增添了实用性。"Parentesi"全系列包含了戒指、项链、耳环、手链及项坠等，以明亮的黄金或白金为基座，镶饰了各种钻石及宝石。除了包含女性的完整系列外，项链及戒指亦设计了少许男女皆宜的珠宝款式。为了烘托出品牌尊贵气势，宝格丽"Parentesi"的全球形象广告由当红的加拿大籍名模杰西卡·史丹代言，她精致清透的脸庞散发着如陶制娃娃般的纯真，深邃的眼神诠释出"Parentesi"的耀眼光芒。

秉持着"品牌风格的演进必须随着时间、品位和习惯的改变而改变"的创作理念，宝格丽将品牌的精神融入不同时期，成就经典。宝格丽顶级珠宝系列中的每一件作品都价值不菲，动辄过亿的价格令许多富人都望"宝"兴叹。

在珠宝投资界，人们对宝格丽的顶级珠宝系列一直趋之若鹜，这一系列也是最值得投资的系列，其中包括了从项链到耳环、从手镯到戒指的所有首饰品种的300多件创新产品。这些高贵的首饰产品由分布在罗马、巴黎及纽约的世界上最好的首饰制造商制造，原创设计图样是为搭配最精美的宝石而特别设计的。宝格丽顶级珠宝系列可以遵照客户的要求进行特别制作，当然，客户为此要等待几个月的时间。

2007年2月，在瑞士举行的佳士得拍卖会上，一颗来自宝格丽的重达8.62克拉的缅甸红宝石的成交价超过363.7万美元，创下每克拉42.5万美元的世界拍卖纪录。而在2011年4月6日香港举办的苏富比瑰丽珠宝及翡翠首饰春季拍卖会上，宝格丽出品的 27.67 克拉天然缅甸红宝石镶钻戒指再次引起轰动。这款戒指的估价为 1200 万至 2000 万港元，上面的缅甸红宝石为拍卖史上最大的宝石级"鸽血"抹谷天然红宝石。在往年全球拍卖市场上，各类彩钻，如粉红钻、蓝钻、黄钻表现不俗，但却难觅红钻身影。这在一定程度上是因为红钻的殷红色调是由少量氮元素散布在钻石独特的晶格中形成，稀若晨星，而且一般都带有不少杂质瑕疵，净度普遍在 SI 或以下，超过 1 克拉的红钻就更为稀见。而宝格丽出品这颗彩钻重达 27.67 克拉，净度达到了惊人的 VS2，色彩为纯正殷红，不带杂色，为拍场上极为少见的珍品。

一只名牌的手袋、一件高级定制的晚礼服、一架私人飞机，这些都是奢侈品，只要有足够的财富，基本上都能买到，然而，天然珠宝却是可遇不可求的。比如你想要一颗 10 克拉的缅甸天然红宝石，这不是你有钱就能买得到的东西，因为缅甸红宝石是非常有限的稀缺资源，卖一颗，少一颗。即使真的让你找到一颗 10 克拉的缅甸天然红宝石，它的红色却也未必是你心里想要的，它的光泽未必是你心里期盼的。所以，宝格丽天然缅甸红宝石戒指被所有人称为"大自然不可复制的美丽恩赐"，可遇不可求，独一无二，因此也引起了所有人的关注。

除了红宝石，在 2010 年的纽约佳士得拍卖会上，有着"宝格丽之蓝"美誉的双钻戒指成为主角。这枚镶嵌重 10.95 克拉三角形鲜彩蓝钻，以及重 9.87 克拉三角形 G 色 VS1 白钻的"宝格丽之蓝"双钻戒指成为那场拍卖会上成交价格最高的拍品，成交额超过 1576 万美元，打破了先前每克拉 140 万美

宝格丽珠宝手袋，运用水晶、玉石、珍珠、亮片和串珠等材质，结合刺绣和宝石镶嵌的工艺，极尽优雅与高贵。

宝格丽"Astrale"系列的两款全新腕表，表壳采用玫瑰金或白金精心打造，上面铺镶着 66 颗钻石以及彩色宝石，宛如繁星密布的迷人星空。

元的蓝钻拍卖世界纪录。

　　这颗蓝钻在 1972 年的价格是 100 万美元，而现在，每克拉的价格就达到了 150 万美元。它原来的主人当年在罗马的宝格丽旗舰店买下这枚钻石戒指，并把它作为礼物送给他的妻子。这枚戒指在他们手中存放了近 40 年，直到再次出现在拍卖会场。

　　佳士得美国珠宝部的负责人说，1972 年的 100 万美元相当于现在的 500 万美元，这意味着这颗蓝色钻石的价值增长了三倍，这充分证明了在当下，钻石所拥有的难以置信的保值能力。但他同时提醒买家在投资钻石的时候需要知道，投资钻石并不是一件容易的事。只有那些克拉数大、纯度高、颜色好、稀有的钻石才能保值，一些小克拉的钻石只有装饰功能，如果盲目当成投资对象买入，很有可能会被套牢。

　　宝格丽所到之处，无论是衣香鬓影的时尚沙龙、星光熠熠的红地毯还是名流云集的贵族晚宴，它都始终是令人赞叹不已的典雅与奢华的象征，而这份典雅与奢华除了源自百年的沉淀，还有藏在每一个细节中的人文精神。

乔治杰生 1925 年 –1931 年陆续推出了代表品牌价值的"月光葡萄"系列珠宝，2010 年春，乔治杰生全新的"月光葡萄"系列惊艳亮相，再次将乔治杰生珠宝的曼妙华美发挥到极致。"月光葡萄"系列吊坠采用纯银镀铑，镶嵌紫水晶，造型浪漫典雅。

因为特殊的地理位置，地处北欧的丹麦是个阳光并不充足的国家，这使得丹麦人异常偏爱哪怕在微弱的灯光下也能散发出淡淡光芒的银器。乔治杰生品牌的创始人对银也异常偏爱，他曾说过："银是最好的材质。银，美丽的光辉就像丹麦初夏时皎洁的月光，尤其是沾上水珠的银制品，仿佛就是迷蒙而充满魔力的雾。"

GEORG JENSEN
丹麦的银色之光
乔治杰生

历史篇 LISHIPIAN

丹麦是个盛产艺术家的国度，让丹麦人津津乐道的不但有安徒生，还有设计悉尼歌剧院的著名建筑师约恩·乌松，以及丹麦银饰翘楚品牌乔治杰生的创始人乔治·杰生。凭借精湛的手工艺，话有对银饰艺术极深的悟性与偏爱，他被《纽约先驱论坛报》赞誉为"近300年来最伟大的银饰工艺大师"，以至于在珠宝界内流传这样一句名言："如果银子会说话，讲的一定是丹麦语。"

乔治·杰生的传奇始于1904年4月19日，他的工作室在哥本哈根成立，从此开始了他的银器制作之路……乔治·杰生1866年出生在哥本哈根以北的拉德瓦德小镇，他曾这样描绘自己的出生之地："拉德瓦德是真正的天堂，这里有高耸的橡树、山毛榉树，巨大磨坊和潺潺溪流，闲暇时推推磨坊的水车，流连于神秘灌木丛和低洼的茂盛草地之间，日暮后，群鸟聚集如云，鸣叫声响彻云霄……"

自幼年起，乔治·杰生就竭尽全力苦练雕塑技艺，梦想有一天成为一名雕塑家，他的第一件雕塑作品就是自己父亲的半身像。与此同时，乔治·杰生还接受着银匠训练。1884年，18岁的乔治·杰生圆满结束了为期四年的学徒生涯，获得了中级证书。之后，他又从皇家美术学院毕业，其作品《收获者》大获成功。他的另一件雕塑作品《春》勾勒了一位年轻女郎的优美身姿，因为这件作品，乔治·杰生应邀参加了一个艺术展，在那次展览会上，乔治·杰生大开眼界。在尚未成为专业银匠之前，乔治·杰生常为别人制作罐子、水盆之类的普通家庭用具，有一段时间还曾在哥本哈根的一家陶瓷厂任模型工。这些经历使乔治·杰生对陶瓷和装饰艺术有了更深的感悟。

1897年，31岁的乔治·杰生离开家乡，造访了欧洲各大先锋艺术中心。在巴黎，他目睹了新艺术风格的繁花似锦；在意大利，他见到了在实用艺术领域创造突破的艺术家，见证他们如何创造实用而美妙的工艺作品，从而得到艺术界的认可。他领悟到，实用主义的作品也能因艺术价值而受到赞赏。1901年，乔治·杰生从国外归来，重新燃起了为人们的日常生活制作美丽饰物的热情。

回国后的乔治·杰生开始独立经营属于自己的银器工作室，而这成为他走向事业巅峰的基石，丹麦银器艺术也由此开始走向世界。在这间工作室里，乔治·杰生将艺术与手工艺相结合，千方百计地使丹麦的装饰艺术传统和艺术概念复活。要知道，20世纪初的欧洲已经不是传统的银器艺术天堂了，大工业文化已经席卷欧洲和美洲，甚至东亚，一切艺术文化都带着简洁、力度和革新的新奇味道，在现代人眼中，传统的银雕技艺和花草的纹饰多多少少像是一堆古董。但是，乔治·杰生不一样，他不但精通雕刻艺术的表现手法，又熟悉各民族，尤其是丹麦最精良的传统文化，还有他与生养他的大自然息息相通。他说过："当看着一片草叶或一个孩子时，灵感就会涌现。灵感必须是来自内心的，一种想要爆发出来的力量。"不论是做什么主题的造型，唯有这想要"爆发出来的力量"才能引导真正的艺术出

现。乔治·杰生精美绝伦的作品融合了数百年历史的工艺传统，展现了丹麦传统文化的经典品位，彰显了乔治·杰生的非凡匠心。它们不同于其他作品的奢华浮躁，完美实践了"美观实用"的基本主张，成为世界各地消费者的珍爱。乔治·杰生的成就感与超越奢华的原创美感也成为丹麦工艺行业进步的动力。

乔治·杰生的设计很快成为世界关注的焦点：1910年和1935年获得布鲁塞尔万国博览会金奖、1915年获得旧金山万国博览会金奖、1925年获得巴黎万国博览会金奖、1929年获得巴塞罗那万国博览会金奖。1918年和1924年，乔治·杰生的饰品先后被封为瑞典和丹麦王室御用饰品。

1909年，哥本哈根以外的第一家乔治杰生精品店"丹麦银匠"在柏林开幕，并且大获成功，订单接踵而至，供不应求。公司发展有了长足进步，乔治·杰生开始设想进一步开拓伦敦、巴黎和纽约市场。

六年后，乔治·杰生的银器公司首次进军北美市场，将珠宝和餐具作品送往位于加利福尼亚州的旧金山，参加巴拿马万国博览会，这标志着乔治杰生银器在美国崭露头角。1927年，布鲁克林博物馆的展览让乔治·杰生获得了巨大的国际声誉,人们开始将乔治杰生银器作品与一些世界知名珠宝品牌的作品相提并论,此外,美国报纸业大亨威廉·伦道夫·赫斯特几乎购买了乔治杰生各款作品。

  1935年10月2日,乔治·杰生在丹麦逝世,享年69岁。他的一生成就诸多,作为艺术天才,他勤奋工作,将艺术与工艺融为一体,成为其所处时代的银器艺术领袖。国际社会对他好评如潮,他也因此开创了丹麦乃至北欧的装饰艺术风潮。他留下诸多物质及精神遗产,包括亲自设计的大量银饰、设计和工艺领域的优秀传统、亲手创建的企业及培养的大量优秀设计师。乔治·杰生除了被《纽约先驱论坛报》评为"300年来最伟大的银饰工艺大师"之外,伦敦《泰晤士报》也刊登讣告:"乔治·杰生是当之无愧的工艺大师,他的作品将在未来成为珍贵文物"。

  乔治·杰生一直是丹麦现代银器装饰艺术与制造领域无可争议的领军人物,将艺术家和工艺大师的个性和造诣融为一体。行业、文化和从商经历不仅为其作品带来无限灵感,同时也是他美学理论的基本框架。乔治·杰生和来自世界各国的优秀艺术家一同构建着全新的设计之国,也将装饰艺术提升到更高、更精美的层次。乔治·杰生一直专注于银饰加工的精湛技艺,看着那些银饰作品,透过细致击打后呈现出的一系列六边锤印组合,我们仿佛能够真切地听到并感受到银匠手中铁锤发出的规律敲击声。

  乔治·杰生去世后,工坊坚持以他的设计思想和风格经营至今,使乔治杰生成为以设计高雅著称的欧洲银器顶级品牌。

乔治杰生银器所追求的不是复古,不是古代艺术的翻版,而是在继承前人传统文化精髓的基础上加以创新。所以,乔治杰生银器工坊能不断以制作精良、典雅卓绝的作品而享誉欧洲。

  乔治杰生被看作是丹麦的国宝品牌,由于它在工艺品质上的卓越表现而获得了丹麦王室的认可。在通过王室长达10至15年的严格审慎的考核之后，乔治杰生荣获了丹麦女王亲自颁发的"王室授权许可"。从那以后，乔治杰生便开始给各国王室供应银器及珠宝首饰直至今日。

乔治杰生与丹麦王室的渊源颇深，它的经典作品"Daisy"系列就是为庆祝丹麦玛格丽特公主的诞生而特别推出的。这一系列的作品因深受到王室的喜爱，且适合平日佩戴，后来成为丹麦女性成年礼的首选礼物，迄今仍是热销商品。因此，有许多人认为乔治杰生的"Daisy"系列就是丹麦的象征。70年后的今天，乔治杰生不但在"Daisy"系列中注入新元素，更找来丹麦模特新秀阿格奈泰·荷盖朗特代言，诠释"Daisy女郎"的新风貌。

自1910年获得布鲁塞尔万国博览会金奖开始，乔治杰生的作品陆续在各大艺术展中获奖，1927年、1928年和1930年，乔治杰生的作品三次在英国康沃尔郡的纽林艺术美术馆内展出，这座美术馆以倡导工艺美术运动著称，乔治杰生的作品深受好评。

1930年对于乔治杰生来说是一个极具意义的年头，这一年，它聘用了一位身份高贵的设计师——瑞典王子西格瓦德·伯纳顿特。西格瓦德·伯纳顿特生于1907年，是瑞典国王古斯塔夫六世的儿子，他的母亲就是英国维多利亚女王的孙女——玛格丽特公主。西格瓦德·伯纳顿特1929年大学毕业后，进入了斯德哥尔摩的艺术学院学习，在那段时期他设计出了非常多的银器。第二年他观看了斯德哥尔摩的一个展览。这次展览标志着实用主义的新突破，也对西格瓦德·伯纳顿特自身的设计风格产生了重要影响，促

乔治杰生"Fusion"系列戒指

乔治杰生"Daisy"系列纯银镀铑项链、耳环和戒指。Daisy即雏菊,是丹麦的国花,同时也是欧洲女性都极为喜爱的花,并因此成为广受喜爱的珠宝造型。此外,"Daisy"与丹麦王室有密不可分的关系——当英格丽德王后于1940年生下了玛格丽特小公主时,乔治杰生便特别为小名为"Daisy"的她制作了一款"Daisy"雏菊饰品,来表达庆贺之意。

使他将实用优雅的理念融入设计中。此后不久,西格瓦德·伯纳顿特王子便开始了与乔治杰生的长期合作,他的设计脱离了乔治杰生的自然主义风格,借鉴了瑞典传统图案的几何特征,展现清晰实用的对称美学。西格瓦德·伯纳顿特王子在设计中更多地融入了独特明朗、灵活多变的线条,传达经典、典雅、庄重的风格。西格瓦德·伯纳顿特王子书写了斯堪的纳维亚悠久设计历史的又一华彩篇章,尤其是"伯纳顿特"系列一直深受人们的喜爱并成为经典之作。

除了设计银器之外,乔治杰生在珠宝界也颇负盛名。乔治·杰生偏好以琥珀、月光石、蛋白石、玛瑙、红玉髓等宝石与银结合,他也是第一位以氧化作用在银饰上制造灰暗的阴影效果的工艺大师,手工敲打的痕迹也特意留在银器表面,因为那代表着"制作过程的记录"。20世纪30年代,乔治·杰生参加了在伦敦金银艺术展馆内举行的进口奢侈品展之后,便在珠宝界奠定了坚实的地位。从那以后,乔治·杰生的作品不断出现在各大艺术展览会上:1960年,乔治杰生银器在纽约大都会艺术博物馆展出;1966年,乔治·杰生诞辰百年纪念展上隆重推出了经典的银饰传世之作;1980年,乔治杰生银器在位于华盛顿特区的史密斯索尼安学院美术馆内独家展出,展览名为"乔治杰生金银艺术:77位艺术家,75年艺术历程",展示了出自这家公司优秀设计师之手的147件作品。在乔治杰生银饰亮相展览期间,人们常会驻足于品牌展台前,比划着,兴奋地作着评论。有些人甚至不约而同地讲述起他们最爱的乔治杰生胸针或手链,其特有的精工细作及其别致的设计,仿佛娓娓诉说着一段异国旅程。喜欢乔治杰生银器的远不止这些人,埃莉诺·罗斯福、贝丝·杜鲁门、凯瑟琳·赫本、葛丽泰·巴博、玛丽莲·梦露和瑟尔玛·里特都是乔治杰生精品店的常客。

在乔治·杰生的工作间里,至今还写着这位伟大银匠的座右铭:"不要跟随潮流,但是如果你想在奋斗中保持年轻,就要遵循现在的一切。"乔治杰生银器所追求的不是复古,不是古代艺术的翻版,而是在前人传统文化精髓的基础上创新。所以,乔治杰生银器制作工坊能不断以制作精良、典雅卓绝的银制品享誉欧洲。到1935年,乔治·杰生去世时,那小小制作间已经发展成了国际级企业。不过,乔治杰生一向不以时尚品牌自居,它总是这样宣传自己：一个标榜 100% 手工打造，会用"月光"、"丹麦夏夜之光"、"朦胧薄暮"形容银饰光泽的品牌，每件作品都流露出浓郁人文情怀与雕塑形体之美。

有时候鉴赏艺术，无须花费重金，比如当我们走进美术馆以不同眼光欣赏乔治·杰生的作品时，便会感受到乔治·杰生那句座右铭的真义。

乔治杰生追求工艺精良，它的目标是将艺术和工艺结合，很多作品经过千锤百炼，肉眼却看不出任何痕迹。对于这样一个不以时尚自居的银饰品牌来说，"经典"才是最适合它的形容词。

乔治·杰生投入银饰的创作约在 1900 年，那时候，他已经是一个成熟的男人，他曾说过："银是最好的材质。""银雕工艺不应该跟随潮流，而是在创造时尚"是乔治杰生品牌的基本信仰，其复刻古银系列简单大方，巧妙运用氧化作用，制造出亚光效果，沉淀出一份丰厚的人文气息。

现在的乔治杰生公司属皇家斯堪的纳维亚集团，但员工们仍遵循乔治杰生的传统精神，在这里，尊重工艺的精神依然流传不辍，乔治·杰生在世时所订定的制作标准仍在执行。工匠一般都是坐在宽敞光亮的房间内专心致志埋首工作，房内周围摆放各式保养良好的工具，每一种都有其特别的作用。这些工具通常是由工匠本人亲自制造，伴随主人工作一生，直至有人继承衣钵后，再流传至下一代。

不仅如此，乔治杰生工作室内的每一个工作台都是世代相传的，也就是说每一个工作台都有固定的主人。这些工匠们每天坐在自己的工作台前，对手中的银器轻力锤却落点准确。银匠用灵敏的手指

　　抚摸，凭感觉判断是否拉薄绷紧，以使银器上的优美线纹能够持久不变。金饰匠则负责锉滑磨光，制成比例准确的美观首饰。负责镂花雕刻的工匠则在略带软性的银质表面镂刻花纹图案，留下深色的纹饰。这些金银匠大部分都是工艺精湛的名师，以打制银器为终身事业。整个工作室里弥漫着有条不紊的气氛，人人全神贯注地埋首工作，施展其看家本领，他们的成品纯属个人工作的成果，灌注了银匠本人的浓厚感情。

　　乔治杰生的工匠们制作一件银器一般都需要数天或数星期方可完成。每当一件作品完成时，这些银器工匠们都会十分兴奋，犹如一个父亲眼看着自己的孩子呱呱坠地，喜不自胜，像这样凝聚着工匠们心血的艺术品怎会不具备永久的艺术生命呢？

　　今天，乔治杰生的工艺与原创设计已广泛涵盖珠宝、手表、银雕器皿与装饰艺品等领域，其中既有镶嵌着钻石、多色宝石的铂金、18K金作品，亦有传承乔治杰生经典工艺，风格轨迹明确的银雕饰品，其特色是将不规则几何流线形态与细腻的铸造技术、前卫的设计相结合。

乔治杰生品牌的珠宝首饰讲究经典持久，具体来说就是既强调审美又兼备首饰的功能性，例如一款名为"Magical"的戒指。从这款戒指可以看出，乔治杰生的设计师十分注重有机形体的立体感与个人化结合，戒指外圈与里圈由不同颜色和不同质地的材质制成，并且可以旋转交错，使佩戴者可以按照自己的喜好搭配成不同图案。乔治杰生所其传达的理念是，让别人不仅能够注意到这件首饰，更能够注意到佩戴首饰者本身的气质与饰物的交融。品牌著名设计师薇薇安·朵兰就曾说过："首饰只是用来点缀人的，只能为人加分而不应强夺人原有的光彩，漂亮的女人应该比首饰更引人注目。"乔治杰生一直有规划高级珠宝版图的想法：干净、优雅而且纯粹，让珠宝不再只是装饰，而是随个人特质有不同的变化。手链、颈链、耳环、胸针、戒指……也许乔治杰生真是"万能的"，用万能的珠宝语言描绘出迷人的诱惑意味。

乔治杰生的每一件精美作品都传达着对生活的热爱与对艺术和工艺的极致追求。通过这些精美绝伦的作品，乔治杰生成功实现了它的目标：让大众也能购买和享受美妙的艺术，徜徉于乔治杰生呈现的艺术与美的世界。

1924年，58岁的乔治·杰生迁往巴黎工作，正是在那里，他沐浴在国际好评的和煦光芒中。乔治·杰生生前提到他在巴黎的日子以及在那里创作的大型作品，有几件一直令他难以忘怀，特别是1926年在沙龙中展出的巨大醒酒器，其中一件就被一位法国百万富翁买走，而另一件则由一位远道而来的美国富翁收入囊中。

乔治·杰生一生制作了大量的银器，都极具收藏价值。如今这些作品在市面已难觅踪影，更突显了其不菲的价值。在乔治·杰生的作品中，被编号为第740号的银碗和同款烛台应为乔治·杰生1935年去世前的最后一组作品。作为这位丹麦史上最伟大的银匠的艺术绝唱，这组作品蕴含了乔治·杰生作品中的所有突出特点，被誉为乔治·杰生艺术生涯中的"第九交响曲"。这组作品充满活力，同时又具备了一位真正艺术家所应有的内敛气质，可以说达到了绝对完美。也正因此，这些手工打造的银器更经得起时间考验，极具私人珍藏价值。

除了银器之外，在乔治·杰生的所有创作中，珠宝作品的数量也是相当惊人的，不仅如此，其变化更为多样化，每一件珠宝作品都是独一无二的。如今，乔治·杰生制作的珠宝也成为收藏家竞相追逐的目标。实际上，珠宝一直是乔治·杰生的工作重心，其珠宝作品很早就吸引了丹麦艺术评论家们的关注。乔治·杰生为金银工艺重新确立了地位，让其再次成为展现创意的艺术，他所开创的设计风格在他去世后依然源远流长。可以毫不夸张地说，乔治·杰生也是这个艺术时代的奠基人之一。

时尚界中变化最快的除了服装、彩妆之外，就属首饰了。在琳琅满目的饰品中，银质首饰以它独特的典雅气质吸引着众多追求个性的消费者。乔治杰生的银饰以超越时空、潮流为创作理念，自成一格，获奖无数，当中更有不少饰物为世界各地博物馆和收藏家所收藏。白银和各色宝石的镶嵌把缤纷的果实和花卉设计表达得淋漓尽致，而利用氧化效果制作出来的银饰，在闪亮的银面添上柔和灰色和黑色的暗影，显得更有层次。这些首饰每款都由手工铸造，采用的设计更显露出各个时代的背景特色，增添了作品的艺术气质。

银质首饰虽然没有玉器的婉约，也没有宝石的璀璨，但银器的质朴却实实在在地让我们感受到它的亲和力。物美不在价高，人生不也是这样吗？

在法国巴黎，有这样一个古老的珠宝家族，它被视为"法兰西活着的物质文化遗产"；这个家族掌握最古老的珠宝加工技艺，代表着法国珠宝制作的至高技艺；这个家族低调独行，只为追求最纯粹的珠宝艺术而存在。它就是被人誉为"法国珠宝最高精神"的马顿世家。

MATHON
最纯粹的法兰西艺术珠宝
马顿世家

历史篇
LISHIPIAN

罗格·马顿凭借精湛的珠宝加工技艺，加之对珠宝的热爱和全力以赴的努力，使自己成为法国历史上最具声望的珠宝设计大师之一。今天，他的儿子弗瑞德里克·马顿成为续写马顿世家珠宝传奇的接班人，这位满头银发的法国绅士同样以精湛的珠宝加工技艺和对珠宝事业的无限热爱，为人们呈现了一个又一个惊世之作。

第二次世界大战之后，法国巴黎百废待兴。所有的巴黎人慢慢地从战争的阴影中走出来，迎接新一轮的曙光。此时，巴黎的某个角落里总弥漫着蠢蠢欲动的信念和希望，就像经历了冰冻死寂的隆冬之后，嫩芽在土地深处迫不及待地渴望阳光和水分。那些满怀向往和激情的巴黎青年艺术家们，正如土

马顿世家高级珠宝系列戒指,通过镶嵌和裸嵌两种方式,突显钻石似水般的纯净质感。

地里的种子一般,开始筹划着实施创作计划。其中,一位法国未来最伟大的珠宝世家的开拓者出现了,他便是罗格·马顿。

　　罗格·马顿在未成为珠宝工匠之前,曾在著名的歌剧院大街和圣日耳曼大街上为电影院画海报,也曾研究陶瓷制造艺术,此外他还乐于制作各种奖章和勋章。多种艺术门类的尝试为他日后成为一名伟大的珠宝工匠奠定了坚实的基础。1931年,罗格·马顿的叔叔卡米勒·布昂纳德特在巴黎黎塞留路41号开了第一家珠宝加工店。熟知巴黎的人都知道,这里云集着当时世界最著名的古董及珠宝店,是欧洲名流趋之若鹜的珠宝圣地。每每经过那里,罗格·马顿总好奇地审视着出现在那些大牌珠宝店门前的顾客。他心里想,到底是什么样的巨大力量让如此多的人,为珠宝如痴如狂?与此同时,罗格·马顿也开始带着好奇频繁出入那些珠宝店。自然而然,叔叔卡米勒的珠宝加工店成了他常去的地方,同时也成为寻找答案的最佳处所。

在叔叔的珠宝加工店里，罗格·马顿仿佛被一种魔力深深地吸引住了，从画纸上出其不意的精细描绘，到工匠们对各种各样的宝石的熔炼和镶嵌，无不吸引着这个年轻人。那一件件美丽的珠宝作品就像被赋予无穷魔力的水晶球吸引着罗格·马顿。也就在那时，罗格·马顿决定开始自己在作坊里的珠宝学徒生涯。在当时谁也没有想到，这个好学的年轻人在不久的将来会创立一个伟大的珠宝品牌，并且成为皇宫街区上最受世界瞩目的名字之一。

罗格·马顿的学徒生涯是枯燥单调的，但他并不感到乏味，反而愈加痴迷珠宝设计。在这里，他一边享受着法兰西最纯正的珠宝艺术所散发的诱人魅力，一边将自己的艺术激情全部投入到珠宝创作和制造中去。随着时间的推移，罗格·马顿逐渐成为一名颇有名气的珠宝匠人，并陆续为当时巴黎最负盛名的珠宝店设计了大量精美作品。当那些华美异常而又意趣盎然的珠宝作品被摆在橱窗前时，吸引了越来越多珠宝收藏者们惊讶好奇的目光，人们在啧啧称奇的同时，纷纷四处打听这些珠宝出自何人之手。

1951年对罗格·马顿来说是最具意义的一年，他收到了属于他个人的第一笔订单：为法国阿尔萨斯军队制作徽章。政府的关注和名门贵族的口耳相传，让"黎塞留路上那个姓马顿的设计师"，成为越来越多人眼中最独特新潮的代名词。慢慢地，那些曾流连在大牌珠宝店门口的达官显贵们开始驻足在罗格·马顿叔叔的作坊门前，希望能够亲自与罗格·马顿见面，请他设计一件属于自己的珠宝。

1972年，罗格·马顿成为叔叔卡米勒珠宝店的新主人。自此以后，马顿世家珠宝开始了属于自己的传奇之路。罗格·马顿的作品越来越多，那些充满艺术灵魂的动人之作出现在旺多姆广场的诸多名店之内，为来自世界各地的人们所深深喜爱。罗格·马顿并没有成立自己的珠宝品牌，相反，他也无需成立品牌，因为他的名字本身就代表了法国珠宝的最高境界。

一些真正的品位之士会亲自到他的店铺，不惜重金，甚至甘愿为之等上一年或者两年，也要得到一件罗格·马顿的私人设计。由此可见，罗格·马顿已经成为巴黎顶级的高级珠宝匠之一，而且成为纯粹的巴黎高级定制珠宝的优雅代表。

尊贵篇 ZUNGUIPIAN

在欧洲，富人对私人定制珠宝的热情往往要高于成品珠宝，因为私人定制本身就代表一种尊贵、一种特权。在私人定制珠宝领域中，无论是与卡地亚还是梵克雅宝，或是宝格丽相比，马顿世家都毫不逊色。

作为法国私人定制珠宝，马顿世家的客户大多是一些神秘人物，而且马顿世家对自己的客户资料采取绝对的保密措施。有一点可以肯定，并不是随随便便哪个人就能拥有马顿世家的私人作品。

从罗格·马顿开始，这个古老的珠宝家族便知道两件事：第一，永远不要模仿他人，因为有创造力，才能拥有自己的身份和定位；第二，永远不要忽视技术，尤其是绘画技术。珠宝创作是一门艺术，当我们掌握了一种技艺，它便能使我们在创作的道路上走得更远，能够更加充分地体现创造的概念和想法。也正因如此，马顿世家才成为一个拥有诸多荣誉的法国国宝级艺术家族。

自从弗瑞德里克·马顿接手家族事业之后，这位出色的珠宝设计大师几十年来为许多名流贵族创造了数不清的艺术珠宝作品，而他自己认为最能代表马顿世家的艺术风格和美丽的，还要数"海洋奇观"系列。起初，他的灵感取自于作家儒勒·凡尔纳的小说《海底两万里》，书中所描绘的那些如梦似幻的海洋动植物令弗瑞德里克·马顿深深折服与向往。海底斑斓奇幻的色彩引人入胜，激发了弗瑞德里克·马顿的艺术灵感。他决定利用各类宝石自身所具备的独特色彩和光泽：蛋白石的凝练、石榴石的娇脆、蓝宝石的剔透……这些全都给予他强烈

马顿世家 **255**

地想要组合宝石的冲动。

与其父的成就和技艺相比,弗瑞德里克·马顿绝对是青出于蓝而胜于蓝。凭借卓越的艺术成就和领导才能,在1994年到1996年两年间,他担任法国巴黎卢浮宫珠宝学院院长;1997年成为法国珠宝专业发展协会的主席;2005年更被任命为法国珠宝首饰玉石联合会的顶级金匠大师。

如今,弗瑞德里克·马顿在业界享有崇高的地位,但他每天仍在坚持工作,并和自己的员工一起从事着珠宝设计和制作工作。究其原因,他这样说道:"在手工作坊里和珠宝工匠们一起工作,能够保证我拥有对珠宝行业的专业视觉,对各种材料、对珠宝造型和对整个珠宝制作过程与演变的熟悉和掌握。它保证了我的艺术生命和活力"。

从设计到成品,每一个环节都完全由手工完成,可以说,马顿世家创造的每一件珠宝饰品均传递着珠宝大师的激情、创造力和无限的生命感染力。

弗瑞德里克·马顿对珠宝的感受是这样的——"对于我来说,每实现一个新的创造,就代表从一个概念、想法直至创作出一件能够穿越时间的珍贵财宝的诞生"。一件作品从作坊生产出来,有时这个过程是惊人的,甚至是令人难以想象的艰难。弗瑞德里克·马顿宣称自己创作的每一件珠宝作品都是有生命、有灵魂的,而且这种生命和灵魂坚不可摧。它能够穿越时间,由母亲传给女儿,或者父亲传给儿子,总之,它是可以世代传承的。

马顿世家珠宝所有的创造都始于情感的激发。在马顿家族看来,创作是设计者与独一无二的灵感启发相遇而酝酿出的美妙果实。在设计师的画板上,创意只有与情感完美融合,才能让灵感成形,才能孵化出绝无仅有的艺术珍宝。

　　此外，要想制作出绝世的珠宝作品，没有出色过硬的技术简直就是不可想象的。珠宝作品的各个部分将会被组合起来，形成整件作品的最终整体造型。这个步骤需要绝对的灵巧性和成熟的经验。至少需要10年的经验才能成为马顿世家一名普通的珠宝工匠，而想要成为工坊的首席珠宝匠，则需要20年以上的经验。

　　每一件马顿世家的珠宝都是在法国巴黎的工坊设计制作完成的，并且整个过程完全由手工制作，更被标上独有的印记、编号和身份认证证书，更享有终身的保障和维修服务。每一件马顿世家作品都会打上"法兰西珠宝标签"，被赋予独一无二的身份认证，宣告此珠宝设计、制造、组装、抛光全程手工，成为彰显荣耀与身份的纯粹法兰西珠宝珍品。就这样，马顿世家几代的艺术家们一直在默默地创造着一件件令世界都为之震惊的珠宝艺术品。

马顿世家的珠宝大师秉承着对法国传统珠宝艺术的极致追求，为世人带来享之不尽的纯粹法兰西高级珠宝艺术，制造出世间罕有的、不被时间侵蚀的、永恒珍贵的艺术珍品。

马顿世家珠宝通过其独有的高雅韵味和独一无二的艺术气质，得到了来自全世界名流和艺术珠宝爱好者的竞相追捧。虽然我们在无数红毯和电影里看见过马顿世家的璀璨作品，但马顿世家却总是低调地不愿提及他们所服务过的名人的名字。也许对于这样一个执着于艺术创作的大师来说，珠宝便是一切价值之所在，而非佩戴它的人尊贵与否。

马顿世家珠宝就像一个优雅的法兰西骑士，将法国传统珠宝艺术文化和工艺不断发扬光大。正因为马顿家族对法国传统珠宝的贡献，法国政府授予马顿世家"法兰西活着的物质文化遗产"的称号。马顿世家的珠宝由于代表着法国高级定制珠宝的独一无二的至高工艺和原产地荣誉，更被誉为"真正的法兰西珠宝"。不仅如此，这个古老的珠宝世家更以惊人的生命力闪耀在国际舞台上，用专属于法兰西的荣耀和工艺，用马顿世家独一无二的卓绝艺术品位征服世界。

作为法国私人定制珠宝的代表，马顿世家一直在追寻潮流和保持个性间保持平衡。世界时尚之都巴黎，它的一举一动都让世界潮流为之颤抖，新艺术和新潮流以犹如细胞分裂般的迅猛膨胀。这里充斥着诞生与死亡，在这里，只有拥有顽强的生命力和饱满的灵魂才能被永久地留下来，黎塞留路上的马顿世家正是芸芸众生中的优胜者，它一直坚定着自己的信念，几十年来始终保持一个艺术家应有的敏感和饱满的活力，而这正是珠宝创作不可缺少的青春力量。

马顿世家之所以被世人传颂，并一直生存至今，究其原因只有一个："我们会受到流行趋势的影响，当然我们也会从中得到启发，并且最终创造出只属于我们独特风格的传世珍品"。

从伯爵表上知晓时间，就是在欣赏一件至尊之宝。近130年来，伯爵像一位才华横溢的艺术家，为平凡的计时器穿上华贵的珠宝盛装，令时间分分秒秒都行走得如此优雅，而出自伯爵的奢华珠宝也因此被赋予了永恒的寓意。

PIAGET
雕刻时间的珠宝艺术家
伯爵

历史篇 LISHIPIAN

从1874年诞生以来，伯爵一直致力于培养奢侈尊贵的品牌精神，坚守对于创意和细节的追求，将钟表与珠宝的工艺完全融合在一起。创立伊始，伯爵专注于钟表机芯的设计和生产，20世纪60年代，伯爵拓展专业领域，陆续推出令人称奇的珠宝腕表和富于革新精神的珠宝首饰系列。伯爵能够捕捉时间的神韵，每一件钟表和珠宝作品都是在胆识、专业和想象力的驱动下，对精湛工艺的不懈探求。

在大部分人的心目中，伯爵是一个拥有百余年历史的顶级腕表品牌，是杰奎琳·肯尼迪的最爱，是艺术大师达利乐于合作的创意伙伴……人们也一直把伯爵表当作一枚腕上的珠宝来欣赏与赞叹。而就在20世纪90年代初期，伯爵首次推出了高级珠

伯爵"花园派对"系列钻石花环主题项链,在18K白金项链上镶嵌重约23.27克拉的413颗圆形美钻、重约7.01克拉的4颗椭圆形切割祖母绿及重约8.66克拉的14颗梨形切割祖母绿,尽显奢华典雅之美。

为向中国龙年致敬,更为了感怀中国图腾文化带给世界的丰富灵感,伯爵创作出"龙凤"腕表系列,寓意着尊贵与权威,每款全球限量8只。

宝系列之后,痴迷珠宝的人们即刻就沉迷在伯爵的珠宝帝国之中,时间从此不只在表盘上,更随着那些美妙的珠宝,留在人们的生命里。

1874年,乔治·伯爵在瑞士侏罗山区深处的一个小村庄创立了伯爵表厂。后来瑞士政府为表彰伯爵带给瑞士的荣誉,特别将这个村落命名为伯爵村,那里也成为瑞士著名的观光景点之一。乔治·伯爵将自己的14个孩子组织起来为其他制表公司生产钟表机芯,同时将自己的创作及发明才华转而应用于设计及生产机械表的运转装置,并开始以"伯爵"的品牌生产成品表销售到本地市场。1943年"伯爵"正式注册,由于产品精密可靠,它在行业内很快成为首屈一指的制造商。第二次世界大战之后,第一只刻有伯爵标志的完美腕表终于面世。多年来,伯爵秉承其家族的座右铭"永远做得比要求的更好",不断追求技术上的突破,为"不可能"赋予新的定义。伯爵家族一代接一代皆为其卓越的制表技术与美学展现贡献心力。

为提升制表工艺与技术，伯爵不断拓展自己的设计创意范畴。自超薄腕表面世后，创新、华丽的首饰设计又令伯爵表有了更大的发展，在材质上，伯爵广泛运用白金、黄金、钻石、玛瑙等名贵材质，更借由专业工匠的精心雕琢使腕表价值倍增。1959年，伯爵已拥有"制表与珠宝工艺大师"的称号，并且从未背离将制表与珠宝工艺完美结合的理念。

1964年，伯爵开始尝试以拥有鲜明色彩的硬宝石镶饰腕表的表面，1967年，伯爵的工艺大师已掌握巧妙打磨腕表坚硬的抛光宝石表面的技术，那只被杰奎琳·肯尼迪视为至宝的以黄金镶钻与祖母绿搭配玉石表盘的伯爵珠宝表，最真切地见证了伯爵大胆创新的精神。

伯爵与西班牙艺术大师达利的合作碰撞出了绚烂的灵感火花，达利曾在著名的《记忆的永恒》中，把钟表想象成了柔软的似乎有生命的东西，好像这些用坚硬金属制成的钟表在久远的时空中已经疲惫至极。而伯爵与达利共同创作出的以达利命名的"Dalid' Or"表款意境却迥然不同，精纯的材质结合美妙的雕刻，令轻薄的机芯行走得如此气宇轩昂。

20世纪60年代后期，由于潮流变化，伯爵表在创作上也出现巨大突破。大胆创新的颜色与几何形状的流行，使伯爵不断谱出新的时尚。这时的伯爵表开始以珍贵的彩色宝石做表盘，并在传统与时尚之间做着巧妙的平衡。

进入20世纪70年代，伯爵的发明创作依然源源不绝。1971年，伯爵推出一款由黄金与珊瑚制成的玉镯形腕表。它主要采用18K黄金制成，椭圆形

伯爵"璀璨华裳"系列钻石项链,镶嵌重约44.19克拉的1513颗圆形美钻、133颗方形切割钻石及11颗玫瑰形切割钻石,呈现出婉约细腻的透视艺术。

的表盘和宽大的表带,饰以珊瑚材质的浮雕。这类镯形腕表代表了20世纪70年代的装饰艺术,其大胆的造型与颜色展示了伯爵设计师无与伦比的创意。1979年,伯爵"Polo"运动型系列腕表推出,随即广受当时知名影星的爱戴。

到了20世纪80年代,伯爵的设计愈加奢华。1981年,它创造出全世界最昂贵的一只腕表,这只表制作时间长达两年,价值350万瑞士法郎,由154克铂金铸制,配以396颗钻石以及一颗光芒四射的3.85克拉蓝色超级美钻。1987年,伯爵机械系列腕表的问世再次给市场带来冲击。这种表备有复杂的功能,包括月相、万年历功能,甚至可以成为透视装置。

伯爵品牌自20世纪90年代以来更趋成熟,由表界珠宝大师发展为珠宝巨擘。此后,伯爵工作室每年都会推出独一无二的珠宝首饰新作,每件作品无不瑰丽典雅,散发着诱人魅力。

百余年来,伯爵让时光的脚步更加轻盈,不断推出多款传世的腕表杰作,同时又将制表创造的奇迹延伸到珠宝领域,高超的创意与技艺挥洒出更加让人意想不到的完美意境。

尊贵篇 ZUNGUIPIAN

当每一个品牌都专事自己既有的领域时，伯爵开始从制表延伸到珠宝世界。这是一个非凡的决定，将伯爵的品牌角色从简单的腕表生产商延伸至华丽的珠宝生产商，以无限的创意挥洒着珠宝的华丽格调。

伯爵在50多年前正式跨入高级珠宝殿堂，自此，伯爵不仅仅只是一个姓氏，更是具有极高珠宝造诣的代名词。每一款令人心醉的伯爵珠宝首饰，都是花去工匠数百个小时精心创造的艺术品，也只有这样才不负伯爵享誉全球的盛名。每当我们回顾伯爵近140年的历史时，就有一种凝聚在珠宝和时间中的热忱扑面而来，那种气息令人感动。

1964年伯爵以坚硬的宝石创作表款惊动了世界，青金石、缟玛瑙、虎眼石、蛋白石、玉石、珊瑚以及孔雀石拥有鲜明的色彩，也因为拥有超薄机芯，使得将彩色宝石加入表款设计的无限创意成为可能。伯爵也因大胆的风格与制作技术，成为最前卫的钟表与珠宝品牌。

最令伯爵自豪的是，即使在今天，伯爵依旧是世界上少数获称"综合制造商"最高荣誉的品牌，也就是说，从设计、研究、开发到制造等所有工序，都由伯爵品牌自己完成，而绝不委托代工。伯爵在世界市场的消费群中不乏商界巨贾、影视巨星、艺术大师等，可谓众星云集。时尚界的焦点及名流人士如杰奎琳·肯尼迪、安迪·沃霍尔都为伯爵所吸引并赞许其突出的独特魅力。

法国小说家巴尔扎克曾说过："爱情不仅是情感的悸动，更是一种艺术。"伯爵珠宝就是这句话

的最好见证。2007年7月7日，《绝望主妇》女主演伊娃·朗格利亚与超级篮球巨星托尼·帕克在巴黎举行了童话般的甜蜜婚礼，他们选择以伯爵"Possession"结婚指环见证彼此的爱情。伊娃·朗格利亚还委托伯爵为爱人定制了一只全球独一无二的腕表，献给身为 NBA MVP 的丈夫作为结婚礼物，表盘中央特别以50颗美钻镶嵌出托尼·帕克的专属背号9号。

《拆弹部队》主演杰瑞米·雷纳在出席第82届奥斯卡颁奖礼时，就佩戴了伯爵新款"Altiplano"系列43毫米周年纪念款式自动上链腕表，让雷纳成为了当仁不让的焦点。为了这位伯爵品牌的长期顾客，世界顶级珠宝腕表翘楚伯爵还特地从日内瓦表厂直接提货，使杰瑞米·雷纳成为第一个佩戴此表的人。不仅如此，伯爵还为杰瑞米·雷纳的母亲瓦莱丽·克莱尔专门提供了伯爵著名钻石珠宝系列"爵士派对"的最新款耳环，耳环采用18K白金材质、镶嵌钻石和黑色尖晶石与镶嵌136颗钻石和黑色缟玛瑙的同款吊坠相得益彰，她的手腕更是佩戴了镶嵌有650多颗钻石的伯爵"Protocole"系列白金腕表。

作为伯爵公司的常客，巨星玛丽亚·凯莉和她的丈夫尼克·卡农在一些重大场合上，总会选择佩戴伯爵腕表及珠宝。这位拥有多张白金唱片的歌手作为电影《珍爱》中的客串，在第82届奥斯卡颁奖典礼上就选择了伯爵最新推出的"爵士派对"系列白金袖环表，整块表镶嵌591颗圆形美钻和3个梨形钻石吊饰。而尼克·卡农则选择了镶有68颗钻石的伯爵"Altiplano"白金腕表。因电影《疯狂的心》荣获奥斯卡最佳音乐奖（原创歌曲）的T.本恩·本内特和该片导演斯考特·库伯也选择了一款伯爵"Altiplano"腕表来衬托他们在奥斯卡颁奖礼上的优雅扮相。

此外，杰西卡·阿尔芭、艾美·罗森、塔拉吉·汉森、黛博拉·法兰西斯、德国超级名模萨拉·努如都是伯爵忠实的客户。其中，杰西卡·阿尔芭更是伯爵"Possession"珠宝系列的代言人。除了以上这些明星艺人，伯爵的客户也包括了诸多政界要人，美国总统、法国总统、意大利总理……他们都是伯爵的钟爱者。

伯爵秉持着"永远做得比要求的更好"的品牌精神，从未停止攀向工艺巅峰的脚步，并乐于与世人分享它每一次超然卓越的创造。百余年来，众多顶级的珠宝作品不断呈现在世人面前，这正是伯爵所拥有的尊贵品位的最佳佐证。

伯爵表精雕细琢的制表技艺，一直让它有"珠宝计时器"的美誉，甚至被人誉为"世界八大奇观之一"。自从伯爵进入珠宝领域，凭借精湛的宝石镶嵌工艺和出众的完美设计，将精致的宝石镶工和细腻的艺术风格展露无遗。可以说每一件伯爵珠宝作品都拥有独特高雅的特质，每一颗钻石都经过精心雕琢，并结合了智力、美学和细腻的技艺，成就了一件件动人心弦的珠宝艺术品。

1990年,伯爵推出首个珠宝系列,取名为"Possession"。它以恣意转动为灵感创意,阐释爱情中完美相处的距离美学,获得空前成功。"Possession"珠宝的诞生不仅使伯爵获得"珠宝开创者"的美名,独特风格与专业技术的完美结合更令环中环的设计成为伯爵精湛珠宝工艺的最佳证明。

"Possession"可转动的双环设计传达的不是炙热的爱情,而是阐述爱情背后的相处之道,透过戒指以不同面相去表达爱背后更深层的意念——"拥抱的艺术"。每个人都需要爱的能量,但不论是情人、家人或者朋友之间的爱,其实都需要适度的自由空间,而那空间不至于宽松至双环分开,也不会紧到让彼此窒息不得动弹,而外圈转动时,内圈给予一定的支持,让戒指随时拥有灿烂的光芒,如同爱的能量,能克服一切困难,令彼此发光发亮。迄今,"Possession"系列已使用大量的黄金和近1000万颗钻石,可见其受欢迎的惊人程度,不论是明星、社交名流、艺术家还是运动员,都视其为珍宝。

在"Possession"系列之后,"Limelight"系列的问世为伯爵珠宝增添了好莱坞式的时尚风采,而搭配可随时替换表带的"Miss Protocole"系列更以别出心裁的创意,在1998年初试啼声时便赢得市场的热烈回响。"Limelight"系列的各个不同主题将珠宝的风采惟妙惟肖地连贯演绎,女人戴上它们,如同置身于欢笑热闹的派对。

"Limelight"系列中的"爵士派对"则将珠宝化身为三个世界——Jazz Piano(爵士钢琴)、Jazz Diva(爵士女歌手)、Jazz Dance(爵士舞),以三种方式向永恒的动听音乐致敬。钢琴上弹奏出的美妙音符,伴随着迷人歌手轻吟而出的温暖歌声,慵懒地渗透进房间的每一个角落,节奏轻缓地加速,点燃舞池中的轻快节拍……

"Limelight"系列中的"趣心"富有极致的女性魅力以及难以抗拒的时尚诱惑,以偏心造型作为设计灵感,以璀璨的闪亮钻石点亮爱情的浪漫花火。别致的不对称设计彰显伯爵对潮流独有品位的巧思与执着,完美演绎了伯爵华光流曳及精锐无比的高级珠宝工艺,成为爱人之间浓情蜜意的见证与纪念。

价值篇
JIAZHIPIAN

许多人分不清伯爵的珠宝表到底是时间计时器,还是珠宝作品。可以说,伯爵表就是钟表史上的一个神话,它告诉人们,时尚必须是高品质的,只有品质上的完美才会值得拥有。你用伯爵表来知晓时间,就是在欣赏一件至尊之宝。

伯爵一直以来给人们的印象就是"最好的钟表加上最好的珠宝"。可以说,看到伯爵表,许多人分不清它到底是时间计时器,还是珠宝作品。一般来讲,一些钟表的爱好者喜欢诸如百达翡丽、宝玑这样以技术见长的制表品牌和以创新立足的腕表,如爱彼、万国等,而对装饰过多珠宝的品牌印象稍微差一些。但凡事不能绝对,像伯爵这样的品牌能够将计时器和珠宝这两种特质完美地结合起来,给予其再多的赞美也不为过。可以说,伯爵表就是钟表史上的一个神话。

珠宝与名表的结合向来是设计界的传统。璀璨夺目的钻石被大量镶嵌在表盘乃至表带上,仿佛是在提醒人们时间有多么宝贵。在高级制表领域,除了伯爵表青睐珠宝风格,还有一个便是卡地亚。它们都是高级珠宝与高级钟表的代表,唯一不同的是,伯爵是从钟表到珠宝,卡地亚是从珠宝到钟表。赫赫有名的伯爵表甚至被人们称为"用黄金来度量时间"。简洁的线条、深邃的宝石、璀璨的钻石,伯爵表自有其信奉的时间态度。把简单的计时器转变成一件昂贵精致的珠宝首饰,乃至一件工艺品,同样的升华在制造业并不多见。正是凭借着精雕细琢的制表技艺,伯爵表有了"珠宝计时器"的美誉。

伯爵"花园派对"系列愉悦玫瑰主题耳环

伯爵"花园派对"系列愉悦玫瑰主题项链

优雅与尊贵并存不仅是伯爵珠宝表的特点,更是其珠宝作品最显著的特色。除了选用名贵的材质之外,伯爵的设计心思更是人所共仰。在珠宝首饰系列上,伯爵乐于采用名贵的宝石,如青金石、珍珠母、珊瑚石、玛瑙等,将其雕琢而成各种华丽夺目的造型,令人叹为观止。伯爵同时也生产具有高度艺术价值的首饰,同样选用价值不菲的钻石、红宝石、蓝宝石及绿宝石做装饰。

作为珠宝钟表第一大制造商,伯爵的设计向来以大胆著称。以技术卓越的纤薄机芯,搭配高超的珠宝镶嵌技术,再加上品牌在装饰设计上的不断创新,使得不经意间露于腕间的伯爵镶钻腕表给人一种光芒闪耀的震撼之感。而它们表现出来的从容、内敛的精神,被认为是伯爵的品质,能充分反映佩戴者的气质和身份。无数人喜欢伯爵表那具有100多年历史的古典美感,因其总是把贵族气息掩藏在技术中,让华丽感通过佩戴者传达出来。伯爵表不但深得贵族阶层的喜欢,更因为每年仅生产20000只,因此也极具收藏价值和升值空间。

万宝龙从来都不只是一个书写工具生产商那么简单,贵金属和钻石都被运用在万宝龙顶级书写工具上,金质的笔尖,镶嵌着 4810 颗精致切割钻石的"皇家"系列,都早已证明了万宝龙在贵金属和宝石加工上的娴熟工艺。所以当万宝龙一鸣惊人地推出万宝龙星形切割钻石的时候,一切显得是那么的顺其自然。

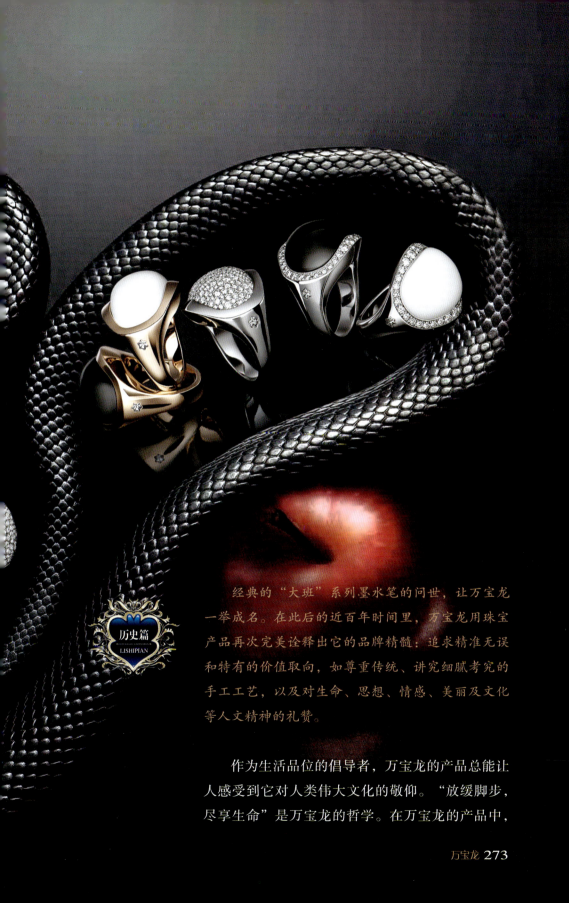

历史篇
LISHIPIAN

经典的"大班"系列墨水笔的问世,让万宝龙一举成名。在此后的近百年时间里,万宝龙用珠宝产品再次完美诠释出它的品牌精髓:追求精准无误和特有的价值取向,如尊重传统、讲究细腻考究的手工工艺,以及对生命、思想、情感、美丽及文化等人文精神的礼赞。

作为生活品位的倡导者,万宝龙的产品总能让人感受到它对人类伟大文化的敬仰。"放缓脚步,尽享生命"是万宝龙的哲学。在万宝龙的产品中,可以看到人类用时间磨砺出的艺术光芒，看到一段沉淀了近百年的文化。因为万宝龙的出现，使得墨水笔的复兴成为潮流。这样的书写工具也完美诠释出万宝龙的品牌精髓：对生命、思想、情感、美丽及文化等人文精神的礼赞。

实际上，万宝龙推出的皮具、腕表、珠宝等产品，也都是这个品牌精髓的延续。这个以书写工具闻名全球的品牌，其非书写工具的多元化产品占有的比例，已经超过传统的书写产品。以珠宝为例，自从万宝龙1996年成功进军珠宝界之后，便以一股不可阻挡的强势横扫整个奢侈品界，首推的男士名贵配饰——"大班"珠宝系列，与"大班"系列书写工具相呼应。此外，在女性配饰方面万宝龙更是不遗余力，将艺术与文化注入璀璨的钻石之中，赋予了每个女人一份难得的优雅、睿智和勇敢。

万宝龙由生产顶级墨水笔起家，当年由德国企业家克劳斯·约翰内斯·福斯、商人克里斯蒂安·劳森在威廉·赞伯的帮助下在汉堡创立。自1908年推出第一款优质安全墨水笔"红与黑"之日起，始终以精湛工艺展现传统价值，以激情创意与投入来表达对人文精神的礼赞。绝大多数顶级奢侈品牌起源于时尚潮流，它们是在为流行时尚创造风景。万宝龙则完全不同，它起源于教育和艺术，是文化的一部分。作为拥有百年积淀的奢侈品牌，艺术和文化渗透到了万宝龙的血脉之中。万宝龙的创建者们一直希望自己的产品有如欧洲之巅勃朗峰一样，成为书写工具世界里的最高代表。100多年过去了，万宝龙不仅做到了这一点，还成为国际顶级奢侈品牌中的一座高峰。

万宝龙"4810四季嘉年华"戒指系列,它为品牌的"华贵高级珠宝"系列添上瑰丽一笔,令"4810珠宝"系列阵容更为丰富。深受欢迎的4810六角星形戒指脱胎于万宝龙的六角白星标志,而全新亮相的"4810四季嘉年华"系列的八款戒指,以温润的18K金材质镶嵌闪烁圆钻或彩色宝石,擦出美妙火花,可谓4810戒指的一个华丽变奏。

万宝龙不仅将赞颂勃朗峰的设计概念应用于书写工具上,还将其引入男装高级珠宝首饰及女装纯银首饰系列之中,富于心思的设计及精巧细节烘托出山脉的气势及神秘魅力,如同在诉说一段动人的传奇故事。万宝龙灵活运用各式名贵宝石来呈现勃朗峰的超然美感:女装系列的乳白石英如山巅的冰川,蓝纹玛瑙如蔚蓝天空,粉晶美如盛放的阿尔卑斯山玫瑰;男装系列的不锈钢或铂金饰物(袖扣)则以圆拱形黑色缟玛瑙或白纹石,托起一颗0.6克拉的万宝龙星形钻石,天然名贵石材与闪烁美钻互相辉映,经典设计与时代感浑然天成,风格鲜明,细节巧妙,以艺术角度展现了勃朗峰的巍峨奇伟,令人耳目一新。

将珠宝与书写工具完美结合是万宝龙最成功也最具特色的地方,特别是万宝龙殿堂级"大班"系列中的"149极品皇家"系列墨水笔,更是万宝龙家族中的典范。它以纯金铸造而成,被列为世界上最昂贵的墨水笔。近百年来,许多国家的领导人都以这款万宝龙墨水笔签署重要条约,使其成为一个个历史性时刻的见证。在珠宝饰品方面,万宝龙的珠宝设计师总能从墨水笔中汲取灵感,如"Etoile de Montblanc"系列戒指的设计灵感就来自于同名系列中的女士书写工具,把笔帽形状与戒指完美结合到一起。

历经一个世纪，万宝龙已经成长为一个包括高级珠宝、腕表、优质皮具、书写工具、经典配饰在内的多元化奢侈品牌。巍峨耸立的勃朗峰，正意寓万宝龙作为国际顶级奢侈品牌登峰造极的传统工艺和力臻完美的宗旨。而源自勃朗峰雪顶冠冕的六角白星标记，则象征着万宝龙品牌卓越不凡的品位与见地。

每一款万宝龙珠宝杰作，都传递着品牌如勃朗峰般坚实而高贵的信念：以精湛工艺展现传统价值，以激情创意与投入，表达对艺术、思想、情感以及美的礼赞。百年来，万宝龙见证了无数的重要时刻，而万宝龙产品本身也成为传奇的一部分。

万宝龙珠宝拥有经典的美学设计，坚持运用细腻考究的欧洲传统工艺，每一件成品都是独一无二的艺术品，专门奉献给品位不凡的客户，因为他们所重视的不仅是美观和实用功能，还有品牌的个性和内涵。

从书写工具开始，万宝龙总是凭借上佳的材质和精湛的工艺傲立巅峰，在珠宝领域也是如此。最近两年最轰动的珠宝饰品，当属最受欢迎的法国女星朱丽叶·比诺什时常佩戴的万宝龙"白雪美人"之"Etoile de Montblanc"白金镶钻戒指。

"白雪美人"之"Etoile de Montblanc"系列同样以星形美钻为设计主题，堪称女士钻饰珠宝系列中的杰作。该珠宝系列代表的独立女性特质，亦糅合白雪美人的灵光与激情。"白雪美人"一词，也表达了法国人对勃朗峰积雪山巅的赞美之意。

此外，曾经身为万宝龙珠宝的代言人法国女星伊娃·格林一直很欣赏万宝龙的品牌哲学、传统及历史。为此，这位法国美女说道："能出任其国际品牌形象大使实属荣幸，我很高兴能支持万宝龙的文化艺术推广项目。万宝龙不但致力于推广文化，对完美工艺亦矢志不移，追求艺术的热诚值得我学习"。

2011年2月26日，万宝龙再次华丽回归奥斯卡，与韦恩斯坦公司合作举办星光璀璨的鸡尾酒会。不仅如此，万宝龙还宣布与美国格蕾丝王妃纪念基金会建立慈善合作关系。2011年恰逢摩纳哥格蕾丝·凯利王妃首登银幕60周年，万宝龙将举办了一系列的庆祝活动。作为纪念，万宝龙精心设计了一系列怀念王妃格蕾丝·凯利的特色珠宝精品。这些精品在2011年9月8日蒙特卡洛的盛大纪念晚会上向全球首次发布。对热爱万宝龙的收藏家们来说，他们绝不会错过这些绝世精品。因为在他们看来，无论是万宝龙的墨水笔还是腕表，或是价值不菲的珠宝饰品，都不仅仅是功能性的产物，它们已经成为个人的标志物与品位的象征。

珠宝是"女人们的生意"，但万宝龙却能把珠宝与笔具、皮具的风格做到完美的统一。万宝龙珠宝工匠的设计遵从传统圆拱宝石制作工艺，精工抛光打磨的圆拱面宝石光滑照人，但它与传统的圆形或椭圆轮廓不同的是换上了万宝龙六角星线条，用以象征欧洲第一高峰勃朗峰的白雪山巅。

钻石是女人的最爱，而只有经过磨砺，内心沉静，拥有独立魅力的女人才真正懂得钻石的弥足珍贵。钻石从深藏的地底被挖出时黯淡无光，是切割赋予了钻石第二次生命。万宝龙将优雅赋予巧夺天工的钻石，经过八年潜心研究以及对每一个角度、每一寸距离的苛求后，创造出了为万宝龙独有的六角星形切割钻石。43个截面经由身怀精湛技术的万宝龙珠宝工匠细心推敲打磨，以最完美的4C（克拉、净度、色泽、切割）为标准，将钻石光线由内

万宝龙腕表

心深处层层折射……它明净而优雅,果敢而静谧,平静却又光芒四射。重达6克拉的星形钻石以万宝龙六角星形标志为蓝本,每一款都经由万宝龙珠宝工匠半年的时间精雕细琢而成,每颗钻石均达到D色和IF净度,珍贵且稀有,钻光飞舞,华彩夺目。

万宝龙笔具从设计、选材到工艺,每一个过程都精益求精,即便是小小的18K金笔尖,也要经过25道工序,其中绝大部分工序需要经验丰富的工匠手工完成,包括为笔尖雕刻精致高雅的花纹。向万宝龙珠宝的制作过程史为精细,极为注重这些饰品的精确性和专属特质。这是万宝龙珠宝的个性，确保各种珠宝材料质量的精确的同时，还为顾客提供个性化服务。

万宝龙在珠宝设计中并不会沿用原有的笔具或皮具设计团队，而是在巴黎专门成立了一个珠宝设计工作室，汇集了欧洲一大批杰出的珠宝设计师。万宝龙的墨水笔最后将在德国制作生产，部分皮具会集中在意大利生产，钟表在瑞士制作，而珠宝则在法国巴黎最终制作完成。万宝龙的设计师们总能以最好的方式互相沟通、交换意见、分享灵感，但这并不意味着会让笔具设计师来设计珠宝。有时，一个笔具设计师也许会给一个珠宝设计方案带来前所未有的创意，但这并不一定能付诸实现——天才式的设计也要考虑客观生产条件。

此外，万宝龙除了选用钻石之外，还选用各种宝石材质进行珠宝饰品加工，而不同的宝石蕴含的意义也有所不同，一些象征着健康、坚强、自信、财富及成功寓意的宝石都出现在万宝龙珠宝饰品中。一方面，如以名贵玫瑰金为主体的女性高级珠宝系列，镶嵌的半宝石以两色为主调，深红或粉红色的玫瑰石、石榴石及红玉髓皆象征自信、力量及激情。另一方面，如梦似幻的白色及蓝色石材，如乳白石英、海蓝宝石、堇青石及紫水晶则代表满足、谦逊或力量。万宝龙纯银首饰系列主要以纯银配搭浪漫粉色石材，如粉晶及蓝玉髓等，幻化成精美的链串、具建筑线条美感的手镯，抑或是长耳环及精美耳钉，完全可以满足时尚触觉敏锐的女士的品位，烘托其独特个性。

万宝龙男性首饰系列方面则添加了圆拱宝石款式，带出一份男士的刚劲力量及自信，例如不锈钢袖扣镶黑色缟玛瑙或苏打石，后者有灰色及米白色内含物，另外还有镶石英或粉晶的袖扣款式，这两种石材具有令人心平气和的力量，气质较为柔和。万宝龙"圆拱宝石"系列将原创切割技术及经典设计完美结合，瞄准男性顾客追求时尚趣味珠宝首饰的口味。不同宝石或半宝石各有含义，穿戴在身上仿佛各自诉说着一个小故事。

当然，万宝龙珠宝定位高端，其选用的宝石无论从颜色还是净度来看，品质都是极高的。每一颗万宝龙钻石都由比利时国际宝石学院IGI鉴定并签发品质证书。

万宝龙的珠宝设计承袭其一贯的传统风格，以优雅流畅的线条为主，而款式也倾向简洁，多采用白钻及黄钻，也选用淡雅的珍珠。当中最独特之处，是多个钻饰系列的设计概念均源自品牌的历史与文化，所以呈现出独特的内涵。

珠宝是女人的最爱，万宝龙让每一个高贵的灵魂恒久闪耀，令每一个女人光芒四射。在万宝龙的世界里，每个女人都是自己永远的明星！

万宝龙"星光"系列高级珠宝，可以说是万宝龙涉足珠宝界以来最耀眼的代表作。它共有四套首饰，每套都价值上千万。"蕾丝"、"魅幻之星"、"热情"、"辉煌"均呈现出完美的品质，极具收藏价值。以"辉煌"系列为例，一套"辉煌"镶钻58.75克拉，更有重达6克拉的万宝龙星形钻石吊坠，切割及色泽、净度皆属上乘，价值3000万元。"星光"系列独有的星形钻石，以著名的万宝龙星形标志为蓝本，由一流珠宝工匠经过半年的精雕细琢而成，并采用万宝龙专利切割方式，令43个切面灵光四射。万宝龙这套"星光"系列是针对女性顾客开发的，偏重于事业型女性，因此，在产品设计上不同于其他珠宝品牌的华丽繁复，而强调设计的简洁经典，突出内敛、智慧、成功等特质。

此外，万宝龙之前推出的"白雪美人"之"Etoile de Montblanc"五款戒指也深受全世界女性的喜欢。"白雪美人"之"Etoile de Montblanc"系列18K金戒指上镶嵌了独一无二的星形美钻。万宝龙星形钻石切割工艺令钻石的光华更闪烁灵动，钻石底部更展现另一枚星星轮廓，光彩闪烁，优雅华

丽、价值永恒。其中两款戒指中宝石的选择为纯白色或者醒目黑色,这不仅映衬出万宝龙的品牌身份,更是顶级珠宝世界中的经典颜色,令人联想到大胆性感或者纯粹宁静。五款戒指中的每一款都彰显了女士珠宝佩戴的最高境界——优雅,成熟,自信。

万宝龙的品牌名称源自欧洲第一高峰勃朗峰,以传统六角星为标记,而勃朗峰高度为海拔4810米,也顺理成章成为品牌的象征,珠宝系列中的万宝龙"4810"系列正是以此为题。状似花形的六角星图案带出品牌的传统味道,当中尤以六角星形指环最能表现设计上的简洁线条美,而由此概念延伸而成的垂吊耳环、项链及手链,设计也别具心思,如缀上六角星图案的手链非常适合年轻人佩戴。"4810"这四位数字亦暗藏神奇密码,它不仅代表了欧洲最高峰——勃朗峰的高度,同时也体现了万宝龙的经营者们希望自己的珠宝产品有如欧洲之巅勃朗峰一样,成为珠宝世界里的最高代表。

梦宝星是法国珠宝的完美典范，更是珠宝界的艺术大师。它所有的作品不但带有对珠宝艺术最古老的诠释，也展现了对奢华格调的热爱与表达。100多年来，梦宝星心怀对珠宝的虔敬之情，开启了一种现代主义的新风格。它就像一本书，以宝石做字，优雅而含蓄。

MAUBOUSSIN
珠宝界的色彩巨匠
梦宝星

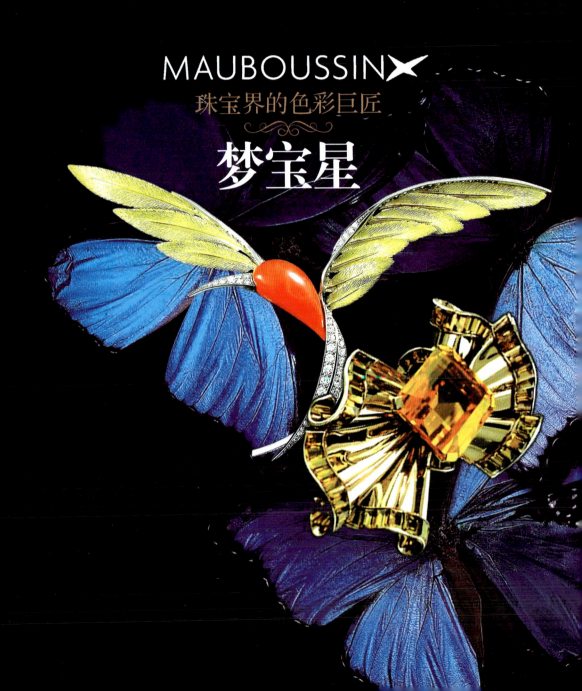

历史篇
LISHIPIAN

梦宝星之所以能在珠宝界屹立百年，全凭简练细致的珠宝技艺、大胆的创意与对宝石材质的苛刻要求，正是因为这些，梦宝星才成为法国最耀眼的顶级珠宝世家之一。自1827年在巴黎旺多姆广场创立以来，梦宝星便持续不断地创作出奢华超凡的珠宝作品，牵动世人发出无数的赞叹。

有人说，钟情于法国珠宝的并不仅仅有皇室贵族和大富商贾，还有上帝。法国珠宝见证了拿破仑家族的兴衰荣辱，更记录了温莎公爵"不爱江山爱美人"的一往情深。19世纪末期，法国新艺术珠宝的蜿蜒线条点燃了法国珠宝的魔力，全世界慷慨地将赞叹的目光和最华美的词藻送给法国珠宝。随后，历经了时间长河百余年的磨炼，法国珠宝一次次俘虏了人们善变的心，终于成为真正影响世界的风格典范。

在王室和新贵们的竭力推崇之下，法国诞生了诸如卡地亚、宝诗龙以及梦宝星等世界顶级珠宝品牌，这些珠宝巨匠们凭借传承百年的珠宝技艺创造出无数绝世珠宝作品。在法国珠宝历史之中，宝诗龙为印度王室精心制作的珠宝让东方大国的君主心悦诚服；卡地亚曾经为向来挑剔的英国王室制作了27顶王冠；深得拿破仑宠爱的绰美用无与伦比的王冠征服了两位王后；而以"艺术珠宝商"闻名于世的梦宝星更是深受各国王室与艺人的喜爱，每一件美丽绝伦的珠宝作品都在王室的推崇下更显华贵优雅，至今，这些无价之宝仍然频频出现于拍卖会场和博物馆中，供后世瞻仰。

100多年来，梦宝星以家族模式经营至今，传

承八代。1923 年，它从一家小型珠宝店一跃成为颇具规模的高级珠宝品牌，32 年后，它将总部迁至巴黎，并创办了专业的设计师工作室及首饰加工工作室。

当装饰艺术在法国珠宝界刚刚盛行之际，梦宝星便开始了自己的传奇之旅。自 1928 年至 1931 年，它曾先后三次举办了大型主题珠宝展，分别为祖母绿珠宝展、红宝石珠宝展和钻石展，其中多件惊世之作引起了珠宝鉴赏家的好奇，促使他们对单类宝石的运用产生了极强的兴趣，此举立即奠定了梦宝星珠宝加工技艺和艺术水平在业界的地位。与此同时，梦宝星在国际上也开始崭露头角，如 1925 年巴黎的装饰艺术展、1931 年的风情艺术展、1935 年的布鲁塞尔展和 1939 年的纽约世界展览会，梦宝星屡次获得了珠宝界的好评。

对珠宝创作的开发，以及如何表现珍珠的柔和反射，梦宝星有一股特殊的欣赏尊崇之情，不仅如此，在这方面梦宝星更是跨出了革命性的一步——驯服珍珠的华丽光泽。它的珠宝工艺师精心挑选出不同颜色的珍珠，结合其充满内涵又无限渐变的色调，创作出许多令人惊艳的珍珠饰品。从那以后，梦宝星将珍珠天然活泼的本性与多彩的珍贵宝石及珍贵的美钻相配合，让梦宝星的珠宝饰品看起来更加醒目，恰到好处的对比也使梦宝星珠宝散发出摄人心魄的魅力。今日，梦宝星更是心怀对宝石的虔敬之情，以一种更为大胆及现代主义的新风格，真诚地用珠宝作品与珠宝爱好者展开了一场心灵对话。

在谈及如何在未来开创一条属于自己的道路时，

梦宝星这样回答道:"当你有幸成为欧洲最古老的珠宝品牌之一,也就是说你是美丽与高贵的传统继承人之一。因此,你应该使你的创作适应于时光的变换,同时向世界的摩登女性致敬。在梦宝星,我们在尊重这个古老尊贵品牌的同时,也衷心地希望我们的首饰能激起所有佩戴者的爱"。在梦宝星,奢侈与美丽是一种可以共享的精神,梦宝星非常自豪能为热爱珠宝的人们创造出这些奢侈与美丽、经典与摩登共享的首饰。

香榭丽舍大街 66 号,这间黑田明与梦宝星合作的珠宝概念店完全颠覆了矫揉刻板的老式珠宝店的格局,整家店就是一件醒目的当代艺术作品,在优雅明快的艺术氛围中流露出真正的奢华之气。正如这里所出售的珠宝一样,不只有表面的浮光闪亮,更有其高雅、高贵的内在气质。梦宝星的光芒来自主人对生活的热爱,以及对艺术与文化的感受力。

法国前总统希拉克在 1996 年访问日本时,曾以法国政府代表的身份,赠送给日本皇后美智子一条由梦宝星精制的大溪地黑珍珠项链。100 多年来,名流们对梦宝星的喜爱之情随着梦宝星的不断发展与日俱增,而梦宝星也从未停止向前的脚步,从而不断将精美的珠宝作品呈现给世人。如今的香榭丽舍大街 66 号已经成为最新的奢华与艺术的焦点地标,而这全都因为梦宝星与日本著名艺术家黑田明的偶然相遇。

黑田明作为日本当代最受关注的艺术家之一,自 1970 年定居巴黎以来,其作品备受艺术界的青睐,据说法国著名女作家杜拉斯就是他的崇拜者。黑田明在不同的艺术领域中所取得的成就引起了梦宝星珠宝的关注,在梦宝星珠宝公司邀请之下,黑

田明为其位于香榭丽舍大街的概念店进行室内设计。黑田明在传承经典与现代艺术绘画的同时,形成了自己独特的艺术语言,而这一切恰与梦宝星的艺术理念一拍即合。东方情趣与西方审美在他的作品中完美地相融。这一文化效果也是梦宝星进军亚洲市场、建造全球第一家概念店的决定性因素之一。

  在第一眼看到黑田明的作品时,梦宝星的全球总裁阿兰·涅玛奎就被作品中的激情与灵气所触动,进而萌发了邀请艺术家跨界创作香榭丽舍概念店的想法。其实,黑田明进行跨界创作已不是第一次。早在20世纪80年代,这位艺术家就开始围绕各种艺术形式和主题进行创作;著名前卫作家及歌手伊大·西蒙曾数次邀请黑田明进行封面创作;蓬皮杜艺术中心、卡尼尔剧院也邀请他设计舞台背景;日本最大的演出中心JCB东京巨蛋剧院也是由黑田明独自设计的。而这一次,在玛格画廊的促使下,梦宝星概念店的想法终于得以实施。

"他像米开朗基罗一样工作。"每每回想起黑田明的创作状态,阿兰·涅玛奎都如此感慨。根据黑田明对品牌的理解,整个设计和制作历时长达五个月,大有文艺复兴巨匠米开朗基罗呕心沥血为西斯廷教堂进行封闭创作的精神。从浮雕、墙上油画、家具到别具情调的咖啡与巧克力吧,艺术家的思绪贯穿了每个角落与细节。最终,他的设计作品与珠宝交相辉映:云朵状的大理石桌面是经典的白色或黑色——当男人为他的至爱送上一份承诺时,情侣的浓情蜜意飘到半空;纯白的牛皮沙发里"长"出鲜红的花,让自然的生命力走入珠宝,让每位忙碌的人可以重温自己童年那一个个私密的想象瞬间;穿过"黑田明式"蓝色浮雕走廊,姿态各异的人形雕塑支撑着一个个迷你饰品展示台,巧妙地勾勒着梦宝星珠宝的独特魅力以及佩戴者的独特气质。

"我们希望借助艺术的力量为珠宝爱好者和鉴赏家带来奢华的幸福享受,但是这种幸福感是真正来自人们内心的共鸣与想象,而不是像在其他的老式经典珠宝店那样,被外在的形式所牵引",黑田明说。

梦宝星珠宝犹如巴黎一样,本身就是一件艺术品,而每当仰望美轮美奂的巴黎中央车站的入口,美景更会让人不忍离去——精美的雕刻,流畅的线条,亦如梦宝星珠宝散发的独特魅力。

作为梦宝星品牌标记的那颗"星"代表"订婚",即男士要为他的至爱送上一份承诺。另外,招牌式的三角形设计据说有着"保护"的意思。

顾客对宝石色彩的喜好,甚至如何穿戴首饰,都能反映出他们的性格与情感,这些别人不会留意的地方都成为梦宝星珠宝设计师的创作元素。正因为设计的背后隐藏了种种讯息,一件首饰就不只是一件商品那样简单了,这就是梦宝星与众不同的魅力所在。此外,梦宝星对色彩的搭配最为著名,这

梦宝星动物造型胸针

一特性使其获得了"色彩珠宝商"的美誉。

  今天,如果有幸翻开梦宝星昔日经典的设计手稿,你便会发现,这个最先将彩石与钻石结合设计的珠宝品牌除了以卓越的手工技艺奠定了其崇高地位之外,对色彩的运用和选择已经完全达到了无人能及的程度。可以说,梦宝星就是珠宝界的色彩大师,设计师们总能以最恰到好处的方式将不同颜色的宝石相互拼搭,创作出新鲜元素,令每一件珠宝作品的图案都呈现出强烈的对比感。

  梦宝星每年都会推出色彩缤纷的珠宝饰品,巧夺天工的精致手艺,搭配黄钻、蓝钻或粉红钻,充分表现出法式浪漫的风格。梦宝星珠宝的造型多变,除了经典的星形图案之外,还有其他值得玩味的图案,如月亮形、三角形及四叶草形等。活泼的气质演绎出名贵珠宝俏丽时尚的一面。比如,"Touches Divines" 18K 黄金手镯上的水珠状图案以 7.6 克拉蓝宝石及 1.6 克拉翠绿橄榄石设计而成,而"Couleurs Divines"柠檬石英石戒指重 6.35 克拉,1.53 克拉的蓝宝石及 0.02 克拉钻石的点缀让这枚戒指展露出不同的风

采。在"Amours Divines"系列中,18K 黄金蓝宝石衬钻石耳环及吊坠,方形的外框内缀有四叶草图案,紧贴潮流时尚。此外,在"Deaco"三角形戒指上,中间的 13 克拉蓝晶石周边镶有 5 克拉蓝宝石,极为名贵,而月亮形"Subtile Songe"戒指也是梦宝星的经典之作。

梦宝星在题材的选择上也有独到之处,以大自然和动物为题材的珠宝作品都呈现出缤纷的色彩。例如梦宝星与梵克雅宝合作,推出了极为经典的珠宝作品。顶级珠宝界中的这两大巨头皆以大自然为主题,梵克雅宝希望借由幸运四叶草为全世界平息纷争,带来好运,而梦宝星则突发奇想,把目光放在了海底生物之上,长度约 10 厘米的海马别针与立体的旗鱼胸针最受瞩目。撷取 45 克拉蛋白石与蓝宝石配衬而成的海马造型别针释放出强烈的贵族气味,神秘少见的外形提升了饰品本身的奇趣性。至于抢眼醒目的旗鱼胸针,它也是采用蛋白石与蓝宝石的精彩杰作,另外还加上碧玺点缀装饰,传达着海底世界中的蔚蓝与自由。

此外,珍珠与钻石的搭配让梦宝星珠宝呈现出一种别样风情,这样的珠宝作品是流行的，也是复古的，华丽与雍容全新搭配在一起，既增添了钻石的光彩，又彰显了珍珠的纯净明亮之感。另外，采用少见黑忧石，以原石方式呈现，打造出圆珠状的样式，让梦宝星珠宝更增添了一份复古的民族色调。

有"色彩珠宝商"之称的梦宝星所推出的作品色彩缤纷，无论是尊贵的黄色彩钻，还是蛋白石、橄榄石、绿柱石、多色珍珠的运用，都令梦宝星的戒指、手链、项链、耳环呈现出高贵、热烈、优雅的风格，极具收藏价值。可以说，梦宝星是棱角分明的艺术家，更是气宇轩昂的珠宝王者，作品的含义超越了珠宝本身，是时间流逝、风格不变的永恒见证。

在梦宝星的众多珠宝作品中，"天鹅"系列一向是其引以为傲的作品之一，天鹅洁白的身躯、优雅的颈部线条给梦宝星带来了绝佳的创作灵感。其中，最引人注目的便是由不同材质制作而成的四款美戒。这四款戒指分别是黄钻天鹅戒指、蓝宝石天鹅戒指、黑珍珠天鹅戒指以及黄金珍珠天鹅戒指，其中，黄钻天鹅采用特殊的钻石切割法，将黄钻本身的透明无瑕与迷人光彩彻底展现。该系列自上市至今仍畅销热卖。

梦宝星自从1920年创作"璀璨星钻"之后，就从未放弃开发这一主题。这一系列以著名的白金半球体为主架，结合853颗小钻，总计圆钻1.97克拉、梯形方钻0.9克拉，柔润的整体设计与钻石的清澈质感相互辉映，成功赋予戒指以现代感、年轻感，非常适合新生代贵族。近年来，梦宝星一直在

1920 年面世的梦宝星"璀璨星钻"戒指

提倡"珠宝不应仅为收藏,更需具有佩戴、衬托美色的意义"的观念,因此梦宝星的珠宝设计越来越活泼大胆。

相比于"璀璨星钻",梦宝星的"建筑有色宝石"系列就兼具收藏与佩戴双重价值了。它从建筑领域撷取灵感,衍生出打破传统戒指的设计比例,运用创新材质,如蓝色月光石、黄柱石、摩根石等,配合钻石与黄金、白金,在造型上有出色的突破,例如"圣母院戒指"即取自法国巴黎圣母院的构想,在黄柱石的四角镶上总重 1.06 克拉钻石,给人耳目一新的超时代感。

除了以上系列,最值得关注的便是梦宝星的"海洋呼唤"系列,这是梦宝星公司首次脱离豪华宫廷的设计风格,以重视自然为前提所创作的两只海洋动物胸针。其中一款是以火蛋白石为主石的"白金水母",标价为 395 万元人民币。如果说"白金水母"已经让你欢喜不已,那么"白金鱼儿"则会给人带来另一种感觉,整件作品由黑玛瑙搭配钻石组成,表面镀上一层钛,创造出闪亮发光、如鱼鳞般的光泽。

梦宝星在宝石材质的选择上从未有过界限，比如对黑色钻石的运用。关于黑色钻石，在世界各地有着种种神秘的传说。在古印度，当黑色钻石以双晶的形式出现时，暗示那是大毒蛇的眼睛，人们要把黑色的钻石献给古印度人的死亡之神。而在在中世纪的意大利，黑色钻石却被当作"和解之石"，如果你和爱人刚刚发生了争吵，只要你把一颗黑色钻石在她的脸上轻轻来回滑过，一切烦恼和误解顷刻之间就会烟消云散，这大概要算是一种相当昂贵的平息争端的方式了。

过去黑色钻石的市场价值一度处于低谷，并不为人们所喜好。但人们对于颜色的偏好也总是因时而异。如今，人们对黑色宝石的需求也达到极致，黑色钻石一般都作为收藏，也有的是被用来作为珠宝店的镇店之宝。1998年9月在台湾举办的珠宝展上，梦宝星推出了一颗重64.3克拉的黑色钻石钥匙链，同时还推出一系列黑色钻石腕表，立即受到了珠宝收藏家的青睐。后来，陆续又有许多珠宝品牌也都推出镶嵌黑色钻石的腕表式珠宝首饰。

在近年来流行的复古风中，以维多利亚时代的伤感珠宝风格为代表，黑色钻石更成为时尚的新宠。因丧偶，英国维多利亚女王一直喜欢佩戴以黑色为主的珠宝首饰，以示对爱人的缅怀之情。当时黑色钻石成了珠宝舞台上的主要角色。如今，这种黑色钻石被配以多种宝石使用，可以混搭其他的许多宝石，不过，这时的黑色珠宝首饰已经没有了伤感情绪，取而代之的是尊贵与时尚。

迪奥，一个代表法国时尚界顶级荣誉的品牌，它的背后是风起云涌的博弈和千帆过尽的智慧。迪奥初涉珠宝领域，又该拥有怎样的风格和优雅？维克多·卡斯特兰给出了最完美的答案——以奇花异果的珠宝造型，姹紫嫣红的颜色，令人联想起超现实主义大师达利作品中的迷幻气质。

Dior
童话世界里的魔法师
迪奥

历史篇 LISHIPIAN

迪奥创造的"新风貌"风潮犹如一颗超级炸弹，在整个时尚界卷起千层巨浪，其威力足足影响了之后整个时装史的发展。在高级女装、香水、化妆品领域都独领风骚的迪奥，从20世纪50年代开始进入珠宝领域。迪奥认为，女性的珠宝最能展现她们独特的个性和魅力，可以让一身高雅的服装立即充满生气。

在法语中，"Dior"由两个单词组成，Dieu（上帝）和Or（黄金）。这样一个美妙的名字，注定这个完美华丽的奢侈品牌将与珠宝结下不解之缘。克里斯蒂安·迪奥出生于法国诺曼底附近的海滨度假城市格兰德维尔，父亲是一名富有的商人，母亲

是贵族。克里斯蒂安·迪奥的孩提时代就在缤纷的花园、精致的家具和往来的中产阶级宾客中度过，耳濡目染的都是美丽高雅的艺术生活。

　　1952年，克里斯蒂安·迪奥授权美国珠宝设计大师米切尔·玛尔为其服装系列制作珠宝，米切尔·玛尔早在20世纪30年代末就来到伦敦，以自己的姓名成立了一家时尚珠宝公司，在伦敦珠宝界占有重要的地位。1952年至1956年间，米切尔·玛尔为迪奥设计了一大批独特新颖的珠宝作品，其花朵与独角兽造型的胸针已成为收藏的热点。迪奥最特殊的一些作品几乎都是米切尔·玛尔在20世纪50年代初期设计制作的，包括那只稀有的坠子式音乐盒。它以压花镀金制作而成，上面装饰着飞翔的小天使，很容易让人联想到18世纪的印象派或文艺复兴的气息，小盒子中藏有一个演奏情歌的音乐装置。另外，迪奥还推出过一些热门收藏的珠宝作品，包括鱼、马

戏团动物造型的胸针、吊坠等，大部分作品都会注明署名和日期。与米切尔·玛尔一样，20世纪五六十年代，纽约的卡拉马珠宝也是迪奥珠宝的制造商之一，为其设计无数作品，它们都印有"迪奥·卡拉马制造"的字样。

当迪奥成为LVMH集团的一员之时，LVMH集团总裁伯纳德·阿诺特为进一步发展迪奥的珠宝事业，专门聘请了一位珠宝设计大师，她就是维克多·卡斯特兰。这个出生在法国贵族家庭的小姑娘，从小就痴迷于一颗颗闪耀的宝石。与众不同的身份注定了她与众不同的人生历程，5岁的维克多·卡斯特兰就已经拥有惊人的创作天分，能将吊饰手链拆散制成精致的耳环。12岁的时候，她就亲自为自己制作了一枚戒指。

维克多·卡斯特兰曾效力香奈儿14年之久，直至1998年成为迪奥首位首席高级珠宝设计师。在维克多·卡斯特兰20多年的艺术设计生涯中，她以丰富而独特的想象力，设计出林林总总色彩丰富的高级珠宝系列，完整呈现出强烈的原创力与创意。如今，维克多·卡斯特兰天马行空的珠宝作品在业界独树一帜，因为她的作品里充满童趣和幻想，打破珠宝原本那种高不可攀的框框，反而大受欢迎，她说："创造是从自己本身的欲求开始的。什么是我还没拥有的？什么是我今天想要的？在我一边想这些的同时，脑海里就已浮现珠宝成品的样子了。"一直到现在，维克多·卡斯特兰仍幻想自己就是戴着珠宝的公主，因此她的作品总洋溢着奇异魔幻的童话色彩，她表示，她创作灵感的来源有很多："自然、孩子们的世界、好莱坞的歌舞剧电影、在街上看到的女性或者是神话传奇等，都可以是我的灵感来源"。

维克多·卡斯特兰认为，每一个人都可以通过珠宝来展现那个灵魂深处的自我。为此，她这样说道："无论借由一片优雅轻巧的羽毛，或是海盗的宝藏，都可透过这些珠宝，借由佩戴者的肌肤，传递无止尽奢华的律动，鼓励佩戴者展开双翼向上飞舞，尽情地做自己"。维克多·卡斯特兰认为，珠宝设计会受到时尚流行的影响，但珠宝佩戴是永久性的。因此她主张，无论是生活还是工作，都应该保有愉快的心情，一如她对珠宝的创新设计，佩戴者可以自由组合搭配，享受拆装玩具般的乐趣。因此，在维克多·卡斯特兰的设计作品中大多是可拆解、重新组合的。她的作品充满了令人惊喜的意趣和绚烂的色彩，用一句话来形容这位珠宝大顽童的设计就是：很奢、很淘气。

当谈起克里斯蒂安·迪奥时，维克多·卡斯特兰说道："迪奥先生用热忱与才华播下了种子，浇灌出美丽的花园，而我有幸能在这里工作，采撷每季最艳丽的花朵献给大家。无论是对于迪奥公司还是我本人而言，迪奥先生的精神从未远离过我们，他对于自然和美好事物的热爱一直指引着迪奥事业的方向"。

当你走进最时髦的旺多姆广场中的迪奥旗舰店时，马上就会被迪奥一贯的经典气质所吸引，在标志性的豹纹地毯和水晶吊灯之间，珠宝设计师维克多·卡斯特兰的珠宝作品陈列在迷你沙发和长椅上，接受着全世界的"顶礼膜拜"，你不得不为其精美、夸张的设计折服。维克多·卡斯特兰的作品脱离"珠宝只是昂贵的装饰物"这一概念，给予每一件珠宝以生命，并且得到了许多王室贵族、影视明星以及社会名流的青睐。

自1947年创立后，迪奥无时无刻不在让自己王国里的每一个事物都充分体现着女性的魅力，在时尚界，迪奥始终处于金字塔的顶端。它不仅是法国高级女装的代表，更是华丽与高雅的代名词；它把香水定义成一扇通往全新世界的大门，让其更加完美，并与时装一起使得女人们风情万种；它的珠宝更是跳脱传统高级珠宝赋予人的尊贵却不可亲近的刻板印象，以极致的品质与创意，赋予珠宝丰沛的生命力。

珠宝的最终狂想曲就是高级珠宝。高级珠宝引人入胜之处不仅仅是它的尊贵身份，更吸引人的是它背后那些不朽的传奇。高级珠宝的历史就像一部神话故事全集，每个神话背后都有王室、明星或者收藏家的名字，每款珠宝背后都讲述着一个美丽动人的故事，体现着一种文化的传承，令拥有者感到尊贵与荣耀。这就是高级珠宝的魅力。

迪奥的高级珠宝在珠宝首饰界业内可以说是独树一帜，作品里充满童趣和幻想，用天马行空的手段去试探珠宝设计的"正统原则"，就像一场实验，目的在于激进地发现珠宝设计可以组合出的各种可能，打破珠宝设计原本的窠臼。每一件迪奥珠宝都有自成一格的独特性，不仅颠覆了只有五大宝石才能坐镇高级珠宝的神话，而且还推动了整个珠宝界高级珠宝用料多样化的新格局的形成。不仅如此，迪奥高级珠宝还抛弃了传统珠宝模式化的对称设计，把一些梦幻般的神话、故事统统搬进那既可爱又充满人文风情的设计之中。一些珠宝鉴赏家人声赞叹迪奥的高级珠宝走出了聚光灯下的丝绒盒，就是一个有生命的艺术品，不断向人们表达自己的情绪。事实也是如此，自从著名珠宝设计师维克多·卡斯特兰入主迪奥之后，珠宝不再死板，而是可拆卸并重新组合的，这种创作过程使得迪奥高级珠宝作品逐渐脱离"珠宝只是昂贵的装饰物"这一概念，给每一件珠宝作品以生命，比如"梦幻岛屿"系列中的珠宝大多都是可活动和可拆卸的。这种设计得到了许多王室贵族、影视明星以及社会名流的青睐，法国前总统萨科齐就曾送出一枚由维克多·卡斯特兰设计的心形粉钻戒指。

在迪奥高级珠宝系列中，"珠宝花园"系列最为引人注目。2008年，迪奥高级珠宝在巴黎大皇宫举行的法国古董协会第24届双年展上展出了该系

迪奥首席设计师维克多·卡斯特兰设计的以红碧玺为主石的珠宝戒指，全球仅一枚。

列。这项双年展是艺术市场的红色英雄帖,展现古董和艺术品领域众多国际知名专家带来的各种别致作品。当时,迪奥"珠宝花园之食人花"系列珠宝大受欢迎,首次参展就售出了63件作品。它将丰富多彩的想象力和保守顽固的传统与专业融为一体,借助它,你可以感受到充满现代气息的珍贵珠宝作品的自由与奢华。国际影星杨紫琼就曾在一次活动上佩戴着最新的"珠宝花园之食人花"系列珠宝,其价值700多万元人民币。

今天,迪奥一直通过每一个珠宝系列向人们展现着高级珠宝的创作极限,这些珠宝在维克多·卡斯特兰无限的创意下更形成了迪奥独有的风格:夸张、缤纷、新奇、妩媚,但不失高贵、优雅。

无论是画家、雕刻家、舞蹈家、作曲家、作家还是电影制作人,杰出的创作者往往最懂得挑战传统,绝不盲从附和,大胆质疑既有的技术、风格及模式并提出论据,务求满足他们天马行空的想象力。迪奥首席设计师维克多·卡斯特兰便是这样一个人,她将个人的想象力跃现于无可比拟的外形、色彩及材质上,突破语言界限,发掘出令人惊叹的珠宝世界。

在法国巴黎聚集着上百个珠宝品牌,这些品牌的设计师们都知道要想在珠宝界立足,就必须超越技术和专业知识的限制,进入一个仍有无限探索可能的全新领域,从而迎接引领高级珠宝制造工艺不断进步的巨大挑战。在这一方面,迪奥凭借精湛的手工珠宝艺术作品一鸣惊人,展现给世人栩栩如生的梦幻世界。

传统珠宝曾经一度成为市场主流,市面上所有的珠宝饰品几乎都是一个形状,设计不再大胆、嚣张,冷冰冰的钻石中规中矩地排列成各种各样的几何形

维克多·卡斯特兰以玫瑰的名义，推出了"玫瑰舞会"系列高级珠宝。其中，"五月的舞会"项链中心主钻是一颗重15.65克拉的褐钻，周围镶嵌粉色、丁香紫和淡紫色钻石、粉色蛋白石以及翡翠。

状，每一件珠宝饰品就仿佛一张几何考卷，死板、冰冷。1999年，巴黎蒙田大道28号，迪奥高级珠宝精品店开业了。在天才设计师维克多·卡斯特兰的大胆革新下，迪奥顶级珠宝第一批作品以前所未有的浪漫迷幻设计打破了传统珠宝设计的旧格局，它们的出现无疑成为迪奥高级珠宝的主张宣言：珠宝不是挂在脖子上、套在手指上或手腕上的几何作业，而是每个人内心最温柔的情感和梦想的载体，它更不是用来彰显财富的冰冷石头，而是造物主创造的最多变和不可复制的珍宝。

  2003年，迪奥推出的"维克多的珠宝盒"系列，将迪奥高级珠宝的独特设计和用料方式推到一个新的高度。在此系列中，每一款设计都是迪奥高级珠宝设计师维克多·卡斯特兰的传奇之作，以大胆和令人惊讶的珠宝作品激发人们的无限遐想。它以形形色色的彩色宝石、水晶，斑斓的色彩与耀眼夸张的造型风格相搭配，恣意展现风格独特的新造型，有一些珠宝首饰的黄金及白金材质还漆上色彩鲜艳的漆料，完全颠覆了过去高级珠宝给人的刻板印象。迪奥将巧夺天工的制作工艺幻化为奢艳珠宝，大胆运用珊瑚、水晶、松石、欧泊甚至珐琅彩绘等色彩元素，将原本高高在上、充满距离感的高级珠宝，变成了一个个可爱又不失华贵的珠宝艺术品。

  迪奥于2007年推出的"梦幻岛屿"系列珠宝令所有人都叹为观止，该系列珠宝集巧匠之能事，刚刚展出就被抢购一空，人人都想拥有这些奇幻的珠宝，而这与它是不是钻石和红宝石关系并不大。维克多·卡斯特兰的设计为

"梦幻岛屿"系列的 17 件作品上市仅两个月,就在巴黎充满诗情画意的橘园美术馆展出后销售一空,创下高级珠宝行业的销售纪录。

人们展现了一个栩栩如生的梦境世界,在"梦幻岛屿"中,人们依然可以看见花草植物,但与以前的经典作品大不相同,这里的花朵形态怪诞,美艳异常。"梦幻岛屿"系列一共有 17 件作品,大胆的创意、精巧的设计,一改高级珠宝界过往的保守作风,每一件作品都展现了迪奥工匠们对珠宝加工技艺的探索精神。维克多·卡斯特兰的想象力在这里尽情绽放,可以说,过去的珠宝设计从未以这种方式挑战工匠们的制作技术,激发他们突破自身的技术极限及专业知识,勇敢探索未知的创作可能。

维克多·卡斯特兰不仅喜欢五颜六色的彩色珠宝,还喜欢借珠宝讲故事。在迪奥高级珠宝系列中,"吸血鬼的未婚妻"系列就为人们讲述了一个吸血鬼与女仆的爱情故事。由于痴情的吸血鬼爱恋上平凡女子,但女子的脖子上总是戴着十字架项链,令吸血鬼无法亲近,于是吸血鬼送给女子一件无比华丽的项链,希望她能摘下十字架。这个系列的其中一个设计是在一颗镶嵌着红色尖晶石的心上,穿刺着一把钻石利箭,象征着吸血鬼被丘比特射中了爱情之箭;另外一条项链垂吊着两颗水滴形的红色尖晶石坠饰,又像是从脖上滴下的两滴血,意指女子终究还是爱上了吸血鬼,被吸血鬼"征服"了。

作为迪奥首席珠宝设计师，维克多·卡斯特兰始终坚持其创作理念："我的责任是持续创作，我们工作坊的手工师傅，一代传一代，他们一辈子从事珠宝设计，我有责任让他们持续工作下去，何况美丽的珠宝即使不购买，单单观赏也是很开心的事"。一辈子痴迷于珠宝首饰，维克多·卡斯特兰说出心中对珠宝的执着："珠宝是永恒的东西，可以代代相传，永远也不会变质，这是珠宝叫人喜爱的原因"。

迪奥善于从各种历史风格中广泛汲取灵感，从不单纯地复制某种外观，而是透过多彩的宝石赋予作品新的性格，创造出独树一帜的珠宝款式。尤其是当维克多·卡斯特兰成为迪奥首席珠宝设计师之后，她不仅打破了珠宝原本那种高不可攀的定式，而且赋予了迪奥珠宝全新的价值，那就是——创造总是从自身的欲求开始的，佩戴珠宝也是如此。

"我喜欢彩色宝石，它们就像糖果般吸引人。"喜欢艳丽色彩、夸张风格的维克多·卡斯特兰就如服装界的约翰·加里亚诺，由她设计的每个珠宝系列都呈现出令人耳目一新的独特风格。这些珠宝的一个重要特点在于对颜色和材质的特殊选择，稀有的亮色钻石、带有精细色泽的宝石呈现出别具一格的奢华。它们可以在不同的场合佩戴，也可以采用不同的佩戴方式来呈现不一样的味道。

1995年，迪奥还与施华洛世奇共同开发出了多款北极光莱茵石珠宝，大大丰富了首饰制作的色彩与材质。除此之外，迪奥珠宝的另一大特色是大胆地使用花朵图案，这也反映出其创始人克里斯蒂安·迪奥对大自然的热爱。不知名的小野花、爱意以巴洛克的华丽风格雕琢的"骷髅"系列"国王与王后",选用骷髅头形象,其实是在讲诉美好时光易逝的道理。

浓烈的玫瑰等都是重要的设计主题,而山谷里纯洁的百合更是成了迪奥珠宝招牌式的经典图案。

如果少了点儿童似的天真和想象力,欣赏维克多·卡斯特兰的珠宝绝对少一点儿味道,爱说故事的她让珠宝有了童话般的。她曾说:"我希望每件作品呈现出来的时候,就像代替我向每一位欣赏者去说关于'它们自己'的故事。"于是,一款方形、18K金一体成形打造的戒指("Nougat"系列)成了中指上一颗快溶化的牛奶糖,将原本应该阳刚、生硬的金属质材不用任何其他女性化的宝石点缀,只加了点儿童趣想象,就轻易地让佩戴者感受到天马行空般的愉悦。

高级珠宝犹如珠宝界的高级定制服装,美丽绝伦的背后蕴含着设计师天马行空的想象,以及能工巧匠精心缜密的制作。约翰·加利亚诺曾说:"将来的奢侈品将会用更多精力专注于每一个细节,并花更多的时间去追求卓越。"这一点在迪奥的高级珠宝上体现得尤为典型。例如"骷髅"系列的"国王与王后",其灵感源自巴洛克时期奢华的风格,设计师希望借此提醒人们时间一去不返。在这个系列中,设计师一改往常令不同色泽宝石交相辉映的设计手段,另辟蹊径,除了主石之外只采用铂金和钻石,人物身上的头饰、皇冠、项链与吊坠交错于精致的铂金网之中。尽管材料简单,制作这种铂金网却需要相当高超的镶嵌技巧,其中更要用到一些重新发掘出来的古老技术。一对"国王和王后"共需超过880颗宝石,在巴黎高级珠宝手工坊中历经长达700小时的制作时间。时间和珍宝——这正是高级珠宝背后真正撼动人心之处。

自创立之时，莫内塔便定位于服务欧洲上流社会，接受首饰的预约及定制。莫内塔首饰设计中心为客户提供独立创意，让莫内塔每一款首饰都极其自然地体现奢华，彰显尊贵，但又绝不夸耀。经过一个多世纪的传承和发展，"一对一定制服务"及"唯一·传世"已经成为莫内塔珠宝的服务精髓和品牌核心，深受各界名流的钟爱和追捧。

MONETA
彩色钻石的惊艳传奇
莫内塔

历史篇
LISHIPIAN

经过一个多世纪的发展，莫内塔从一个宝石切割工厂，逐渐发展成为一家专业宝石加工公司，并成为比利时颇为著名的专属定制珠宝的会所。在那里，"一对一定制服务"和"唯一·传世"作为莫内塔的服务精髓和品牌核心保留至今。

莫内塔，一个来自钻石王国比利时的著名珠宝品牌，凭借出色的设计、精湛的工艺、独有的私密定制服务，深受各界名流及皇室贵族的钟爱与追捧。莫内塔的历史可以追溯到1846年，它由弗朗西斯科·德·罗格蒙特一手创立，当时只不过是比利时安特卫普一个再普通不过的宝石切割工厂，但独

莫内塔的天然彩色钻石是钻石中的极品,用它们制作出来的首饰,散发着瑰丽耀眼的色彩和高贵典雅的气质。

特的设计和精湛的切割及镶嵌工艺使其声名鹊起。许多王室贵族不远千里而来,与富有创意的工匠及珠宝大师们一起探讨,并设计出许多具有深刻含义且令人惊艳的传世珠宝。莫内塔作品的精致征服了顾客挑剔的口味,因此,慕名而来的人越来越多。

经过数年发展,莫内塔从一个宝石切割工厂逐渐成为比利时著名的专属定制珠宝的会所,这也是人们基本看不到莫内塔珠宝精品店的原因。莫内塔一直旨在打造顶级稀有彩钻珠宝,而彩钻一向是钻石中的极品,更加稀有,更有传世价值。莫内塔拥有全球最高品质的经典彩钻,结合大师的设计和百年工艺,诠释极致奢华,演绎永恒经典。基本上莫内塔珠宝从不量产,每一件作品都是独一无二的。

1992年,30岁的弗朗西斯科·伊贝尔正式以自己妻子的名字注册了莫内塔珠宝公司,这也意味着莫内塔珠宝公司正式诞生。在公司成立之初,弗朗西斯科·伊贝尔以大自然中的灵性花朵和壮丽日出为灵感，把一颗象征爱情和幸运的粉红色彩钻经过精心的打磨和设计，制作成莫内塔2.99克拉艳彩粉色钻石戒指——"日出"，以纪念莫内塔的诞生，倡导新的奢华主张。莫内塔"日出"彩钻系列的设计自然轻盈，上百朵美丽的钻石之花汇聚于戒身之上，宛若一簇花朵绽放指尖。"日出"一问世，主打款就被比利时一位不愿透露姓名的贵族以高价购买并收藏。

"日出"的独特设计和镶工给莫内塔珠宝公司带来了好运，让其在欧洲上流社会逐步建立了良好口碑，2002年，莫内塔品牌建立10周年之际，创始人弗朗西斯科·伊贝尔决定以高价收回"日出"，并把它作为莫内塔镇牌之宝，永久保存在莫内塔珠宝公司中。

如今的莫内塔珠宝公司总部坐落在一个神秘的小山庄中，面积非常小，但却经营着许多传世珠宝，红钻、粉钻，还有绿钻、蓝钻。可以说，莫内塔的会所就是一个超级宝库。每天这里都会迎接来自世界各地的贵客，莫内塔的工作人员会向他们展示自己的宝贝，并让客人们自由挑选，然后为他们指定一名专业的设计师，待确定设计方案后，这些珍贵的宝石会被送到制作中心，数月后，一件完美的莫内塔珠宝便由此诞生。莫内塔珠宝在欧洲上流社会里代表了阶级、品位、财富、高贵、坚贞和永恒。今天，莫内塔依然始终如一地坚持追求至真、至善、至美的珠宝哲学，而这种精神也使莫内塔珠宝永葆青春。

作为比利时顶级私人定制珠宝品牌，莫内塔主要服务于"金字塔"顶端的人士，这些人大多为贵族、社会精英。因此，在设计方面，莫内塔珠宝公司主要以突出珠宝主人身份为主，让每一件珠宝饰品都能体现一种尊贵感。这种尊贵的奢华是含蓄的，而不是耀眼的；是内敛的，而不是张扬的。

100多年来，通过工匠们世代传承，莫内塔保留了最经典的切割工艺，每件珍品都经过58道严格工序制作而成。自1992年，弗朗西斯科·伊贝尔接手公司之后，莫内塔开始从钻石供应商变成一个珠宝生产商。但是，莫内塔珠宝公司在欧洲从不设立珠宝店铺，莫内塔精美的珠宝也从不在高级的奢侈品店铺中出售，莫内塔只在自己的珠宝会所中，为其尊贵的会员提供私密的高级珠宝定制服务，这恰恰突显了莫内塔珠宝的尊贵与奢华。

多年来，莫内塔珠宝公司始终认为，世间的每一颗宝石都是独一无二的，都应受到尊重，每一件珠宝也都应是独一无二的，而不该被量产。因此，莫内塔珠宝公司出产的每一件珠宝首饰都别具一格，而且从不重复。这一点深受王室贵族、社会名流的欢迎和青睐。

从接受预约、专项设计、雕刻模具、选购宝石、精雕细磨到镶钻成型，一件完美的莫内塔珠宝的整个制造过程至少需要八个月甚至更长的时间。要想获得一件莫内塔珠宝，除了要有足够的耐心之外，还要付得起高昂的加工费。从价位上讲，莫内塔珠宝公司的产品足够奢侈，从几十万欧元到几百万欧元，直至上亿欧元的珠宝，在莫内塔珠宝公司都并不稀奇。

不过对于客户来说，他们的付出是完全值得的，因为莫内塔珠宝公司是目前国际上少有的经营大克拉彩色钻石的品牌，从黄钻、粉钻到绿钻、蓝钻，甚至非常少见的灰钻无一不有，每颗都是独一无二的旷世珍宝。不仅如此，这些奇珍异宝通常会被莫内塔珠宝公司的设计师们同时用在一件首饰上，而这正是莫内塔珠宝卖出天价的最主要原因。一般来讲，一件首饰通常只会选用一颗主石，加上若干颗小克拉彩钻，有的首饰上会有红钻、粉紫钻，还有白钻。而莫内塔要完成一件彩钻饰品，一般都要用上百颗彩钻。不仅如此，莫内塔珠宝公司对产品要求极为严格，首先要求所选用的宝石的颜色必须统一。要知道，钻石可以分出100多种颜色，在这100多种颜色中只挑统一颜色的钻石，可见其难度非常之大。除了宝石的选择标准非常严格之外，莫内塔珠宝公司的切割工艺也堪称国际一流。由于主要客户多为为贵族、社会精英，因此莫内塔在设计上颇具个性化，以突出珠宝主人身份为主。可以说，每一件莫内塔珠宝都体现出一种强烈的尊贵感。这种尊贵的奢华是含蓄的，而不是耀眼的；是内敛的，而不是张扬的。

莫内塔的珠宝设计师们通常会用数月时间来制作一件珠宝首饰，并且在制作过程中不断尝试新的工艺，只为达到想要的效果，如果不满意就推翻当初的设计重做。这些正是保证一件完美艺术品诞生的前提。所以，珠宝的实际售价呈现的是在制作中所花费的心血。

任何一个成功的珠宝品牌都极为重视工艺，设计师的创意是否能完美表现就取决于工艺的精湛与否。作为国际顶级私人定制珠宝品牌，莫内塔自然也不例外。

一件完美的珠宝饰品绝对离不开完美的设计。莫内塔珠宝公司与世界顶级的珠宝设计师签约，推广和销售世界顶级设计师的奇思妙想。比如卡洛·帕尔米耶罗和安娜玛瑞·卡姆米利就是其中的翘楚。卡洛·帕尔米耶罗被称作"大师中的大师"。他将自己的想象力、经验与大师风范融入珠宝设计作品之中，并赋予它们灵性和艺术感。他将黄金、宝石、珍珠等材料重新塑造、改变、着色、褪色，用卓越的想象力、精益求精的工艺和独特的美学，在自然与艺术之间游走，打造着一件件精彩作品。大师的作品它们可能完全超乎普通人的想象，但却可以任凭世人从各个角度对其欣赏、崇拜。

作为当代著名首饰艺术家，卡洛·帕尔米耶罗为莫内塔设计的珠宝作品在国际珠宝舞台上占有绝对地位，发挥着相当大的影响力。那些令人想象不到的题材，比如蘑菇、油画、路面、树叶等这些不相关的事物，都不约而同地融于他的设计中。任何金属、宝石、珍珠都可以成为他表达思想与灵感的媒介。他有超凡脱俗的想象力,又将多年来与珠宝密切接触的经验和完美的工艺集于一身,却不拘泥于任何形式。

卡洛·帕尔米耶罗为莫内塔设计的作品极具个人风格,这些珠宝是无法复制的,每种款式都仅有少数几件,但每一件又与其他的有所不同,在钻石和宝石的搭配上各有特色。除了形态的美观之外,其色泽、质量、纯度和独特性都是无法比拟的,这也使得每件莫内塔首饰都光芒四溢、富有和谐的色彩。

"我相信每个认真的设计师都愿意通过珠宝和消费者建立内心世界的共鸣。"卡洛·帕尔米耶罗喜欢把创作和购买珠宝的过程看作和交朋友一样,而说到自己的创作灵感时却总轻描淡写,这恰恰透露出他细致的观察力:"我的灵感就是我身处的生活和大自然。其实大自然每一个季节都有特别的意思,我从当中得到了非常多的灵感。"

莫内塔每件珍品都蕴藏着卓尔不凡的品位及对完美品质的追求。奢华的品位、独特的个性、传世的经典是对莫内塔珠宝作品的解读。因此,"唯一·传世"便成了莫内塔的代名词。

天然彩钻是钻石中的极品,一向被定义为珍贵的收藏品,对于此类钻石,全球最大的钻石毛坯供应商戴比尔斯从不会也不需要宣传天然彩钻,因为这类钻石实在太罕有了。根据印度远古的记载,彩色钻石有一个神奇的传说:恶魔瓦拉被杀死后,它的翅膀变成各种碎片散落于地球之上,落入河流中、大海里、高山上及森林中,然后变成各种不同颜色的宝石。

莫内塔目前是国际上仅有的几家主营彩钻的珠宝公司之一,其产品主要包括克拉彩钻、群镶彩钻和完美净度的白钻。这些价值连城的宝石全部采用

国际知名珠宝设计师、具有"花后"美称的玛丽卡为莫内塔设计的新品蝴蝶胸针。

比利时特有的安特卫普切工,并拥有最权威的国际鉴定机构——GIA 出具的证书。据说每一件产品从送鉴到取得证书都需要半年以上的时间。

彩色钻石具备显著颜色,因极为稀少而价值颇高。以黄色或褐色钻石为例,其颜色必须达到足够深度,例如 GIA 分级体系中,必须深于 Z 色比色石才可称为彩色钻石。今天,许多珠宝投资者也都将目光放在彩色钻石上,一改"白色钻石为最美"观念。彩色钻石是上苍造物的神话,非常珍贵稀有,堪称奢华之首。它姣美妩媚、风格多样,充满奢华的迷情。彩钻之所以受到众多宝石投资者的关注,主要原因在于彩钻比白钻更具有天然性宝石的优点。

据有关专家统计,每出产 10 万颗宝石级钻石,其中才可能有一颗彩色钻石,概率仅为十万分之一,而粉红色、绿色、红色、彩黄色钻石以特有的艳丽色彩和璀璨光泽而更为珍贵稀有,其拥有的魔力,令世人痴迷倾倒。

在莫内塔的珠宝作品中,彩色钻石无疑是最大的亮点。一般来讲,一件普通款莫内塔珠宝的价格可以达到数十万元人民币左右,特别定制款则标价上百万元，甚至上千万元人民币，标价令人望尘莫及。不过，一些珠宝投资者及收藏家特别青睐莫内塔的彩钻饰品，因为它不仅珍贵，还有极大的升值空间。

在莫内塔珠宝中，黄钻饰品颇为引人注目。提起黄钻，熟知珠宝的人立即会想到蒂芙尼那颗超级黄钻，这颗钻石于1879年被查尔斯·路易斯·蒂芙尼以当时的高价购进，后被送到纽约经精密设计、切割，打磨成10多颗钻石，其中最大的一颗即是光彩夺目的现今身价已逾千万美元的金黄色"蒂芙尼黄钻"。莫内塔也不缺少黄色钻石，而且其大部分珠宝作品均以黄钻为主石，如一款莫内塔的心形吊坠项链，造型时尚婀娜，吊坠的浅黄色心形大钻用完美的切工充分体现了钻石的火彩。另外有一款特别定制的莫内塔珍藏项链，由51颗罕见的金黄色公主方钻与230颗各式切工的精美白钻搭配镶嵌而成，共重49.31克拉。它宛如烟花明媚绽放，美丽不可方物！而一枚稀有的金黄色主钻戒指选用了极为难得的金黄色钻石，辅以两颗稀有粉红配钻，显得"惺惺相惜"，光彩呼应。除了奢华的大件饰品外，莫内塔还有集合了罕见的海蓝、红、粉红、金黄钻石的花戒，仿佛弹奏着跳动不止的音符。

此外，莫内塔曾在北京展出一条黄色彩钻豪华项链，其主石由13颗总重9.58克拉黄钻组成，配石由128颗总重34.17克拉的马眼形钻石组成。该系列中的戒指的主石依然是一颗3.01克拉梨形黄钻，在黄钻的周围是34颗圆形白色钻石，另外，耳钉的主石是两颗总重2.37克拉的水滴形黄钻，配石由10颗马眼形钻石组成。

莫内塔绿钻胸针是陈列在莫内塔店中一款极其罕见的胸针，以密镶钻石构成主体，配合黄钻和白钻，极尽奢华。估价为50万元人民币以上。

提起巴西，你一定会想到足球、桑巴、咖啡，但千万别忘了还有 H.史登。作为世界顶级珠宝品牌，H.史登的作品有着巴西特有的热情与绚烂，将女性的柔美、高贵与优雅展现得淋漓尽致。史登，这个巴西最有声望的珠宝商的姓氏，在德语里有"星辰"的意思，经过半个多世纪的发展，H.史登已经成为珠宝界最耀眼的一颗明星，以无可比拟的光芒点缀着同样闪光的生命。

H.Stern

巴西宝石之王

H.史登

历史篇
LISHIPIAN

身为犹太裔德国人的汉斯·史登,在16岁时与家人逃离纳粹的魔掌,移民到盛产宝石的巴西。他以诚信不欺、服务周到、强势宣传的经商风格缔造了一个庞大的珠宝帝国。如今的H.史登珠宝店早已不再是当初手工作坊的模样,它以绚烂的姿态与执着的热情,倾献全力演绎着巴西彩色宝石之美。

1951年的一天,H.史登珠宝精品店迎来了一位尊贵的客人,他就是当时尼加拉瓜总统安纳斯塔西奥·索摩萨·德巴伊莱。这位大人物在店内巡视了一圈,立即被一条镶满海蓝宝石的项链深深地吸引住了。最终,安纳斯塔西奥·索摩萨·德巴伊莱以22000美元买走了这条项链。安纳斯塔西奥·索摩萨·德巴伊莱的突然造访不仅令H.史登珠宝声名鹊起,还影响了整个珠宝界开始关注巴西珠宝。也就从那时起,以H.史登为首的巴西珠宝品牌在整个珠宝界崭露头角,受到越来越多人的关注与青睐。

H.史登珠宝的历史并不太长,距今只不过60多年。从1945年诞生于巴西的里约热内卢至今,H.史登珠宝店早已不再是当初手工作坊的模样。如今的H.史登已经成为自成一格的顶级珠宝品牌,以绚烂的姿态与执着的热情,倾献全力演绎着巴西彩色宝石之美。

巴西是南美洲最大的国家,这里除了咖啡、桑巴、足球和美女,还出产全球65%的各类宝石,其品种和数量均居世界首位。可以说,整个巴西是一个宝石之国。20世纪末期,巴西的宝石采集与加工业已极具规模,拥有350多家宝石加工企业、500多家珠宝首饰作坊、200家出口公司和16000家宝石店。在这些林林总总的经营者中，H.史登凭借对宝石的极大热情与精湛的加工工艺脱颖而出，一举成为全球顶级珠宝制造商。

在 H.史登推出的戒指、耳环、手镯等饰物上，背面或内里都雕刻有小小的星形图案，传达着史登家族追求品质、永不放弃的精神，是 H.史登永恒的经典标志。出演过影片《第六感生死恋》的玛茜亚·哈登就曾经在奥斯卡颁奖典礼上佩戴过 H.史登珠宝，而扮演《魔戒》中美丽的精灵公主的丽芙·泰勒尤其钟爱 H.史登的钻石耳坠。

H.史登的字母 H 指的是创始人汉斯·史登，他生于德国埃森，1939 年第二次世界大战初期与家人一起来到巴西里约热内卢定居，并进入一家宝石与水晶石出口公司工作。1945 年，汉斯卖掉了自己的手风琴——那是他从家乡带来的唯一心爱之物，用卖琴换回的钱加上一笔很小的银行贷款，建立起以自己姓氏命名的小公司。最初，汉斯靠着原先在采买宝石工作上建立的业务关系做起宝石批发生意，很快就以童叟无欺的诚实经营获得越来越多的客户。渐渐地，公司开始提供首饰镶嵌服务，成品珠宝的零售事业由此展开。

汉斯的父亲科特·史登是一名工程师，睿智并且很有主见，他的一些观点深深地影响了汉斯。科特认为，诚实是人最宝贵的品质，哪怕某些情况下人们要为此付出代价。另外，他还告诉汉斯要重视对雇员的管理。后来，这些都成为 H.史登的运营准则。起初，科特在巴西东北部为一家大公司工作，当儿子的事业有了一定发展时，他便回到里约热内卢帮助打理 H.史登的事务。他完善了公司的内部构造，创造了高质高效的管理系统。

随着 H.史登珠宝公司的不断发展，到了 20 世纪

H.史登鸡尾酒戒指

80年代,该公司仅次于瑞士的布希瑞、美国的海瑞温斯顿和蒂芙尼三家公司,成为国际四大珠宝首饰巨头之一。更值得一提的是,H.史登公司是其中唯一的一个"完全"公司:从探矿、采矿开始,到原石切割、宝石打磨、宝石鉴定、首饰设计、金工制作、展示宣传、销售,一直到行销全球,全不假手他人,而是自己一手包办。

除了上述一些商业经营策略之外,H.史登公司在销售宝石首饰方面确有一些独到的做法,比如不能讨价还价的方式在巴西堪称创举,其宝石证书上也清楚列明售出宝石的品级、质地与价格。

虽然H.史登声名卓著,但销售对象却并不完全针对富豪阶级,很多首饰的价格甚至在500至1000美元之间,其设计也走平实大方、适合日常佩戴的路线。自20世纪80年代后半期开始,汉斯积极地跟上最新时尚潮流,将公司产品多元化,开发与首饰相关的手表、皮件等新商品,给顾客以更丰富的选择。

今天的H.史登已经成为世界上最大的彩色宝石生产商之一,拥有极丰富的黄金储备矿藏,钻石业务也在蓬勃发展。H.史登的影响力早已波及世界多个国家和地区,拥趸无数,它在珠宝界,尤其是在彩色宝石领域的骄人地位有目共睹。

每逢奥斯卡颁奖夜,所有人都会被最美丽俊朗的脸庞、最华丽的礼服、最闪亮的镁光灯和最耀眼的珠宝深深吸引,仿佛全世界的光芒都聚集于此。在这场光芒的盛宴上,H.史登珠宝总能以最迷人的风采夺人眼球。

H.史登的珠宝作品向来以热情、浪漫,尽显女性柔美、高贵、优雅而纯净的美好气质著称,它的经典作品更是吸引了无数世界名流的青睐。在这些人的眼中,H.史登珠宝的设计平易近人,但又不失高贵的气息,平凡之中总能透出一股奢华之气。

著名影星安吉丽娜·朱莉在奥斯卡颁奖典礼中佩戴过一款 H.史登的经典之作——雅典娜钻石项链。这款重 85 克拉、价值 1000 万美元的项链由不同大小、不同切割方式的钻石（包括梨形、圆形、椭圆形及祖母绿形）串组而成，奢华的风格让许多人赞叹不已。中心的四颗主石均为全美钻，这种组合非常罕有，世界顶级的珠宝商几乎从未采用过，堪称迄今为止最为完美的"四重奏"。

在选择由谁来佩戴这款项链时，H.史登珠宝公司曾经数次商议，最终选定著名影星安吉丽娜·朱莉。在 H.史登珠宝公司看来，安吉丽娜·朱莉无疑是佩戴雅典娜项链的最佳人选，她那丰厚的双唇几乎成了最鲜明的性感象征，她的美带着危险、挑逗，如此浑然天成，完美展现了智慧女神雅典娜的全新形象。

喜欢 H.史登珠宝的明星不止安吉丽娜·朱莉一人，如马西娅·盖伊·哈登对 H.史登的钻石彩虹吊灯式耳坠就情有独钟；丽芙·泰勒也时常佩戴 H.史登的钻石耳坠；玛吉·劳也经常在公开场合佩戴 H.史登的钻石耳钉、白金碎钻式钻戒和高贵的单颗钻戒。

不仅如此，在各种重大场合，一些大牌明星更是佩戴耀眼的 H.史登珠宝频频亮相，如珍妮弗·洛夫·休伊特佩戴的 H.史登花卉钻石耳钉和钻石手链；萨拉·茹的 H.史登耳坠、戒指以及与之配套的颈圈式吊坠；瑞贝卡·蕾米·史黛摩的钻石蜥蜴手镯和花卉钻石耳钉；达丽尔·汉纳的白金钻石皇室

耳坠；伊丽莎白·班克斯的红宝石钻石手链；凯蒂·赫尔姆斯具有现代艺术风格的钻石耳坠……身着瓦伦蒂诺蓝色礼服的玛丽亚·凯莉腰间的一款H.史登胸针因其位置特别，让众人的视觉从她略显厚实的胸背成功转移到相对纤细的腰身。这无疑是聪明的做法，当然，价值72万美元的H.史登钻石手链也是呼应整体搭配的经典配饰。

凭借卓绝的设计，H.史登在珠宝领域始终保持着独特的地位。如今的H.史登珠宝在12个国家拥有超过160个品牌珠宝店，珠宝和手表设计制作早已让其成为行业的领跑者。

H.史登珠宝的设计简约时尚，一改欧洲珠宝古典奢华的风格，而将南美独有的热情奔放的气质完美地融入到设计之中，将富丽的雕琢与强烈的色彩贯穿于曲面和圆形空间。近乎苛求的精湛制作工艺，时尚、尊贵的设计元素，赋予H.史登每一件产品精致细腻的外表。无论处于何种场合，H.史登总有办法让配戴者变得气质非凡、与众不同。

H.史登十分重视质量监控。当年，科特·史登曾经专门组织了一个机构以确保公司生产出质量一流的产品。今日，重视质量已经成为H.史登的传统，1996年公司引进"质量总数"工程来完善生产与服务，其目标是"减少支出、精简内部工序"。

此外，H.史登简洁时尚的设计也吸引着各个时代、各个领域的人们，在美国、法国、德国与以色列等地，H.史登已经成为令人瞩目的国际性品牌。与很多顶级珠宝品牌不同的是，H.史登珠宝于高贵典雅之中流露出平易近人的态度，继承着巴西人热情而且令人愉快的爽朗个性。色彩、阳光、爱情、信仰……H.史登珠宝就像画家的调色盘，酝酿着一切的美好，预示着一切的想象。

  H.史登珠宝的设计虽然简单，但每一个系列都创意十足，它与巴西著名建筑师、拉丁美洲现代主义建筑的倡导者奥斯卡·尼迈耶联手创造的一系列造型优美的珠宝首饰便反映出这一点。奥斯卡·尼迈耶的建筑设计独树一帜，以独具一格的曲线运用著称，既体现建筑物的外观和形式美，同时也突出内部设计上功能和要求的和谐与一致性。他为H.史登设计的珠宝作品最大特色也是直线条少而多弧线。在谈及他的设计灵感时，这位低调的大师称："H.史登珠宝代表着巴西的文化与历史，可以说，正是里约热内卢蜿蜒的海滩和多姿的山峦启发了我"。正是奥斯卡·尼迈耶设计的这些曲线让H.史登珠宝呈现出一种全新的风格，可以说，这个系列的H.史登珠宝别具意义。奥斯卡·尼迈耶曾经在图纸的签名上写道："我拿起钢笔，笔触开始在纸上流动。一座建筑出现了"。但在珠宝商H.史登的眼中则是："他拿起钢笔，笔触开始在纸上流动。于是项链、戒指和手镯出现了。"在H.史登的奇思妙想下，这些自由而富有感情的曲线被复制成为一件件具有现代主义建筑形象特征的首饰。女人的曲线幻化成一对耳环，手持花朵变成了项链，随意的线条也被赋予了新的美感。

  H.史登珠宝时刻都走在时尚前沿，其"爱丽丝仙境"珠宝首饰系列就是受到电影《爱丽丝梦游仙境》的启发。该系列珠宝的材质采用18K金、珐琅和钻石等，给所有人都带来不一样的珠宝感受。

  在H.史登的众多珠宝系列中，"情人节"系列可谓独树一帜，H.史登和黛安·冯·芙丝汀宝携手创作的"爱情圣像"就是其中之一。该系列包括耳坠、项链、手链三款设计，其设计灵感来自中国的民族元素，主要设计形象有藏族同心结、心形和银杏叶。神圣而古老的藏族符号同心结象征着对不朽爱情的美好向往；一颗心代表爱与力量；古老的银杏树叶则暗示健康与长寿。不朽爱情的主题是H.史登一贯的设计哲学，简洁的造型高贵典雅，加上一系列浪漫的寓意，足以带给这个系列不一样的迷人气质。

不过，提起 H.史登最著名的设计，鸡尾酒戒指就不能错过。鸡尾酒戒指是美国 20 世纪初禁酒时期的产物，政府禁止喝酒，民间就出现了地下酒馆，人们去喝酒时时常会戴上一个或若干个大戒指引人注意，仿佛戒指本身就在大喊："我喝酒呢！政府管不住我！"后来，这些存在感强烈的大戒指就干脆被称为"鸡尾酒戒指"，如今鸡尾酒戒指也成了众多珠宝品牌的重要产品。

H.史登设计的鸡尾酒戒指充满了南美洲的热情与张力，个头大到在镶嵌紫水晶的托座上还能做设计，八角星形上面镶嵌着钻石，透过祖母绿切割的方形紫水晶而闪闪发光。一般来说大的宝石都以展现切割工艺为重，而 H.史登的鸡尾酒戒指却以繁复的设计为重点，在现代感的棱角中透出文艺复兴式的华丽。

走进 H.史登的珠宝世界，犹如踏进贵族的专属领域，扑面而来的是展示不尽的华丽，以及那华丽背后永远猜不透的诱惑。

巴西是全球第一大宝石产地，其中的帝王玉全球只此一家别无分号，而祖母绿、海蓝宝石也是巴西的骄傲。依托于巴西丰富的各色宝石资源，H.史登一举改变了以欧美钻石为主的配饰潮流。

帝王玉是世界上最美丽和最稀有的宝石之一，目前只能在巴西米纳斯热莱斯州的矿中找到。帝王玉的亮度和魅力可以跟钻石媲美，太阳光里的所有色调都可以在帝王玉中找到。它的色泽令人叹为观止，随着深浅的不同有紫红色、粉红色、人马哈鱼色、桃色、樱桃红色和黄色等。所谓帝王玉并不是玉石，而是透明、硬度很高的宝石，大多呈黄色。因原矿颗粒较小且产量不高，因此极具投资潜力。据说俄国沙皇特别青睐此物，所以被称为帝王玉。

在H.史登珠宝店的收藏馆内，展示着上千颗天然原石，雍容华贵的帝王玉宝石，蓝光闪烁的海蓝宝石，寒光逼人的水晶宝石，这是大自然造就的美，天然的美。这些价值连城的宝石分别放在橱窗里，透过微弱的光线折射出耀眼的光芒。这些原石大都为一些私人客户而准备，用于制作顶级定制首饰。

H.史登从不缺乏天价珠宝，比如玛丽亚·凯莉就曾在2010年第82届奥斯卡金像奖颁奖典礼上，佩戴了一款H.史登的白金镶钻手链亮相，价格高达72万美元。在著名影星菲姬和乔什·杜哈明的婚礼上，两人均佩戴着价值百万美元的由H.史登设计的钻石饰物，两人在来宾面前交换的戒指也同样是由H.史登设计的钻戒。至于安吉丽娜·朱莉佩戴过的那条雅典娜项链，价值更是高达1000万美元。

当然，毕竟只有少数人才能拥有这样的天价珠宝。不过对于珠宝收藏家来说，只要走进H.史登珠宝店都不会感到失望。因为H.史登的私人定制服务可以为每一位客户定制一件只属于你自己的、独一无二的珠宝首饰。为此，H.史登珠宝店为不同阶层都提供了价值不等的宝石原石，客户可以根据自己的经济情况进行选择。不仅如此，H.史登的设计师还会提供一对一的专属设计服务，让每一位客户都能获得一种非凡的尊贵体验。

如果说爱迪生用电灯照亮了全世界,那么,御木本幸吉则用珍珠照亮了女人的脖颈。他将变幻莫测的海洋变成一个珍珠的宝库,为女人的美丽开拓出一方白色的温床。

珍珠之王
御木本

被人誉为"珍珠之王"的御木本幸吉不仅在珍珠养殖上作出了里程碑式的贡献,而且在珍珠经营管理上也颇有建树。1907年,他开设了第一家珠宝工作室,旨在创造出世界一流的饰物——"用日本人聪明的头脑,用日本人自己的双手"。御木本幸吉不仅为他个人的事业创立了规范,更为现代珠宝领域的发展开拓出了另一片天地。

人类何时最先发现并利用珍珠的已无从考证。我们所能知道的是,自从珍珠被发现的那一刻起,人类就对它爱不释手,不但将其视为天赐之物,奉若神明,而且将其视作财富与华贵的象征。珍珠是人类最早利用的珠宝之一。《圣经·创世纪》中就记载:从伊甸园流出的比逊河,"在那里又有珍珠和红玛瑙"。

御木本"白色花束"珍珠钻石项链，镶有3颗白南洋珍珠。

  珍珠与钻石、红宝石、蓝宝石、祖母绿、翡翠被誉为珠宝界中的"五皇一后"，埃及人、波斯人及印度人都对珍珠有着浓厚的兴趣，古罗马人也对珍珠情有独钟，他们往往通过各种途径从波斯湾地区购回珍珠。由于珍珠难得，价格昂贵，佩戴珍珠便成为古罗马权贵的身份象征。早在公元前数百年，古埃及的贵族就盛行用珍珠进行装饰，埃及历代女王都以拥有珍珠为莫大的荣耀。

  一颗天然珍珠的形成近乎一个奇迹，当一些杂质碎块意外地被珍珠贝咽进体内，珍珠贝便会分泌无数层的珍珠质去围裹这些杂物，直到最后形成一颗稀有珍贵的珍珠。长期以来，人们认为珍珠是不可能被生产出来的。直到1893年，这个魔咒终被打破，日本人御木本幸吉成功培育出世界上第一颗养殖珍珠。自此，珍珠向人们展示出无穷的魅力，御木本幸吉本人更

获得了"珍珠之王"的美誉。由御木本幸吉创造的人工培育珍珠的方法经历代传承,到今天已有 100 多年的历史。不仅如此,由御木本幸吉创立的御木本珠宝品牌,其所有珍珠首饰都卖出了钻石的价格。

御木本幸吉于 1858 年 1 月 25 日出生在日本三重县的志摩半岛,他家世世代代经营着一个小面摊,他的父亲曾经希望御木本幸吉能够继承这份生意。不过,御木本幸吉 23 岁的时候对当地水产业产生了浓厚的兴趣。长久以来,志摩半岛沿海地区就出产天然珍珠,售价极高。为了获得珍珠,当地的居民们在海下滥采滥捕,使得当地蚌的数量越来越少。了解到这一情况后,御木本幸吉一方面呼吁保护蚌类,一方面幻想能够用人工的方法培育珍珠。

当时的日本海洋生物学家已经发现，珍珠很可能是外来异物进入蚌体而形成的。30岁那年，御木本幸吉在志摩半岛的一个小海湾建起自己的首家珠蚌养殖场，以过人的商业眼光，开始尝试人工培育珍珠。这个过程是极为艰难的，而且经历了无数次的失败。御木本幸吉将自己的全部家当都投入到养殖场上，他劳心劳力地尝试多年却始终没有成果，邻居都认为他彻底疯了。1892年，一次严重的灾害让御木本幸吉血本无归，但他仍未放弃。直到1893年，御木本幸吉的太太终于发现了一颗半圆养珠。虽然这只是一颗半珠，外貌与形状都不甚理想，但御木本幸吉还是凭此申请了日本的人工养珠专利。大约十年后，御木本幸吉才在他养殖的蚌里找到几颗浑圆的、光泽极佳的珍珠，世界上真正意义上的人工培育的珍珠由此诞生。

1911年，御木本在海外的第一家分店在伦敦开张，随后御木本珠宝店出现在世界的各个角落。由于成就突出，1924年，御木本被日本皇室指定为御用珠宝首饰供应商。此后，日本皇室举办婚礼时，御木本首饰是必备的礼品，就连远在欧洲的英国王室，其头冠及饰品上的珍珠也是由御木本提供。御木本幸吉开始闻名世界，珠宝界也尊称他为"珍珠之王"。

据记载，20世纪初，被冠以御木本之名的人工珍珠就已成为日本的主要出口产品，输往世界各地。鼎盛时，其生产总值竟占了全球的六成。而御木本幸吉在觐见明治天皇时说道："我有一个心愿：有一天要让全世界的女性都佩戴上珍珠。"这个心愿伴着御木本珠宝跨越海洋和大陆，来到了21世纪的今天。"我的实验室唯独两件物品是造不出来的，它们就是钻石和珍珠。而你竟能培育出珍珠，这无疑是世间奇迹之一，因为这本是生物学上难以实现的。"爱迪生邂逅御木本幸吉之后这样说道。这次世纪邂逅也被当时的《纽约时报》记录下来，一夜之间，御木本珍珠在世界范围内声名大噪。

御木本幸吉于1954年去世，享年96岁。他过世后，日本政府追颁他日本一等荣誉奖章。如今，御木本由家族第四代传人御木本丰彦掌管业务，御木本珠宝在世界各地已经开设了100多家分店。在100多年的漫长岁月中，御木本为珠宝界留下了众多令人惊叹的杰作。这些作品曾经在各届世界博览会上独领风骚，它们不仅是珍珠中的珍宝，更是珠宝界的皇后。

1893年，日本"珍珠之父"御木本幸吉培育出第一颗完美的珍珠，进而创立了御木本珠宝品牌。1924年日本皇室指定御木本为御用珠宝商，不只是日本，连英国王室与贵族皆是它的爱好者，在诸多重要的典礼场合，他们的头冠及饰品均由御木本提供。

在日本，御木本珍珠除了被认定为母亲留给女儿最珍贵的嫁妆外，也获得日本皇室的认同，成为日本皇室御用的珠宝商。多年来，御木本创造的人工培育珍珠的方法历代传承，其首饰始终保持着对经典品质的追求，典雅完美，工艺精良，许多社会名流因此成为御木本珠宝首饰的忠实拥戴者。自2002年开始，御木本有幸成为环球小姐的官方珠宝赞助商，环球小姐所佩戴的后冠由御木本打造。

然而，这些花费了御木本幸吉几十年培育出来的珍珠，在19世纪却被西方人认为是"赝品"。御木本幸吉对此并未气馁，而是带着自己培育的珍珠环游世界，并在1939年展出了一大批备受瞩目的

御木本为纪念品牌成立 120 周年，以贵族的尊贵和优雅为灵感，推出包括项链、手镯、耳环及戒指在内的 13 款 "Regalia" 系列珍珠饰品。

珍珠首饰。在这些作品中，有一条由 270 颗极品珍珠组成的项链，每颗珍珠的直径都在 8.56 毫米至 16.75 毫米之间。要制作这样一条超长的珍珠项链，通常要花费几年的时间来搜集品相如此一致的珍珠。而且，珍珠不像钻石可以通过切割或打磨来获得光泽，所有的珍珠都是在离开牡蛎后的第一时间就进入了评估环节，光泽和表面质量是决定珍珠价值的最重要因素，此外还有大小、形状、颜色、重量、自然度五个因素。正因为如此挑剔，在出产的养殖珍珠中，只有 5% 会被御木本选用。

从此之后，西方人彻底改变了对御木本珍珠的看法。英国王室与贵族对其也是情有独钟，曾多次向御木本订货，御木本的珠宝首饰开始在世界珠宝界崭露头角。1933 年，御木本在芝加哥万国博览会上展出了 1/60 微缩模型"乔治·华盛顿的诞生地"，它由 24328 粒珍珠制成，并于博览会结束后被御木本赠予史密森博物馆，至今仍在展示。1937 年，御木本的可拆卸饰品"矢车"在巴黎万国博览会上一经亮相立即成为众人的焦点，并立即成为多功能首饰的先驱。御木本从 2002 年开始成为环球小姐的官方珠宝赞助商，而为其所设计的后冠仿似凤凰飞舞，精巧地镶有 800 颗共重约 18 克拉的圆形切割钻石，搭配 120 颗的御木本珍珠，每一年都为新任的环球小姐冠军增添美丽。

今天，御木本的大部分珠宝设计延续了传统的日本风格。为了能让品牌打入西方市场，御木本更与欧洲设计师合作推出众多顶级珠宝，它们既蕴含了东瀛风情，也包容了西方审美情趣。

"只有坚持生产最高品质的养殖珍珠，日本的养殖珍珠才会有希望！"这是御木本幸吉的远见，也是他获得"珍珠之王"美誉的因素之一。自从第一颗养殖珍珠 1893 年在日本诞生之后，御木本幸吉就开始了对珍珠品质的监管。

日本早期的养珠业者为了经济效益完全不顾珍珠的质量，他们对珍珠的品质监管极不重视，以致国际上有着"日本的珍珠就如同廉价玩具"的说法。作为日本最著名的珍珠养殖者，御木本幸吉为了"更正视听"，特意在有国际媒体聚集的神户商工会议所前烧毁将近 135 公斤的劣质珍珠，此举除了对不自爱的同行提出抗议外，也强调自己对于珍珠的热爱与感情。

为此，御木本幸吉还为全世界的珍珠设定了等级标准，并建立了严格的珍珠选用标准。首先，在养育珍珠母贝方面，饲养健康的珍珠母贝是整个养殖过程的开始。御木本幸吉聘请大批海洋生物学家，他们会密切留意珍珠幼贝的状况，对天气和其他自然环境的影响都极为关注。每一只珍珠贝都会被检视无数次以确保其健康成长。

其次，培殖珍珠的关键是如何适当地把珠核植

御木本黑南洋珍珠钻石项链,由163颗精选黑南洋珍珠排列成葡萄串,55.83克拉钻石勾勒出栩栩如生的枝叶

入珍珠贝内。这些珠核将成为珍珠的核心，它们通常是来自美国密西西比河或田纳西河淡水蚌，将其蚌贝加工制成小圆珠，即珠核。然后，技术人员会谨慎地将珠核植入到珍珠贝适当的位置。整个植入过程的精确度对其后珍珠的形成有重大影响。

再次，珍珠贝的照料。珍珠贝一经植入珠核后，便会随即被送回海洋特定区域内，例如安置在一个海湾，它们在那里被柔和的波浪洗涤。期间，它们会被细心看顾照料以确保健康。随后，它们会被移送到富含营养的浮游生物的近海地带，那里是大多数珍珠出现并成长的所在地。御木本的专家会为珍珠贝清洗去除依附在珠贝之上的海洋生物等杂质，并采取措施防范台风和红潮，监察水质、温度和含氧量，以及用尽各种可行方法去为珍珠贝创造理想的生长环境。

最后，便是采收和筛选。采收一般都在每年海水温度最低的冬季进行，珍珠贝会被收集到岸上以人手取出。这就是美丽亮泽的珍珠首见天日的地方。但并非每一颗收成后的珍珠都被采用作御木本珠宝，它们会经过严谨的鉴定分类过程，只有5%最优质的珍珠才会被挑选用于制作御木本珠宝。

御木本珠宝就像个仪态万方的贵妇，以其高贵的身份、华丽的容颜、典雅的仪态、纯洁的品性，悄无声息地满足着人类的爱美之心。作为"珍珠之王"，御木本亦不断将美丽升华提炼，让珍珠成为女人首饰盒中最珍视的收藏。

就御木本来说，珍珠虽可以养殖，但美感却永远不能被复制。实际上，御木本珍珠所蕴藏的价值是御木本幸吉对养殖珍珠事业全身心的投入与执着，以及对珠宝工艺技术和对质量要求尽善尽美的精品哲学。

试问谁能把珍珠卖得比钻石还贵？也许除了御木本之外，恐怕没有哪一个品牌敢有这样大胆的举动。与不可再生的钻石、祖母绿、红蓝宝石相比，

　　珍珠可谓是世界上唯一可以人工培育的珍宝，但就御木本来说，珍珠所蕴藏的价值是御木本幸吉对养殖珍珠事业全身心的投入与执着，以及对珠宝工艺技术和对质量要求尽善尽美的精品哲学。更重要的是，御木本还将珍珠变成了真正的奢侈品。也正因如此，御木本珍珠首饰的价格往往高得出乎人们的意料。

　　巴塞尔世界钟表珠宝博览会是全球最负盛名、首屈一指的珠宝钟表展，而自1996年起，御木本历来都是巴塞尔的座上贵客，向来自世界各地的贵宾和专家展示其最新的高级珠宝系列。御木本幸吉长期致力于研究珍珠养殖，力图将珍珠赋予女性的优雅气质发挥得淋漓尽致。2011年3月24日至31日，在瑞士巴塞尔世界钟表珠宝博览会上，御木本隆重推出了其最新的高级珠宝系列，由日本Akoyo养殖珍珠、白南洋珍珠、黑南洋珍珠以及金南洋珍珠奢华打造而成。毋庸置疑该系列是御木本高级珠宝经典设计与精湛工艺的绝妙邂逅，体现御木本自始至终的品牌精神。其中，一款品名为"金色幻想"的珍珠钻石项链选用了422颗顶级珍珠，其中金南洋珍珠（9.19毫米至12.83毫米）134颗，白南洋珍珠（9.11毫米至11.91毫米）94颗，大大小小的钻石总重达43克拉，其价格高达600万元人民币。这款披肩式的珍珠项链通过钻石和珍珠间的和谐唯美和对比反差，从白色到金色珍珠的优雅渐变，演绎出此款顶级珠宝的主题旋律，让人印象深刻，给人奢华妩媚之感。

　　御木本另一款珍珠钻石宽项链有着突出的哥特式风格，选用了5毫米

御木本五重塔摆件,以奈良法隆寺的五重塔为模型,塔身由珍珠母贝制成,铂金塔尖以9环珍珠装饰。整座塔使用了12760颗珍珠。

至9.5毫米顶级珍珠共225颗，钻石59.06克拉，其零售价折合人民币约为523万元。此款珠宝的设计灵感来自于中世纪哥特式风格，以日本Akoya珍珠和钻石的结合构成了几何形状，完美演绎出项链的表面曲线。项链接合处的设计制作精妙细致、圆润舒适，以大师级的水准体现了此款项链的价值所在。

歌颂忠贞不渝的爱情从来就是珠宝的主题，尤其是那些历史悠久、身价不菲的大牌珠宝，打造一枚独特而珍贵的婚戒是它们的天生使命，御木本也不例外。著名的御木本铂金珍珠婚戒是御木本品牌特别邀请著名意大利设计师乔凡娜·布罗根设计的，以其创新的风格和优雅的造型为世界瞩目。铂金不仅保存了珍珠原有的华美和完整，更突出了珍珠的独特形状与色彩色泽，令珍珠在每一款饰品中都成为众人焦点。

除了精致小巧的珍珠钻戒、高贵又修长的珍珠颈链、设计独特的珍珠链扣之外，御木本还有三件令所有人都为之惊叹的镇店之宝，分别是：矢车、为环球小姐打造的后冠及名为"凤凰传奇"的钻石胸针。

矢车可以被拆分成12个零件，它首次出现于1937年的巴黎万国博览会。令人惊艳之处除了华美的珠宝镶工外，透过细密精准的构造关节，小小的一只和服扣带只需简单的道具辅佐，就能拆组出12件不同的饰品，诸如发簪、胸针、戒指、项链坠等，可看出当时工匠成熟而缜密的工艺巧技。而这件深获国际媒体热烈报道的作品在确定于巴黎售出后，从此仿若消失一般，无人再见其踪影。直到1989年的纽约苏富比珠宝拍卖会场中，它"奇迹"般地再次出现。这件作品最终"物归原主"，由御木本家族重新购回，现今珍藏于御木本位于珍珠岛的珍珠博物馆中。

2002年，御木本为环球小姐设计后冠，奢侈地镶嵌了800颗共重约18克拉的圆形切割钻石，搭配120颗南洋珠与日本养珠。至于另一件以凤凰为灵感的钻石胸针，表现的是如羽毛般的层次感，也隐喻生命的重生及延续，就如同浴火凤凰。除了这三件镇店之宝，在100多年的漫长岁月中，御木本也为珠宝界留下了许多令人惊叹的杰作。

从创立之日起，御木本似乎就有一种与众不同的能力，使其总是能以一种崭新的创造力，对人们讲述珍珠的温柔与力量。

附录一

珠宝赏鉴辞典

GIA

GIA 即美国宝石学院。该学院是把钻石鉴定证书推广至国际化的创始者,1931 年由罗伯特·希普利先生创立,至今已有 80 多年的历史。GIA 属于非营利机构,经费由珠宝业界人士捐献,其鉴定和教学的费用相当高昂,而鉴定证书颇具公信力。它不仅是美国第一所宝石学校,同时也是在全球珠宝业界广受推崇和认同的珠宝钻石鉴定机构之一,拥有 GIA 国际证书的钻石在国际范围内都被认可。也许正因如此,GIA 的鉴定费用一直稳中有升。

钻石 4C 标准的起源

每一颗钻石都是时间、大地和自然造就的奇迹,每一颗钻石都独一无二,如同每一片雪花的形态都迥异万千。直到 20 世纪中期,仍未有普遍适用的钻石品质评级标准。

GIA 首创现今业内公认的钻石 4C 分级标准,包括:颜色、净度、切工和克拉重量。今天,4C 标准已经被广泛运用于世界各地的钻石品质认证过程,它的创立统一了全球对钻石品质的衡量标准,更让消费者得以准确认识所选购钻石的品质和特性,具有重大意义。

GIA 钻石颜色分级标准

对大多数珍贵钻石来说，其颜色鉴定标准取决于它的无色程度。一颗不含杂质且结构完美的钻石就像纯净的水滴一样，是没有颜色的，具有很高的价值。GIA 创立的 D（无色）至 Z（淡黄或淡褐色）颜色等级系统是业内使用最广的等级鉴定标准。D 级是钻石的最高色级，代表完全无色，从 D 到 Z，随着颜色的加深，钻石等级逐渐下降。

在此之前，市场上出现过多种等级系统，例如 A、B、C（使用时并无明确定义）、阿拉伯数字（0、1、2、3）还有罗马字母（Ⅰ、Ⅱ、Ⅲ），加之描述用语也不统一，例如"宝石蓝"或者"蓝白色"，混乱的标准一度造成了消费者的困扰。鉴于这样的状况，GIA 的专家们创立了一个全新的颜色等级系统，并由 D 字母开始对颜色进行分级。由于 GIA 的这种等级系统清晰明了，很快被大众所接受，而其他的等级系统也逐渐被摒弃了。

GIA 钻石净度分级标准

钻石净度分为 6 个类别 11 个等级。

无瑕级（FL）：在 10 倍放大镜下观察，钻石没有任何内含物或表面特征。

内无瑕级（IF）：在 10 倍放大镜下观察，钻石内部没有任何内含物。

极轻微内含级（VVS1 和 VVS2）：在 10 倍放大镜下观察，钻石内部有极微小的内含物，即使是专业鉴定师也很难看到。

轻微内含级（VS1 和 VS2）：在 10 倍放大镜下观察，钻石内部有微小的内含物。

微内含级（SI1 和 SI2）：在 10 倍放大镜下观察，钻石有可见的内含物。

内含级（I1、I2 和 I3）：钻石的瑕疵在 10 倍放大镜下明显可见，并且可能会影响钻石的透明度和亮泽度。

钻石切工

高折射率造就了钻石的璀璨光芒，使其闻名于世。许多人会把钻石切工等同于钻石的形状（圆形、祖母绿形、梨形等），但是实际上，钻石切工等级取决于其刻面与光线的相互作用结果。

钻石底部深度太深或太浅都会影响光线射入钻石的角度，或者会从钻石的侧面或底尖泄漏。切工对于钻石的外观和价值至关重要，并且是4C标准中最复杂、技术要求最高的鉴定标准，一颗切工精良的钻石能让更多光线通过钻石冠部。因此，从原石到成品钻石，需要复杂的工序和精湛的切割技艺，只有经过精心雕琢的切磨比率、对称性和打磨抛光，才能完美展现钻石独有的璀璨光芒。

为了确定一颗标准明亮式钻石（钻饰上最常见的形状）的切工等级，GIA会计算出各个切面的比例，这些比例会影响钻石正面朝上的外观。由此，GIA可以鉴定每一颗钻石在光线与切面相互作用下形成璀璨的视觉效果的程度，包括：

明亮度：由钻石内部及外部反射出来的白光；

火彩：白光被分析成七彩的光谱色；

闪光：一颗钻石所产生的闪烁度和由于光线反射所造成的钻石内部明暗区域的形式。

此外，GIA的切工等级鉴定还包括了对钻石与直径的相对比例、腰围厚度（可影响钻石的耐久性）、切面的对称性和各切面的抛光质量等钻石设计和切割技术的评鉴。

钻石的重量单位

钻石重量的计量标准是克拉，1克拉等于200毫克。

在对钻石重量进行计量时，1克拉又等同于100"分"，从而使克拉重量精确到小数点后两位。珠宝商可以直接用"分"来描述一颗重量小于1克拉的钻石。比如，0.25克拉的钻石又被称作"二十五分"。但对1克拉以上的钻石，只能用精确到百分位的克拉数值来描述，比如，1.08克拉的钻石只能用"一点零八克拉"来说明其重量。视觉上，重0.99克拉的钻石和重1克拉的钻石仅有微小的区别，但是价格上却差异显著。

钻石越大，其稀有程度越高，因此，钻石的价格会随着克拉重量的增加而上升。不过，即使两颗钻石的重量相同，其价值也可能有很大差异，因为钻石的价值还取决于4C标准中的另外三个标准：颜色、净度和切工。一颗钻石的价值不是仅由其克拉重量决定的，而是由4C标准共同决定，缺一不可。

历代切工技术演变

比利时钻石文化有文字记载的历史可以上溯到1465年，在500多年的发展中，为世界钻石业界奉献出一代代精密切割的钻石，几乎每隔百年就会有一种引领钻石业的全新革命性钻石切工问世，每一次变革都深深影响着全球钻石业的发展。

最初，人们将钻坯直接佩戴。

14世纪到15世纪，出现了金字塔形切割方法。

16世纪，出现了台式切工，包括三角六面的尖盾形台式切工。

16世纪到17世纪，出现了特别的八边形切工。

17世纪后，人们开始注重玫瑰花形切工，如单台6面的"平化"、两个台面12面的"满花"等。

17世纪下半叶，比利时工匠吉德尔发明了32面方形的明亮式切工。

19世纪中期，明亮切工发展演变为众多华丽的切工。

20世纪初，比利时切割师马歇尔·托科夫斯基计算出了理想式切工，确定钻石为57个面或58个面。

21世纪，89个切面的蓝色火焰切工钻石诞生，成为比利时钻石业新的里程碑。

蓝色火焰切工

蓝色火焰切工钻石具有 89 个切面，轮廓典雅，它更加合理地运用物理学原理，将钻石角度比例和棱边的对称性提升到新的高度，使钻石能够完美释放各角度摄入的光线。第一颗蓝色火焰切工钻石切割耗时 8 个月，所有者将此切工命名为"Blue Flame"，意为"蓝色火焰"。蓝色火焰切工与传统钻石切工相比，时间更长久、过程更复杂、损耗更多，火彩也更为璀璨。

蓝色火焰切工钻石拥有四重验证：

第一重：BF 标志。每一款由蓝色火焰切工钻石镶嵌的戒指均在戒臂四点钟方向带有 BF 标志，证明其为蓝色火焰切工钻石。

第二重：专属编码。每一颗 30 分以上的蓝色火焰切工钻石的腰棱处都刻有独一无二的编码。

第三重：网站认证。消费者可登录蓝色火焰切工钻石网页：www.blueflame89.com，输入蓝色火焰切工钻石证书号，点选查询键，可以查证所购买蓝色火焰切工钻石的真伪。

第四重：每一颗蓝色火焰切工钻石均配有蓝色火焰切工钻石专属证书。

彩色钻石

钻石的主要成分是碳，从无色到黄色系列较为常见，但是如果掺入了微量的硅、铝、钙、镁、铁或硼等元素，则会产生多彩的颜色，形成稀有的彩色钻石。据有关统计，每出产 10 万颗宝石级钻石，才可能有一颗彩色钻石。

以黄色或褐色钻石为例，其颜色必须达到足够深度，在 GIA 分级体系中，必须深于 Z 色比色石才可称为彩色钻石。至于其他颜色的钻石，即使颜色较浅或颜色饱和度较低，但仍可称为彩色钻石。在天然彩色钻石当中，红色和绿色是极为罕见的，其次是红紫色、紫色、橙色、粉红色和蓝色。

彩钻一样有 4C 标准，但与白钻看重克拉重量不同，彩钻还要考虑颜色的饱和度（色度）及色调（明暗度）。通常，彩钻的颜色越浓，价值越高。关于钻石的颜色程度，GIA 将其分为：微（Fait）、微浅（Very Light）、浅（Light）、淡彩（Fancy Light）、中彩（Fancy）、暗彩（Fancy Dark）、浓彩（Fancy Intense）、深彩（Fancy Deep）、艳彩（Fancy Vivid）9个等级。以黄色为例，中彩黄色钻石比淡彩黄色钻石的价值更高。1977年10月，在纽约苏富比拍卖会上，一枚5.54克拉的艳彩橘黄色钻石以130多万美元的高价售出，而著名的蒂芙尼黄钻在1983年时的估价已有1200万美元。

至于产地，南非普里米尔矿山是蓝钻的主要来源，前苏联是紫钻的主要来源，而澳大利亚是红钻的主要来源，红钻在分级上只有一级，那就是中彩红钻，而没有浓彩红钻、浅红钻。

绿色钻石

绿钻是一种淡绿色到绿色的透明钻石，大多因为晶体结构变形而产生，颜色通常只在钻石表面。绿色钻石不容易有草原绿茵般的明亮色彩，其中以鲜绿色者的价值最为昂贵。著名的德累斯顿绿钻是世界最大、最美的绿色钻石，这颗钻石产于印度，最终被切磨成梨形，拥有58个切面，重40.70克拉，估计价值在2亿美元左右。它曾一直在史密森尼学会展示，直到2001年回到德雷斯顿的阿尔伯提纳姆博物馆。

黑色钻石

人们公认的钻石一般都是透明的，而且是越透明越好。然而在国际市场上，黑色钻石突然跃升为珠宝首饰和珠宝腕表里最时髦的使用材料。它和普通钻石、白色金属搭配在一起，共同塑造当今最亮丽的首饰。对于一般消费者来说，黑色钻石由于内含物既多又密、光线无法穿透，因而难以接受。另外，由于上等黑色钻石并不多，所以，黑色钻石一般都是作为收藏级的藏品，也有作为珠宝店的镇店之宝之用，在宣传时拿来作为炫耀的珍品。

黑色钻石真正够品级的并不多，又因是收藏品，不如普通钻石那样价格明朗，但据权威人士透露，好的黑色钻石的身价非常之高。

钻石的物理与化学角色

钻石是经过琢磨的金刚石，主要成分是碳，属等轴晶系，也是目前已知最硬的矿物，绝对硬度是石英的 1000 倍，刚玉的 150 倍。钻石的密度为 3.54 克/立方厘米，具有发光性，日光照射后夜晚能发出淡青色磷光，X 射线照射发出天蓝色荧光。

钻石的化学性质十分稳定，在常温下不容易溶于酸和碱，酸碱不会对其产生任何作用。钻石有"亲油性"，因此钻石极易沾上油污，油性墨水可以轻易在钻石表面画上痕迹，但"疏水性"让钻石不易沾染污水。采矿时也有利用"亲油性"来筛选钻石矿粒的方法。

钻石的人工处理

镀膜：用于镀膜的方式主要有两种，一种是用超薄化学或塑料涂层来掩盖钻石本身不尽如人意的颜色，从而提升钻石的颜色。另一种则是在仿制钻石的表面镀上一层合成钻石薄膜，使之具有天然真钻的某些特性。

高温高压：通过这一手段，可以有效改变某些钻石的颜色，使之呈现无色、粉红色、蓝色、绿色、青色或黄色。这种处理方式只有在设备精良的鉴定实验室里才能被鉴别出来。

净度的优化处理：用于优化钻石净度的处理方式主要有两种——激光钻孔和裂隙充填。激光钻孔常被用于去除钻石内部微小的深色，具体指用激光在钻石表面打出小孔，直抵内含物并将其蒸发，又或者注入漂白剂以改善内含物的外观。裂隙充填被用于隐藏钻石内部被称为"羽裂纹"的白色裂隙，是指将透明的玻璃状充填物注入到钻石的裂隙中，弱化裂隙的可视性，从而提高钻石的整体显示净度。由于充填物可能会在钻石的日常清洁和修补过程中被破坏或去除，目前业界对使用这一技术仍存在争议，成功的裂隙充填非常隐蔽，因此需要专业的钻石鉴定师才能识别出来。

部分标准圆钻重量（克拉）与腰围直径（毫米）

0.10 克拉：3.01 毫米	0.90 克拉：6.27 毫米
0.15 克拉：3.45 毫米	1.00 克拉：6.49 毫米
0.20 克拉：3.80 毫米	1.50 克拉：7.43 毫米
0.25 克拉：4.09 毫米	2.00 克拉：8.18 毫米
0.30 克拉：4.34 毫米	3.00 克拉：9.36 毫米
0.35 克拉：4.57 毫米	3.50 克拉：9.85 毫米
0.50 克拉：5.15 毫米	4.00 克拉：10.31 毫米
0.60 克拉：5.47 毫米	5.00 克拉：11.10 毫米
0.70 克拉：5.76 毫米	10.00 克拉：13.98 毫米
0.80 克拉：6.02 毫米	

钻石的保养

在测量宝石相对硬度的摩氏硬度量表上，钻石的最高评级是 10 度，其承受尖物刮擦的程度比其他所有宝石都高，难于刮损，所以保养它们较为轻松。但要注意的是，钻石之间可能会损毁对方，需要小心保护，避免在穿戴或收藏时让它们相互磨擦。而且，钻石对油性具有亲和力，配戴之前最好先以软布轻柔地抹拭清洁。

珠宝镶嵌方法

爪形镶嵌法：以爪型的金属件去镶嵌宝石。

包边镶嵌法：以平薄金属包围宝石进行镶嵌。

迫镶嵌法：把切割小巧的宝石不留空隙地镶嵌在两条金属带之间。

密钉镶嵌法：把小钻石平排紧贴摆放，如铺砌石块般进行镶嵌。

珠边镶嵌法：用凿子在金属边缘雕印，创作出细致的粒状浮雕图案进行镶嵌。

IGI

IGI 即国际宝石学院，1975 年成立于比利时安特卫普。该机构最开始只为比利时的少数钻石世家提供私人钻石鉴定。由于一些高品质的钻石被销往欧洲的各个王室，IGI 的名字渐渐在王室之间传开来。后来，欧洲、中东和亚洲的王室就把一些普通鉴定师难以鉴定的精细珠宝首饰送到比利时让 IGI 进行分析，IGI 也由此从只提供钻石鉴定发展为专门为钻石和高端首饰提供鉴定的全球宝石学机构。

由于服务人群的特殊性，IGI 的每张证书沿用了奢侈品的手工制作程序，为的是保证各方面品质都与珠宝相匹配。基于在钻石切工领域的权威研究，IGI 制定了世界上第一张完整全面的钻石切工评级表，该表成为现代钻石切工体系评定标准的雏形。

红宝石

红宝石属于刚玉族矿物，三方晶系，因其成分中含铬而呈现出红到粉红色，含量越高颜色越鲜艳。血红色的红宝石最受人们珍爱，俗称"鸽血红"。

红宝石质地坚硬，硬度仅在金刚石之下，其颜色鲜红、美艳，可以称得上是"红色宝石之冠"。瑰丽、华贵的红宝石是宝石之王，是宝中之宝，其优点超过所有的宝石。有的资料中认为红宝石是"上帝创造万物时所创造的 12 种宝石中最珍贵的"。

人们钟爱红宝石，把它看成爱情、热情和品德高尚的代表，是光辉的象征，甚至相信佩戴红宝石的人将会健康长寿、爱情美满、家庭和谐。相传昔日缅甸的武士在身上割开一个小口，将一粒红宝石嵌入口内，他们认为这样可以达到刀枪不入的目的。国际宝石界把红宝石定为"七月生辰石"，是高尚、爱情、仁爱的象征。

国际宝石市场上把鲜红色的红宝石称为"男性红宝石"，把淡红色的称为"女性红宝石"。

缅甸曼德勒市东北部的抹谷附近地区是优质红宝石的主要产区。

红宝石的分级标准

红宝石的分级标准主要依据透明度、颜色、净度、切工、克拉重量来衡量。

红宝石的透明度鉴定

在肉眼鉴定中，一般将红宝石的透明度分为：透明、亚透明、半透明、亚半透明、不透明五个级别。

透明：能允许绝大部分光透过，当隔着宝石观察其后面的物体时，可以看到清晰的轮廓和细节。

亚透明：能允许较多的光透过，当隔着宝石观察其后面的物体时，可以看到物体的轮廓，但细节模糊。

半透明：能允许部分光透过，当隔着宝石观察其后面的物体时，仅能看到物体的轮廓阴影，看不到细节。

亚半透明：仅在宝石的边缘棱角处可有少量的光透过，但隔着宝石已无法看清其后面的物体。

不透明：基本上不允许光透过，光线被物体全部吸收或反射。

红宝石的颜色分级

由于光源会对红宝石的颜色产生很大的影响，因此对红宝石分级的观察方法主要是将宝石置于白色背景下，从宝石台面进行观察以及在自然光下观察。

通常，红宝石色彩越纯正、越浓艳，品质越高，价值也就越高。在综合影响红宝石颜色的各种因素之后，红宝石的颜色被分成五个级别：深红色、红色、中等红色、浅红色、淡红色。

在进行颜色分级时，需要考虑的因素主要包括颜色分布均匀程度，以及反火（切工造成的内反射光）对红宝石颜色分级的影响，通常，它们可以使红宝石的颜色等级上升或者下降一个亚级。

红宝石的净度分级

红宝石里面通常会含有一定的内含物，内含物的大小、数量、鲜明程度、位置对红宝石价值有着重要影响。

在肉眼观察下，红宝石的净度级别可分成五级。

一级：极难见。肉眼下极难见宝石内部有内含物，仅偶尔可见细小的针状矿物，一般在亭部极难见的位置。

二级：难见。肉眼下难见宝石内部有内含物，一般为无色或与宝石颜色相近的其他矿物，一般在台面边缘极难见或亭部难见的位置。

三级：可见。肉眼下可见宝石内部内含物，一般为较大的无色或与宝石颜色相近的其他矿物，一般在台面边缘难见或亭部可见的位置。

四级：易见。肉眼下易见宝石内部内含物，一般为较小的裂隙或者颜色与宝石不同的其他矿物，一般在台面可见或亭部易见的位置。

五级：极易见。肉眼下极易见宝石内部内含物，一般为大的裂隙或较大的其他矿物，出现在宝石内部各个位置。

珍珠

珍珠在大自然的海洋或湖泊中慢慢养育而成，当一些杂质碎块意外地被珍珠贝咽下或进入体内，珍珠贝便会分泌无数层的珍珠质去围裹这些杂物，直到最后形成珍珠。

每颗珍珠蕴含了独特的外表与特性，高雅的光泽和奇妙的色泽与形状，取决于它们在哪一种珍珠贝中孕育而成。每颗珍珠的出身不是只依照其珍珠贝贝壳的色素而定，也需要配合珍珠贝生长时的环境如天气、水温等因素。

珍珠的光洁度标准

光洁度级别	质量要求	说明
A	无瑕	肉眼观察表面光滑细腻,极难观察到表面有瑕疵
B	微瑕	表面有非常少的瑕疵,似针点状,肉眼较难观察到
C	小瑕	有较小的瑕疵,肉眼易观察到
D	瑕疵	瑕疵明显,占表面积的1/4以下
E	重瑕	瑕疵很明显,严重的占据表面积的1/4以上

珍珠首饰的保养

珍珠表面由对酸性过敏的有机物质组成,因此,如果它们接触到某些物质,如醋、果汁或洗洁剂时,须立即以软布小心抹拭干净。黏附在珍珠上的汗水和灰尘也会令它们失去独有的光泽,甚至会出现色泽转变。

珍珠是极为精致的宝石,暴露于热源和紫外线下可能会破坏其品质,包括色泽转变。因此,切勿让它们受阳光直接照射或暴露于高温下。另外,虽然珍珠极具凝聚性和抗震力,但它们在摩氏硬度量表上只有3.5~4.5度,因此,它们在磨擦或接触到利器时可能会被永久损伤。

K金

K金是以黄金为主的合金,即在黄金中加入一定比例的其他金属(如铜、银、锌、镍等),这种合金在珠宝首饰行业也称为饰金。

K金的英文是"Karat Gold",Karat原意为一种树的种子,因其重量十分均匀,还被用作过去的天平砝码。当时的纯金块重量恰等于24粒种子的重量,所以就以24粒种子作为纯金单位。因此,1K即代表金饰含纯金量为1/24。一般称纯金为24K,即理论上含金量为100%(但是国际上不允许有24K)。我国消费习惯一般用24K、18K,而在欧美一些国家常用用14K或12K金来镶嵌珠宝首饰。

K金的成色以K值表示,并以纯金当24K折算。若24K=100%金(理论值),则18K/24K=75%,即黄金含量为75%;14K/24K=58.5%,即黄金含量为58.5%;12K/24K=50%,即黄金含量为50%。

K金首饰的分类

1. 黄色系列的K金首饰(简称K黄):它是黄金与银、铜的合金,按金的含量不同可以制成不同K数的K金系列首饰,主要有22K、18K、14K、10K和8K。黄色K金系列首饰颜色的深浅与K金中金的含量和与银、铜的比例有关。

2. 白色系列的K金首饰(简称K白):呈略带青黄的白色,标有WG印记(White Gold),按组合可分以下两种:

第一种以黄金为主,再加入银、镍、锌制成的合金。

第二种以黄金和钯为主,再加入银、镍、锌制成的合金。

3. 红色系列的K金首饰:它是以黄金和铜为主,加入少量银的合金,颜色呈淡红色。

4. 彩色系列的K金首饰:它是将不同颜色的K金压成薄片,按颜色不同相向排列,用锻压的方法,将薄片制在一起而成。

银

银的元素符号为Ag,是从自然银和其他银矿物中提取出的一种银白色的贵金属。硬度2.7,密度10.53克/立方厘米,具有很好的导电性、延展性和导热性。多用于电子工业、医疗和照相行业,更主要的用途是用来制造首饰、器皿和宗教信物。

925 银

925 银是国际上制做银饰品的国际标准银，它与 9.999 银有所不同，因为 9.999 银的纯度比较高，非常柔软，难以做成复杂多样的饰品，而 925 银能做到。925 银饰品因为在纯银中加入的 7.5% 的合金，让银的光泽、亮度和硬度都有所改善。

自从 1851 年蒂芙尼推出第一套含银量 92.5% 的银饰品后，925 银便开始流行，所以，目前在市面上的银饰都以 925 作为鉴定是否为纯银的标准。925 银首饰经过抛光后呈现出极漂亮的金属光泽，而且也具有了一定的硬度，能够镶嵌宝石，做成中高档首饰。用 925 银设计打造的银饰既可以是欧美风格型，粗犷、大胆、前卫，走在时尚的尖端，也可以是精美、细致型，适合大众的品位。

乔治杰生推出过 925 银饰品，且全都是手工制成。经过了人工制板、注腊、倒模、执模、镶石、抛光这几道工序后，每一件成品都凝聚了设计师的心血和汗水，因而使作品看上去极具灵性。

银饰品的保养

由于银的化学性质远不如铂金和黄金稳定，常因空气中的水或其他化学物质而氧化变黑，因此，佩戴银饰品时需要注意不少事项：

1. 佩戴银饰时不要同时佩戴其他贵金属首饰，以免碰撞变形或擦伤。

2. 避免接触水汽和化学制品，别戴着游泳，尤其是去海里。

3. 如果时间充裕，每天戴完后把它用棉布擦干净，放到首饰盒或袋子里保存。

4. 如果已经氧化变黑了，可以用洗银水擦洗，也可以用软毛刷子沾牙膏刷洗，洗完后要用棉布擦干，勤于保养，你的银饰才会更漂亮。

蓝宝石

蓝宝石是刚玉宝石中除红色的红宝石之外，其他颜色刚玉宝石的通称，其主要成分是氧化铝。一般认为，蓝宝石的英文"Sapphire"是源自希腊文"Sappheiros"，意为"蓝色的石头"。

蓝色的蓝宝石是由于其中混有少量钛和铁杂质所致，蓝宝石的颜色还可以有粉红、黄、绿、白，甚至在同一颗蓝宝石中存在多种颜色。据GIA的专家指出，中古世纪的神职人员会在教士戒上镶嵌蓝色蓝宝石，就是因为这种颜色是天堂的象征。

蓝宝石的产地主要分布在泰国、缅甸、斯里兰卡、马达加斯加、克什米尔地区、老挝、柬埔寨，其中，最稀有的产地应属于克什米尔地区的蓝宝石。克什米尔蓝宝石的颜色是呈矢车菊的蓝色，也就是微带紫的靛蓝色，所以又被称作矢车菊蓝宝石。典型的克什米尔蓝宝石除了拥有纯净且浓艳的蓝色调外，内部必须有非常细微的丝状内含物，使得宝石带有丝绒般的光泽。即便处在人工光源下，这种蓝宝石的颜色也不会改变。缅甸的蓝宝石也是极有价值的，其颜色范围从丰富的皇家蓝到深矢车菊蓝，呈鲜艳纯蓝至鲜蓝微带紫。但也有宝石专家指出，全世界只有三个地方出产上等蓝宝石：缅甸、斯里兰卡、马达加斯加。

蓝宝石饰品的保养

虽然蓝宝石的硬度评级为9，具有坚硬的质地，但同时也具有很大的脆性，因此平时在佩戴和放置蓝宝石饰品时应避免摔打、磕碰以及摩擦而导致不必要的磨损。

佩戴蓝宝石饰品时，还应注意经常检查以防镶嵌松脱。

同其他的宝石一样，蓝宝石很容易因沾上人体油脂和汗水而失去光泽。如果经常佩戴，宜每月清洗一次。清洗时可将蓝宝石侵入温肥皂水中约30分钟，并用软刷轻刷宝石座台，用清水冲洗过后用柔软的布抹干即可，也可请专业珠宝公司代为清洗。

海蓝宝石

海蓝宝石的英文名称为"Aquamarine"。其中，"Aqua"是水的意思，"Marine"是海洋的意思，可见这种宝石的取名有多贴切于它的颜色。传说中，这种美丽的宝石产于海底，是海水之精华，所以航海家用它祈祷海神保佑航海安全，称其为"福神石"。

海蓝宝石、祖母绿和绿宝石在矿物学中都称为绿柱石，都是透明的绿柱石晶体，晶体特征和物理特征也基本相同。所不同的是，由于绿柱石的成因和形成条件不同，使其中所含的致色离子不同而呈现出不同的颜色。颜色不同，宝石的品种也就不同，常见的有以下几种：

1. 绿柱石含致色离子铬者，其颜色翠绿色，为十分珍贵的祖母绿。

2. 绿柱石含致色离子铁者，呈天蓝色或海水蓝色，为海蓝宝石。

3. 绿柱石含致色离子铯、锂和锰者，其颜色呈玫瑰红色，称艳绿柱石（Morganite），其英文名称来源于美国，其宝石爱好者（J.P.Morgan）的名字。

4. 绿柱石含铁并呈金黄色、淡柠檬黄色者，称金色绿柱石（Heliiedor），其英文名称源于希腊语的"太阳"。

5. 绿柱石含钛和铁者，呈暗褐色，称暗褐色绿柱石。

绿柱石是一种含铍、铝的硅酸盐，海蓝宝石的颜色为天蓝色至海蓝色或带绿的蓝色的绿柱石，它的颜色形成主要是由于含微量的亚铁离子，以明洁无瑕、浓艳的艳蓝至淡蓝色者为最佳。

海蓝宝石的保养

海蓝宝石一般呈天蓝色或者海蓝色，包裹体少，透明，六方柱晶体形状。夜间灯光照射下海蓝宝石会呈现出比白天更加耀眼的光芒，因此也有人称其为"夜光宝石"。它质地较脆，高温下易炸裂，遇火烤会褪色，佩戴时应避免撞击，远离火源。世界上最著名的海蓝宝石产地在巴西，其中H.史登的海蓝宝石系列尤为珍贵。

欧泊石

古罗马自然科学家普林尼曾说:"在一块欧泊石上,你可以看到红宝石般的火焰、紫水晶般的色斑、祖母绿般的绿海,五彩缤纷,浑然一体,美不胜收。"

欧泊石早在罗马帝国时代就为人所知,而且价值极高。据普林尼记载,元老院的元老诺尼有一块非常漂亮的欧泊石,他非常喜爱,当时的统治者安东尼让他献出来,否则将流放他。结果,诺尼宁可选择去流放也不肯把欧泊石献给安东尼。

为什么很多人认为欧泊石是所有宝石中最漂亮和最有吸引力的呢?答案在于它的美丽是独一无二的。好的欧泊石能产生火焰般闪烁的光芒,这只在极少数的物质中发现过,而在其他宝石中则没有发现过,早在古时候就引起了人们的兴趣。这种由光的衍射造成的火焰般显现的现象被称为变彩。这是欧泊石的鉴定特征,也是它作为宝石的主要魅力所在。

碧玺

碧玺英文名称"Tourmaline",是从古僧伽罗(锡兰)语"Turmali"一词衍生而来的,意思为"混合宝石"。对宝石而言,碧玺是族群的名称,但若按 GIA 的分类,碧玺可分为:红色碧玺、绿色碧玺、蔚蓝碧玺、黑碧玺、紫碧玺、无色碧玺、双色碧玺、西瓜碧玺、猫眼碧玺、钠镁碧玺、亚历山大变色碧玺、钙锂碧玺、含铬碧玺和帕拉依巴碧玺等14种,而具有宝石级价值的碧玺几乎都产自伟晶花岗岩。碧玺的产地分布很广,但现在市面上的碧玺大多来自巴西,其他还有坦桑尼亚、肯尼亚、马达加斯加、莫桑比克、纳米比亚、阿富汗、巴基斯坦、斯里兰卡、意大利、美国加州与缅甸,中国的新疆与云南也有分布。

琉璃

琉璃又被称为"瑠璃",是指用各种颜色的人造水晶(含24%的二氧化铅)为原料,采用古代青铜脱蜡铸造法高温脱蜡而成的水晶作品。其色彩流云漓彩、美丽绝伦;其品质晶莹剔透、光彩夺目。这个过程需经过数十道手工精心操作方能完成,稍有疏忽便可造成失败或瑕疵。

Art Deco

Art Deco 即"Art Decoration",通常被称为"装饰艺术风格",也被称为"摩登风格",诞生于20世纪20年代的法国。1925年,巴黎举办了现代工业装饰艺术国际博览会,这场吸引了1600多万参观者的国际盛会,成功地将Art Deco风格展现在全世界的面前。从此,Art Deco风格很快成为影响西方世界的全新艺术风格。

附录二

七大珠宝品牌部分产品收藏购买参考价格

"Quatre" 系列戒指

"Quatre" 系列是宝诗龙旗下的经典设计，灵感源于宝诗龙的巴黎旺多姆广场 26 号总店。

参考价格：￥24,400

"Divine Rita" 系列婚戒

沿着环圈侧面轮廓镶嵌的 13 颗美钻，更加凸显这款戒指的非凡魅力。

参考价格：￥14,900

Quatre White Edition 戒指

这一系列戒指采用宝诗龙高级工艺，雕工精细。

参考价格：￥23,300

AVA 圆钻戒

宝诗龙的纯美之作，使用圆钻代表含义是爱情的圆满。

参考价格：￥44,300 起

Eternelle Grace 婚戒

精致镶嵌了多颗圆形钻石

参考价格：￥82,700

"动物"系列变色龙戒指
参考价格：￥212,300

"动物"系列刺猬戒指
参考价格：￥36,000

"动物"系列熊猫戒指
镶嵌蓝色蓝宝石、黑色蓝宝石、祖母绿和钻石。
价格请店洽

"马卡隆"系列项链
该系列以法国知名甜点马卡隆为灵感，以不同的彩色宝石诠释不同的口感。
参考价格：￥246,300

"马卡隆"系列草莓戒指
可爱亮眼的造型，令人爱不释手。
参考价格：￥71,000

"马卡隆"系列耳环
参考价格：￥142,800

附录二·七大珠宝品牌部分产品收藏购买参考价格

Delilah 黄金项链

流畅而又轻盈灵动的 Delilah 项链宛若一匹珍贵的绸绢，褶皱设计使得黄金材质的项链拥有丝一般闪亮、柔顺的质感。可以有多种佩戴方式，既可作为头饰，也可作为项链衬托颈部曲线。

价格请店洽

Toi et Moi Serpent 黄金戒指

戒身的装饰纹理极具美感，体现出细致入微的精湛珠宝技艺。蛇的两个头部交缠在一起，寓意一对相爱的人永远相随相依。

价格请店洽

Delilah 黄金手镯

这款首饰像绸缎一样精巧地贴服于手腕，为佩戴者带来亲近默契的感觉。

价格请店洽

Serpent 黄金链环手链

珠宝工匠用巧手精心雕琢每个链环，赋予了这款手链无与伦比的柔韧性。

价格请店洽

疯迷大象腕表

此款腕表以作为智慧象征的大象展现对旅行的渴望,并承载着一项专为宝诗龙而研发的杰出复杂功能——Seconde Folle,秒针被一个圆盘所取代,为时间赋予了全新的维度。

价格请店洽

"动物"系列海龟虎眼戒指

作为永恒的象征,海龟代表着智慧、谨慎以及海洋。虎眼石构成海龟的背壳,其上精细雕刻出龟壳的纹路,赋予这款戒指栩栩如生的形象。

价格请店洽

"动物"系列 Bestiaire 长项链

该款项链将宝诗龙五种经典的动物造型串连在一起,通过它就仿佛可以看到宝诗龙长达一个多世纪的奢侈神话。

价格请店洽

Ajourée 变色龙腕表

在此款腕表上,一只立体感十足且色彩丰富的变色龙蜷曲在表壳外圈,成为幸福时光的守卫者。

价格请店洽

Cartier
卡地亚

镶钻真爱手镯

卡地亚的经典之作，用附带的螺丝刀才能打开，彰显两性间的忠诚、信任。

参考价格：￥220,000~250,000

镶钻黄金真爱手镯

价格请店洽

黄金真爱手镯

没有任何赘饰，但却难掩经典。

参考价格：￥31,500

"Trinity 三环"系列三色金耳环

参考价格：￥25,200

"Trinity 三环"系列戒指

参考价格：￥6,500

真爱戒指

参考价格：￥7,600

（依尺寸不同而变化）

镶钻真爱戒指

参考价格：￥15,500

"Trinity 三环"系列三色金钻石耳环
价格请店洽

鹦鹉胸针
价格请店洽

Trinity Crash 戒指
继承"Trinity"系列简约主义的设计精髓,卡地亚又为其注入了现代美学的灵感。缀满璀璨钻石的金环自成一个新的维度,仿佛在日月星辰之间往复公转。
参考价格:¥51,400

"Trinity 三环"系列三色金戒指
参考价格:¥8,300

玫瑰金镶钻真爱戒指
价格请店洽

"Trinity 三环"系列三色金镶钻项链
价格请店洽

TIFFANY & CO.
蒂芙尼

"Victoria"系列耳环

铂金材质，镶榄尖形钻石。

价格请店洽

"钥匙"系列吊坠

参考价格：￥19,000

石上鸟胸针

蒂芙尼将让·史隆伯杰著名的石上鸟胸针设计全新复制，以此向这位20世纪的顶级珠宝设计大师致敬。

价格请店洽

黄钻戒指

蒂芙尼黄钻堪称世界上最为精美、最受推崇的彩钻，色彩璀璨夺目，耀若骄阳，其"黄钻"系列戒指一直备受人们青睐。

价格请店洽

钻石戒指

美轮美奂的设计，尽显蒂芙尼美钻耀眼光彩。

价格请店洽

纯银手链

该款手链搭配形态各异的吊坠，风格独特。

价格请店洽

猫头鹰胸针

18K白金材质，镶蓝宝石和圆形明亮式切割钻石胸针。

价格请店洽

纯银手镯

低调中流露出迷人的时尚气息，经典标志完美诠释了蒂芙尼的卓尔不群。

参考价格：￥5,000

18K 金双环戒指

参考价格：￥7,900

纯银双环戒指

参考价格：￥2,100

附录二·七大品牌珠宝部分产品收藏购买参考价格

让·史隆伯杰水母形胸针

18K 金和铂金水母胸针，配以圆形月长石、狭长形蓝宝石和圆形明亮式切割钻石。蓝宝石总重 19.33 克拉，月长石总重 22.61 克拉，钻石总重 2.97 克拉。
价格请店洽

帕洛玛·毕加索 Love 吊坠

其设计采用了设计师帕洛玛·毕加索自己的手迹，18K 白金镶圆形明亮式切割钻石，配 16 英寸项链。
价格请店洽

Victoria 戒指

铂金镶嵌圆形明亮式切割钻石，配榄尖形切割钻石。
价格请店洽

宝石戒指

价格请店洽

孔雀胸针
此件作品是以彩绘玻璃闻名于世的路易斯·康福特·蒂芙尼之作，以 14.63 克拉的黑色蛋白石为主体，塑造美丽的孔雀形象。
价格请店洽

蝴蝶胸针
价格请店洽

"圣诞"吊坠系列
价格请店洽

蒂芙尼钻戒
无论是传统的设计还是现代的款式，蒂芙尼钻戒都是完美的代名词。
价格请店洽

BVLGARI
宝格丽

"B.Zero 1"系列玫瑰金吊坠

18K 玫瑰金材质,直径 1.50 厘米,附项链,长度 38-45 厘米。

参考价格:¥19,000

"Monologo"系列戒指

该系列戒指总是没有办法不让人尖叫——奢华的宝石与耀眼的黄金完美结合,让每个女人的心都为之一动。

价格请店洽

"B.Zero 1"系列手镯

18K 玫瑰金及精钢材质

参考价格:¥12,800

"B.Zero 1"系列戒指

18K 黄金材质

参考价格:¥8,600

"Bvlgari Bvlgari"系列镶钻戒指

18K 玫瑰金材质,饰以密镶钻石。

参考价格:¥44,800

"B.Zero 1"系列戒指

18K 白金材质

参考价格:¥7,800

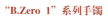

"B.Zero 1"系列戒指

18K 玫瑰金材质

参考价格:¥13,000

"Monete"系列手链

18K 金材质

价格请店洽

"Bvlgari Bvlgari"系列黄金耳环

18K 黄金材质，镶嵌珍珠母贝，长度 4.20 厘米。
价格请店洽

"地中海伊甸园"系列耳环

18K 黄金材质，镶嵌珊瑚、橄榄石和钻石。
价格请店洽

"地中海伊甸园"系列戒指

18K 黄金材质，镶嵌粉色碧玺和红色碧玺，搭配密镶钻石。
价格请店洽

"Parentesi"系列大号鸡尾酒戒指

18K 玫瑰金材质，镶嵌黄水晶，饰以密镶钻石。
价格请店洽

CHANEL
香奈儿

"Ultra"系列手镯
18K 白金材质，镶嵌黑色
高科技精密陶瓷。
参考价格：￥115,000

"Ultra"系列戒指
18K 白金材质，镶嵌黑色高
科技精密陶瓷，大号。
参考价格：￥15,100

"山茶花"系列白金镶钻耳环
18K 白金材质，镶嵌钻石。
价格请店洽

"山茶花"系列黄金镶钻耳环
18K 黄金材质，镶嵌钻石。
参考价格：￥48,000

"Ultra"系列手镯
18K 白金手镯，镶嵌白色高科
技精密陶瓷和钻石。
价格请店洽

"山茶花"系列黄金戒指
18K 黄金材质，大号。
参考价格：￥24,900

"山茶花"系列玫瑰金镶钻戒指
玫瑰金材质，镶嵌钻石。
价格请店洽

"Ultra"系列戒指
18K 白金材质，中号。
参考价格：￥18,000（每只）

"1932"系列戒指

18K 白金材质，镶嵌钻石。

价格请店洽

"Comete"系列手链

18K 白金材质，镶嵌钻石。

价格请店洽

"巴洛克"系列戒指

18K 白金和 18K 黄金材质，镶嵌缟玛瑙和钻石。

价格请店洽

"山茶花"系列白金镶钻胸针

18K 白金材质，镶嵌钻石。

价格请店洽

"Comete"系列宝石戒指

价格请店洽

Dior
迪奥

"Milly Carnivora"系列戒指
价格请店洽

"Dear Dior"系列耳环
价格请店洽

"My Dior"系列手镯
价格请店洽

"Dear Dior"系列戒指
价格请店洽

"Milly Carnivora"系列
项链
价格请店洽

"梦幻岛屿"系列戒指
迪奥知名设计师维克多·卡斯特兰设计,风格奇幻、绚丽。
价格请店洽

Van Cleef & Arpels
梵克雅宝

"Alhambra"系列红玉髓手链
参考价格：¥21,000

"Alhambra"系列半宝石手链
参考价格：¥25,000

"Alhambra"系列项链
价格请店洽

"Alhambra"系列珍珠母贝戒指
参考价格：¥15,000

"Alhambra"系列珍珠母贝虎眼石耳环
参考价格：¥34,000

"Perlee"系列戒指
价格请店洽

Papillons Apollon 胸针
充满柔美诗意的蝴蝶，完美地体现自然界的生命力。
价格请店洽

Papillons Timandre 项链
蝴蝶是梵克雅宝长久以来的灵感缪斯，体现了大自然轻盈细致的美态。
价格请店洽

Papillons Leilus 胸针
瑰丽元素汇聚于全新的"Papillons"系列，在诗意传奇的感召下，梵克雅宝以无比创意为一系列珠宝蝴蝶和飞蛾，注入永恒的生命和灵魂。
价格请店洽

Azure Papillons 耳环
价格请店洽

图书在版编目(CIP)数据

珠宝赏鉴 / 李鹏著.—北京：北京工业大学出版社，2013.2
ISBN 978-7-5639-3386-0

Ⅰ．①珠… Ⅱ．①李… Ⅲ．①宝石-鉴赏 Ⅳ．①TS933.21

中国版本图书馆CIP数据核字(2012)第296534号

世 界 品 牌 研 究 课 题 组
World Brand Research Laboratory

珠宝赏鉴

著　　者：	李　鹏
责任编辑：	刘　畅
封面设计：	安宁书装
出版发行：	北京工业大学出版社
	（北京市朝阳区平乐园100号　100124）
	010-67391722（传真）　bgdcbs@sina.com
出版人：	郝　勇
经销单位：	全国各地新华书店
承印单位：	沈阳天择彩色广告印刷有限公司
开　　本：	787 mm×1092 mm　1/16
印　　张：	24
字　　数：	385千字
版　　次：	2013年2月第1版
印　　次：	2013年2月第1次印刷
标准书号：	ISBN 978-7-5639-3386-0
定　　价：	128.00元

版权所有　翻印必究

(如发现印装质量问题，请寄本社发行部调换　010-67391106)